电工电子基础课程系列教材

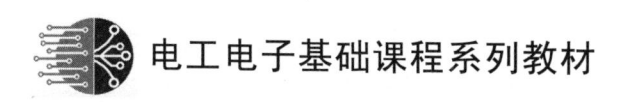

电子技术基础实验与实践指导书

张秀梅 主 编
王 静 徐 建 副主编

电子工业出版社
Publishing House of Electronics Industry
北京·BEIJING

内 容 简 介

本书是在电子技术实验、实践教学方面开展综合改革与创新实践的总结。在电子信息、物联网工程专业认证工作的推动下，编者进一步丰富和完善了实验教学内容、实验教学方式和实验操作要求。

全书分为四章和附录：第一章主要介绍了电子技术、基本电参数测量和现代EDA技术的电子电路系统设计应用；第二章和第三章共设计了33个实验，分为基础型、综合型、创新设计型三类；第四章设计了10个综合实践课题；本书个别实验所需的内容和部分集成电路信息放在了附录部分。

本书可作为高等院校电子信息类、计算机类（含物联网工程）等专业的教材，也可作为职业技术院校相关专业电子技术基础实验、实践课程的教学指导书，还可供电子、物联网行业的科技人员、工程技术人员参考。

未经许可，不得以任何方式复制或抄袭本书之部分或全部内容。
版权所有，侵权必究。

图书在版编目（CIP）数据

电子技术基础实验与实践指导书/张秀梅主编. — 北京：电子工业出版社，2023.3
ISBN 978-7-121-45211-6

Ⅰ.①电… Ⅱ.①张… Ⅲ.①电子技术－实验 Ⅳ.①TN-33

中国国家版本馆CIP数据核字(2023)第043954号

责任编辑：杜　军
印　　刷：三河市华成印务有限公司
装　　订：三河市华成印务有限公司
出版发行：电子工业出版社
　　　　　北京市海淀区万寿路173信箱　邮编：100036
开　　本：787×1 092　1/16　印张：12.75　字数：310千字
版　　次：2023年3月第1版
印　　次：2023年3月第1次印刷
定　　价：39.00元

凡所购买电子工业出版社图书有缺损问题，请向购买书店调换。若书店售缺，请与本社发行部联系，联系及邮购电话：（010）88254888，88258888。
质量投诉请发邮件至zlts@phei.com.cn，盗版侵权举报请发邮件至dbqq@phei.com.cn。
本书咨询联系方式：dujun@phei.com.cn。

前　言

工程教育是我国高等教育的重要组成部分。根据《工程教育认证标准》（2017年11月修订）及《工程教育认证专业类补充标准》（2020年修订），在实践教学方面，学校要建立完善的实践教学体系，培养学生的实践能力和创新能力，培养学生的工程意识、协作精神及综合应用所学知识解决实际问题的能力。

本书以培养学生的基本工科素质为目的，以培养学生的实践动手能力、工程综合应用能力及创新意识和能力为目标，强调工程设计和实践，重点加强对学生的基本实验技能、创新能力、分析问题的能力及解决实际问题的能力的培养。全书以电子技术基础实验知识、系统测试方法、典型模拟和数字单元电路、数模电子电路综合系统的学习和创新设计研究方法为主线，加强了基本实验技能、技巧的训练及与电子电路理论、生产生活实际应用的联系，增加了现代EDA技术在电子电路系统设计中的应用，使得电子技术基础实验和实践的教学体系更加完善。

本书共四章。第一章为电子技术基础实验与测量技术简介，介绍了电子技术、基本电参数测量和现代EDA技术的电子电路系统设计应用。第二章为电子技术基础实验（模拟部分）；第三章为电子技术基础实验（数字部分）；模拟部分和数字部分共设计了33个实验，包含基础型实验、综合型实验、创新设计型实验，并引入了EDA仿真设计，提高了教学方式和内容的灵活性。第四章为电子技术综合实践，包含10个综合实践课题，培养学生综合运用电子技术相关理论知识分析、解决实际问题的能力，满足综合创新设计的需要。本书实验大多附有实验原理、参考电路、思考题，在完成课程理论学习的基础上，学生可通过预习自行完成实验。

本书是根据高等院校电子类专业教学大纲的要求，并结合我校有关专业建设需求及未来发展要求改编的。编写本书的教师从事电子技术基础课程体系建设、课程内容的教学和改革多年，有较为丰富的实验实践教学经验。本书第一章、第二章由张秀梅编写，第三章由王静编写，第四章由徐建等人共同完成。张秀梅任主编，并负责全书内容的规划和整理。

在本书的编写过程中，编者除依据多年的实践教学经验外，还参阅了其他院校的相关教材，得到了葛汝明老师的指导，在此一并表示感谢。

由于编者水平有限，书中难免存在不妥之处，恳请广大读者和同行给予指正。

编　者
2022年8月

目　　录

第一章　电子技术基础实验与测量技术简介 ··· 1
第一节　电子技术实验基本知识 ··· 1
一、电子技术基础实验的目的和意义 ·· 1
二、电子技术基础实验的一般要求 ··· 1
第二节　电子电路基本参数的测量技术 ··· 2
一、电压的测量 ··· 2
二、电流的测量 ··· 3
三、时间、频率测量 ··· 3
第三节　EDA 工具在电子技术中的应用 ·· 3
一、EDA 技术的发展状况 ··· 4
二、常用 EDA 工具 ··· 4
三、Multisim 中虚拟仪器仪表的使用 ··· 5

第二章　电子技术基础实验（模拟部分） ·· 11
实验一　示波器的使用 ·· 11
实验二　共射极单管放大器 ·· 16
实验三　场效应管放大电路 ·· 21
实验四　负反馈放大器 ·· 25
实验五　射极跟随器 ··· 28
实验六　差动放大器 ··· 31
实验七　集成运算放大器及其应用 I——模拟运算电路 ···································· 34
实验八　集成运算放大器的应用 II——波形产生电路 ······································ 39
实验九　RC 桥式正弦波振荡电路 ··· 44
实验十　LC 正弦波振荡器和石英晶体振荡器 ·· 46
实验十一　压控振荡器（选做） ·· 49
实验十二　二极管波形变换电路（选做） ·· 51
实验十三　功率放大电路 ··· 52
实验十四　有源滤波器 ·· 60
实验十五　直流稳压电源——集成稳压器 ·· 63
实验十六　电子电路 EDA 仿真 ·· 67
实验十七　温度监测及控制电路 ·· 70

第三章　电子技术基础实验（数字部分） ·· 76
实验一　TTL 集成门电路的逻辑功能与参数测试 ·· 76

  实验二 CMOS 集成门电路的逻辑功能与参数测试……………………………………81
  实验三 集成电路的连接和驱动………………………………………………………84
  实验四 组合逻辑电路的设计与测试…………………………………………………88
  实验五 译码电路及其应用………………………………………………………………90
  实验六 触发器及其应用…………………………………………………………………96
  实验七 计数电路及其应用……………………………………………………………102
  实验八 移位寄存电路及其应用………………………………………………………107
  实验九 脉冲信号产生电路——自激多谐振荡电路…………………………………113
  实验十 555 电路及其应用………………………………………………………………116
  实验十一 D/A、A/D 转换电路……………………………………………………………121
  实验十二 智力竞赛抢答装置………………………………………………………………126
  实验十三 电子秒表…………………………………………………………………………128
  实验十四 $3\frac{1}{2}$ 位万用表……………………………………………………………………132
  实验十五 数字频率计的设计与实现………………………………………………………138
  实验十六 拔河游戏机的设计与实现………………………………………………………143

第四章 电子技术综合实践……………………………………………………………………147
 第一节 电子技术综合实践的基本知识……………………………………………………147
  一、电子技术综合实践的重要性………………………………………………………147
  二、电子电路系统设计的一般方法……………………………………………………148
  三、安装调试……………………………………………………………………………150
 第二节 综合实践课题…………………………………………………………………………155
  课题一 多用电表…………………………………………………………………………155
  课题二 微弱信号放大器…………………………………………………………………160
  课题三 双路防盗报警器…………………………………………………………………163
  课题四 声控开关电路…………………………………………………………………168
  课题五 多路智力竞赛抢答器…………………………………………………………171
  课题六 十字路口交通信号灯控制电路……………………………………………177
  课题七 水位控制电路…………………………………………………………………181
  课题八 数控直流稳压电源……………………………………………………………183
  课题九 三极管 β 值数字显示测试电路……………………………………………187
  课题十 光电计数器………………………………………………………………………188

附录 A TTL 集电极开路门与三态输出门的应用……………………………………………190

附录 B A/D 转换电路 CD7107 组成的 $3\frac{1}{2}$ 位万用表…………………………………………193

附录 C 常用数字集成电路…………………………………………………………………………195

参考文献……………………………………………………………………………………………………197

第一章 电子技术基础实验与测量技术简介

第一节 电子技术实验基本知识

一、电子技术基础实验的目的和意义

电子技术是一门实践性较强的学科,可以使学生获得电子技术方面的基本理论知识、基本实验技能,培养学生综合分析问题和解决问题的能力,对提高学生和电子工程技术人员的综合素质及电子技术能力具有重要的作用。在电子技术及信息飞速发展的今天,实验显得尤其重要。例如,在实际生产中,电子工程技术人员经常需要面对电路元器件的选择、工作原理和功能分析、整体性能优劣的判断、安装及调试等工作场景,这些都离不开实验训练。

电子技术基础实验可分为三个层次。层次一:演示型、验证型实验;层次二:综合型、设计型实验;层次三:研究型、创新型实验。

层次一实验的主要目的是对电子技术学科范围内的理论进行验证和培养学生的实践技能,不仅能帮助学生巩固所学的理论基础,还能帮助学生认识电子电路领域的某些物理现象,掌握电子技术基础实验的基本知识、实验方法和基本实验技能。

层次二实验的实验内容涉及课程的多个知识点或多个实验单元,其可以锻炼学生的自主设计能力,体现学生的学习主动性,培养学生综合应用所学知识解决实际问题的能力。

层次三实验使学生通过实验加强自身的研究型学习,培养创造型思维能力、创新实验能力、科技开发和研究能力。该类实验应体现实验内容的自主性、实验方法与手段的探索性。实验项目应尽可能侧重相关学科的最新研究或创新应用性。学生在教师的指导下,根据实验课题的要求,独立查阅资料、设计方案及完成实验任务,并写出实验研究论文或实验报告。该类实验对于提高学生的工程素养和解决复杂工程问题的能力有着不可替代的作用。

二、电子技术基础实验的一般要求

为了进一步促使学生养成独立实验、实事求是的良好学风,充分发挥学生的主动性、创造性,对实验教学过程中的三个阶段(课前预习、实验操作、报告整理)分别提出以下具体要求。

1. 课前预习阶段

预习内容:明确实验目的与要求,掌握有关电子电路的工作原理及原理图(设计型实验要根据设计要求完成所有的设计任务)、实验的方法与步骤、实验中用的仪器设备等。当需要自行设计表格时要画好表格,对思考题进行基本解答,并初步估算或分析实验结果(包括参数值、波形图等),写出预习报告,进行实验前交给指导教师审阅。

2. 实验操作阶段

实验操作阶段的要求：①实验者要自觉遵守实验室的各项规章制度；②仪器设备要摆放有序（或根据实验要求自行布置实验现场），未经指导教师允许，任何学生不准随便乱动其他实验台上的仪器，按实验的方案自行进行实验；③认真记录实验中的所有数据（如实验条件、波形），当实验过程中出现故障时，要认真记录故障发生的原因及排除故障的方法等；④若出现紧急、无法解决的问题，要立刻关闭电源，并报告给指导教师和实验室相关人员，杜绝不关电源离开的现象发生，以免造成仪器设备损坏；⑤实验完成后，要认真填写仪器使用情况登记表，将仪器和桌椅摆放整齐，待有关实验数据经指导教师审阅签字后，方可离开实验室。

3. 报告整理阶段

实验报告是真实记录实验过程及数据参数的技术性文件，是实验者学习的劳动成果。其主要包括：①实验的名称及实验的具体内容；②实验的条件，即当时的环境条件（温度、湿度等）、仪器的名称及编号等；③认真整理和处理实验数据，并列出相应表格记录所需要的参数，需要绘图时用坐标纸绘图；④认真分析测试结果，得出简要结论，对于不太理想的结果，要认真分析误差产生的原因，并提出减小误差的办法与措施；⑤如果在实验中发生故障，则要说明故障现象、排除故障的过程和方法、改进实验的建议等；⑥实验报告要语言通顺、内容简洁、符号标准，参数及图标要规范、齐全，结论要科学准确、简明扼要。

第二节　电子电路基本参数的测量技术

由于电子电路的功能不同，在具体实验中衡量其性能优劣的指标参数也不尽相同，所以需要采用不同的测量方法和技术。本节将简要介绍常用的电子电路参数测量技术和方法。

电压是电子电路中最重要的电参数之一，电子电路的工作状态通常以电压的形式反映出来，而许多其他参数往往可以通过电压换算出来。

一、电压的测量

电压的测量主要以电压表和示波器这两种测量工具为主。

一）电压表测量

电压表可以直接显示测量结果，是测量电压的基本工具。在具体的测量过程中，用电压表测量时应注意下列问题。

1. 电压表的选用

电压表的选用原则：

（1）根据被测信号的种类选用。如果被测信号是直流量（如晶体管电路中的静态工作点等），则选用直流电压表（如万用表或直流电压表等）；如果被测信号是交流量，则选用交流毫伏表（如 DA-16 型晶体管毫伏表等）。

（2）根据被测信号的特点（频率高低、幅度大小）选用。被测信号的频率和电压幅度必须处于电压表的频率范围和电压范围之内。

(3)根据被测电路的状态考虑电压表内阻的影响。任何一种电压表均有一个输入阻抗（用一个输入电阻 R_i 和输入电容 C_i 并联代替），测量时将电压表并联于被测电路两端，其影响有两点：一是引起较大的测量误差；二是改变了电路的工作状态。因此，应选用输入阻抗大的电压表。

2. 测量时要注意测试条件——波形不失真

常用的指针式电压表大多是以正弦波有效值作为刻度的，只适合测量正弦波电压，用其对其他波形进行测量将带来较大误差。

二）示波器测量

用示波器测量电压主要有两种方法：一是直读法，详见第二章的实验一；二是比较法，其主要特点是在垂直灵敏度不变的情况下，将被测信号的波形与一个已知电压大小的信号波形进行比较，从而获得被测信号的电压大小。但是，在用示波器对信号的电压进行定量测量时，测量出的值是峰-峰值，而不是有效值。

二、电流的测量

测量直流电流要选用直流电流表（在实验室中一般用万用表的电流挡）。测量方法是将电流表串联到被测电路中（注意将电流表的正极接电路的高电位端），此方法称为直接测量法。其优点是读数准确，缺点是测量时需要断开电路，比较麻烦。

实际应用中常利用取样电阻进行间接测量，即在被测支路中串联一个适当的取样电阻 R，通过测量取样电阻两端的电压计算出其电流值，如图 1-1 所示。

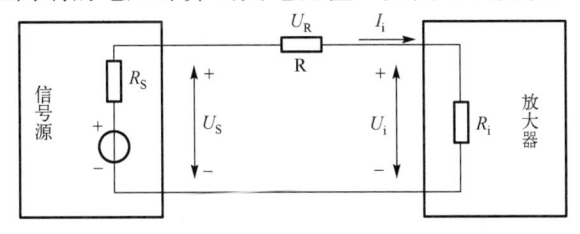

图 1-1 用间接测量法测量电流的电路图

如果该支路上已有已知电阻，则可通过测量该电阻上的压降来得到其电流值，而不必再串入电阻。间接测量法特别适合用于测量数值较大的直流电流和交流电流。

三、时间、频率测量

在电子技术基础实验中，频率 f 常用示波器测量，也可用频率计直接测量。在用示波器测量频率时，通常先测出波形的周期 T，再通过公式 $f=1/T$ 计算出频率。周期 T、脉冲上升沿、脉冲下降沿等变量的测量方法参阅第二章实验一中示波器的使用。对模拟信号来说，也可以用示波器显示李沙育图形的方法来测量频率。

第三节 EDA 工具在电子技术中的应用

电子电路系统的设计工作量大，完全依靠手工设计，不仅设计周期长，而且易出错、性能优化提高较困难。因此,在现代电子电路系统的设计过程中,设计人员非常注重电子设计自动化(Electronic Design Automation,EDA)工具的应用。

一、EDA 技术的发展状况

EDA 是一个广泛的概念,凡在电子设计过程中用到计算机辅助手段的相关步骤都可作为 EDA 的组成部分。电子电路系统的设计已经无法脱离 EDA 工具的支持,并且对其依赖性越来越强。

在电子电路系统设计方面,20 世纪 70 年代出现了计算机辅助电路分析工具和逻辑综合与优化工具,以及简单可编程逻辑器件;20 世纪 80 年代出现了印制电路板(Printed-Circuit Board,PCB)自动布局布线工具、标准的硬件描述语言(Hardware Description Language,HDL)及其仿真工具,以及复杂可编程逻辑器件;20 世纪 90 年代出现了可编程模拟电路和标准硬件描述语言的综合工具,电子电路系统设计才真正进入了自动化时期。上述设计技术统称为电子设计自动化技术。进入 21 世纪,出现了单片系统和可编程片上系统(System-on-a-Programmable-Chip,SoPC),这标志着 EDA 技术不断地向前发展。

二、常用 EDA 工具

EDA 工具大致可分为系统级仿真、电路级仿真、逻辑仿真与综合、PCB 设计、版图设计与验证等。表 1-1 列出了部分常用的系统级仿真、电路级仿真、逻辑仿真与综合等设计工具。

表 1-1 部分常用的 EDA 设计工具

类别	名称	开发商	备注
系统级仿真	Incisive-SPW	Cadence Design Systems	算法开发
	Incisive-AMS		模拟/混合信号仿真
	ADS	Agilent Technologies	通信系统
电路级仿真	Multisim	National Instruments	
	HSpice	Synopsys	
	ADS	Agilent Technologies	支持射频电路
	SmartSpice	Silvaco International	
	T-Spice Pro	Tanner Research	
	Spectre	Cadence Design Systems	支持 Verilog-A
	Spectre RF		支持射频电路
	UltraSim		支持数/模混合电路
	Eldo	Mentor Graphics	
	Eldo RF		支持射频电路
	ADMS		支持数/模混合电路
VHDL/Verilog 逻辑仿真与综合	Active-HDL	Aldec	
	ModelSim/Renoir	Mentor Graphics	Renoir 支持图形化输入
	VCS	Synopsys	
	Incisive Unified Simulator	Cadence Design Systems	支持 SystemC 和测试生成

续表

类别	名称	开发商	备注
可编程逻辑器件设计	Quartus II	Intel	支持 Intel 的 CPLD/FPGA
	ISE	Xilinx	支持 Xilinx 的 CPLD/FPGA
	ispLEVER	Lattice	支持 Lattice 的 CPLD/FPGA
PCB 设计	Protel	Altium	
	Ultiboard	National Instruments	
	Allegro	Cadence Design Systems	
	PowerPCB	Mentor Graphics	

在表 1-1 中提到的 Multisim 是美国国家仪器（NI）有限公司推出的以 Windows 操作系统为基础的电路设计、电路功能测试的虚拟仿真软件，适用于板级的模拟/数字电路板设计。

使用 Multisim 交互式地搭建电路原理图，可以实现计算机仿真设计与虚拟实验，与传统的电子电路设计及实验方法相比，具有如下特点：①设计与实验可以同步进行，可以边设计边实验，方便进行修改调试；②设计和实验用的元器件及测试仪器仪表齐全，可以完成各种类型的电子电路设计与实验；③可方便地对电路参数进行测试和分析；④可直接输出实验数据、曲线和电路原理图；⑤实验中不消耗实际的元器件，实验所需元器件的种类和数量不受限制，实验成本低、速度快、效率高。

该软件易学易用，不仅便于电子信息、通信工程、电气控制类专业学生自学，还便于在电子技术基础等课程中开展综合性的设计和实验，有利于培养学生的综合分析能力、开发能力和创新能力。

三、Multisim 中虚拟仪器仪表的使用

2001 年，美国国家仪器（NI）有限公司推出了 Multisim 2001 版本，2003 年升级为 Multisim 7，2015 年推出了 Multisim 14，目前最新版本是 Multisim 14.3.0。Multisim 14.3.0 的工作界面如图 1-2 所示。该软件中的虚拟仪器仪表种类齐全，有一般实验用的通用仪器仪表，如万用表、函数信号发生器、双踪示波器、直流电源；还有一些特殊专用仪器仪表，如波特图仪、数字信号发生器、逻辑分析仪、逻辑转换器、失真仪、频谱分析仪和网络分析仪等。

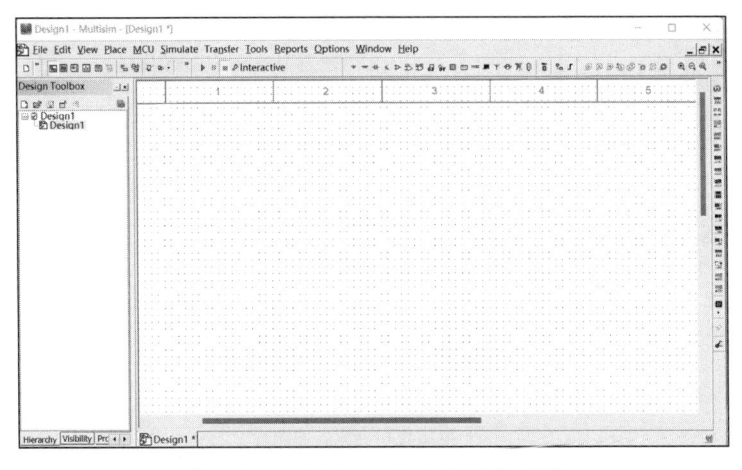

图 1-2 Multisim 14.3.0 的工作界面

这些虚拟仪器仪表的操作、使用、设置和观测方法与真实仪器几乎相同。每个虚拟仪器仪表都具有图标 Icon、符号 Symbol 和面板 Panel 三种视图，分别用来选择、连线、配置。这些虚拟仪器仪表的种类除了可以分为一般和专用两类，还可以大体分为三类：第一类是 Multisim 14.3.0 软件自带的仪器，包括交直流仪器、逻辑仪器、射频仪器、厂商仪器、测量探头、LabVIEW 仪器，其中厂商仪器的面板与真实仪器完全一样；第二类是利用 LabVIEW 定义的 VI 仪器，可用于硬件的输入或输出；第三类是利用 NI ELVIS 的仪器，需与 NI ELVIS 硬件配套使用。在电子电路系统设计调试、仿真测试过程中，这些仪器仪表能够非常方便地监测电路工作情况并对仿真结果进行显示与测量。本部分将介绍 Multisim 14.3.0 软件中自带的一些常用虚拟仪器仪表的基本功能和使用方法。Multisim 14.3.0 软件自带的虚拟仪器仪表栏如图 1-3 所示。下面简单介绍几种虚拟仪器仪表的图标、面板及使用方法。

图 1-3　Multisim 14.3.0 软件自带的虚拟仪器仪表栏

一）VOLTMETER 和 AMMETER（电压表和电流表）

VOLTMETER 和 AMMETER（电压表和电流表）在指示元件（Indicators）库中，如图 1-4（a）所示。在使用时对其数量没有限制，它们可用来测量交/直流电压和电流。为了使用方便，指示元件库中有引出线垂直、水平两种形式的仪表。引出线水平形式的电压表和电流表的选择类型、图标如图 1-4 所示。双击电压表或电流表的图标将弹出对应的对话框，可对"Resistance"（内阻）和"Mode"（交直流模式）等内容进行设置。

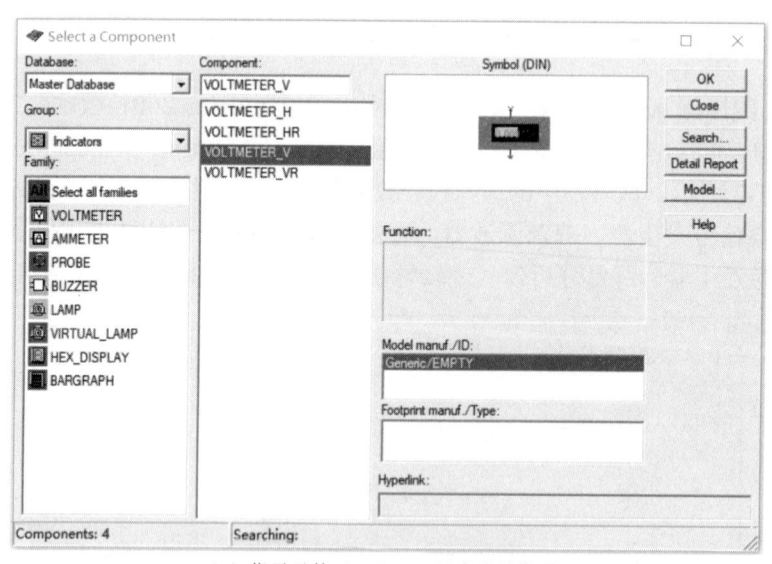

（a）指示元件（Indicators）库选择类型

（b）电压表和电流表的图标

图 1-4　引出线水平形式的电压表和电流表的选择类型、图标

二）Multimeter（万用表）

Multisim 14.3.0 软件提供了万用表，如图1-3中左一图标所示。其外观和操作与实际的万用表相似，可以用来测量直流或交流信号，也可以用来测量电流、电压、电阻和分贝值4类物理量。万用表有正极和负极两个引线端。在虚拟仪器仪表栏中选中万用表后，电路工作区将弹出图1-5（a）所示的万用表图标，双击数字万用表图标，弹出图1-5（b）所示的万用表面板，在面板上可以选择和设置被测量数据的类型。

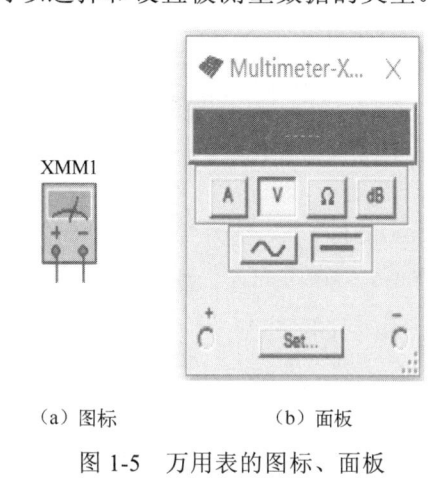

（a）图标　　　（b）面板

图1-5　万用表的图标、面板

三）Function Generator（函数信号发生器）

Multisim 14.3.0 软件提供的函数信号发生器可以产生正弦波、三角波和矩形波，如图1-3中左三图标所示。

函数信号发生器提供的输出信号频率可在1Hz～999MHz的范围内调整。输出信号的幅值及占空比等参数也可以根据需要进行调节。函数信号发生器有三个引线端口：负极、正极和公共端。函数信号发生器的图标和面板如图1-6所示。

函数信号发生器的面板设置如下。

1. 功能选择

单击图1-6（b）所示的波形调节按钮，选择输出正弦波、三角波或矩形波。

2. 信号参数选择

（1）频率（Frequency）：设置输出信号的频率，设置范围为1Hz～999MHz。

（2）占空比（Duty Cycle）：设置输出信号的持续期和间歇期的比值，设置范围为1%～99%（该设置仅对三角波和矩形波有效，对正弦波无效）。

（3）振幅（Amplitude）：设置输出信号的幅度，设置范围为1×10^{-15}～1×10^{12}V。

注意：若输出信号含有直流成分，则设置的幅度为从直流到信号波峰的大小。如果把地线与正极或负极连接起来，则输出信号的峰-峰值是振幅的2倍；如果从正极和负极之间输出，则输出信号的峰-峰值是振幅的4倍。

（4）偏差（Offset）：设置输出信号中直流成分的大小，设置范围为–999～999kV，默认值为0，表示输出信号没有叠加直流成分。

此外，单击图1-6（b）所示面板中的"Set Rise/Fall Time"按钮，在弹出的"Set Rise/Fall

Time"对话框中可以设置输出信号的上升/下降时间。"Set Rise/Fall Time"对话框只对矩形波有效。

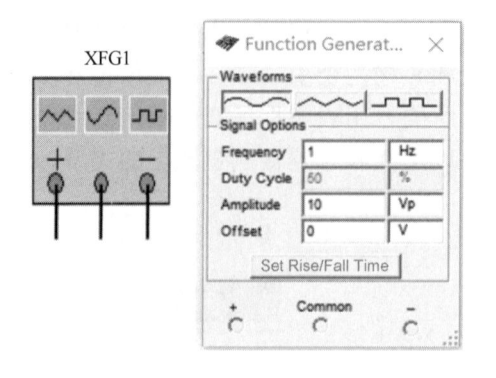

（a）图标　　　　　（b）面板

图 1-6　函数信号发生器的图标和面板

四）Oscilloscope（示波器）

Multisim 14.3.0 软件提供的示波器与实际的示波器外观和操作方法基本相同，如图 1-3 中左五图标所示。利用该示波器可以观察一个通道或两个通道的信号波形，分析被测周期信号的幅值和频率。示波器图标有 6 个连接点：通道 A 的输入端和接地端、通道 B 的输入端和接地端、外触发端（Ext. Trigger）和接地端。示波器的图标和面板如图 1-7 所示。

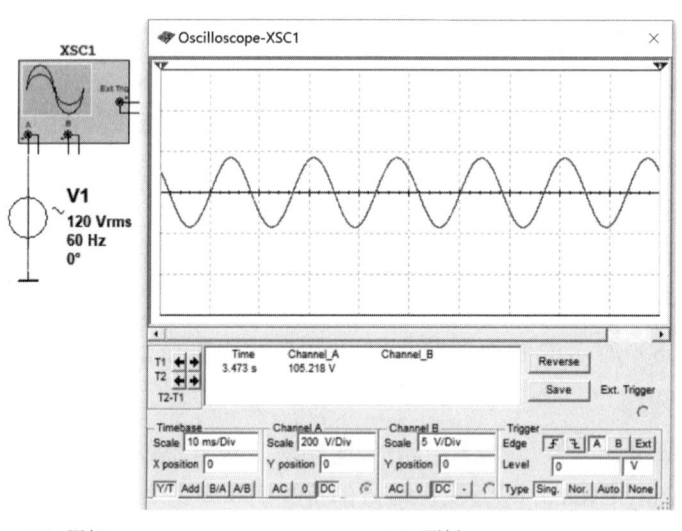

（a）图标　　　　　（b）面板

图 1-7　示波器的图标和面板

示波器的面板分为 4 部分。

1. Timebase（时间基准）

（1）Scale（量程）：设置显示波形时的 X 轴时间基准。时间基准范围为 1ps/Div～100Ts/Div，改变其参数可将波形沿水平方向拉伸或压缩。例如，一个频率为 1kHz 的信号，X 轴时间基准应为 1ms/Div 左右。

（2）X position（X轴位置）：设置X轴的起始点位置。

（3）显示方式有 4 种：Y/T 方式是指X轴显示时间，Y轴显示电压值，这是最常用的显示方式，一般用以测量电压波形，如图 1-7 所示；Add 方式是指X轴显示时间，Y轴显示通道 A 和通道 B 的电压之和；B/A 或 A/B 方式是指X轴和Y轴都显示电压值，这种方式常用于测量电路传输特性和李沙育图形。

2．Channel A（通道 A）

（1）Scale（量程）：通道 A 的Y轴电压刻度设置。Y轴电压刻度设置范围为 10pV/Div～1000TV/Div，可以根据输入信号的大小选择Y轴电压刻度值的大小，从而使信号波形在示波器显示屏上显示出合适的大小。

（2）Y position（Y轴位置）：设置Y轴的起始点位置，起始点为 0 表明Y轴起始点在示波器显示屏的中线上，起始点为正值表明Y轴起始点位置向上移，否则向下移。

（3）触发耦合方式：AC（交流耦合）、0（0 耦合）或 DC（直流耦合），交流耦合只显示交流分量；直流耦合显示直流和交流分量之和；0 耦合在Y轴设置的起始点处显示一条直线。

3．Channel B（通道 B）

通道 B 的Y轴量程、起始点、耦合方式等内容的设置与通道 A 相同。

4．Trigger（触发）

触发方式主要用来设置X轴的触发信号、触发电平及边沿等。

（1）Edge（边沿）：设置被测信号开始的边沿，可以设置为先显示上升沿或下降沿。

（2）Level（电平）：设置触发信号的电平，使触发信号在某一电平时启动扫描。

（3）触发信号选择：Auto（自动）、通道 A 和通道 B 表明用相应的通道信号作为触发信号；Ext 为外触发；Sing.为单脉冲触发；Nor.为一般脉冲触发。示波器通常采用 Auto（自动）触发方式，此方式依靠计算机自动提供触发脉冲触发示波器采样。

五）Simulated Tektronix Oscilloscope（泰克示波器）

Multisim 14.3.0 软件提供了泰克示波器 TDS 2024，如图 1-3 中右四图标所示。其控制面板与真实仪器完全一样，如图 1-8 所示。其用法和示波器类似，区别在于调整参数的方式变为旋钮式。

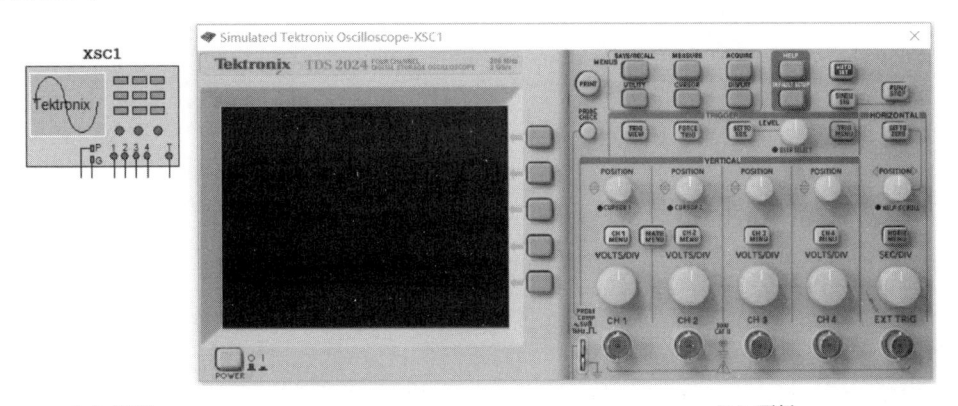

（a）图标　　　　　　　　　　　　　　　　　　　　（b）面板

图 1-8　泰克示波器的图标和面板

六）LabVIEW Instrument（LabVIEW 仪器）

用户在使用 Multisim 8 之后的软件时，可以利用美国国家仪器（NI）有限公司的 LabVIEW Instrument 定制虚拟仪器，并将其用于仿真电路的测试和控制，这些虚拟仪器扩展了系列软件的功能，如图 1-3 中右二图标所示。LabVIEW 仪器中的 Microphone 可用于麦克输入，Speaker 可用于声卡输出，从而实现与硬件的连接。使用时这些硬件仪器可以缓存仿真的数据，仿真结束后可进行缓存操作。Speaker 和 Microphone 的图标、面板如图 1-9 所示。

（a）图标

（b）面板

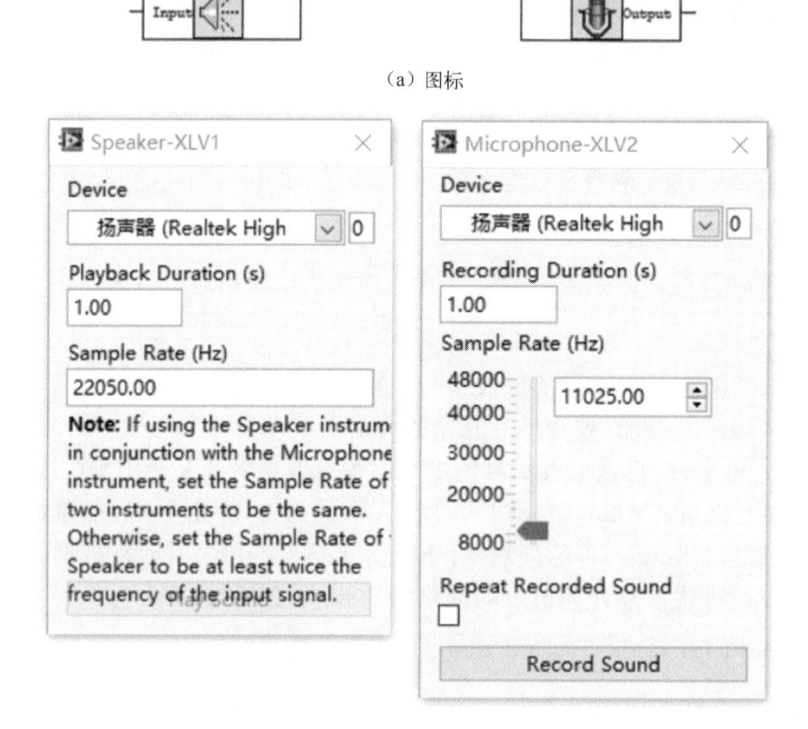

图 1-9　Speaker 和 Microphone 的图标、面板

第二章　电子技术基础实验（模拟部分）

实验一　示波器的使用

【实验预习】

阅读示波器、低频信号发生器、电压表、直流稳压电源的使用说明书。

一、实验目的

1．了解示波器的结构及原理，掌握各控制旋钮的作用。
2．学会用示波器观察信号波形和测量波形参数。

二、实验原理

1．示波器

示波器是一种用途广泛的电子测量仪器，利用示波器可以测量电信号的一系列参数，如信号电压（或电流）的幅度、周期（或频率）、相位等。

示波器的结构一般包括垂直轴放大器、水平轴放大器、扫描发生器、触发电路、电子示波管及电源六大部分，示波器的结构如图 2-1 所示。

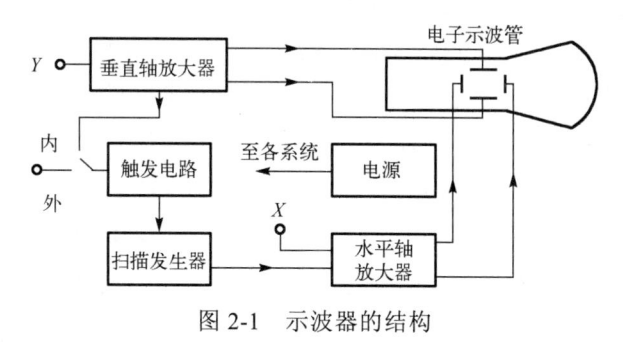

图 2-1　示波器的结构

示波器各部分的主要功能如下。

（1）电子示波管。电子示波管的结构如图 2-2 所示，它主要由电子枪、偏转系统和荧光屏三部分组成。

电子枪包括灯丝、阴极、控制栅和阳极。偏转系统包括 Y 轴偏转板和 X 轴偏转板两部分，它们能使电子枪发射出来的电子束根据加于偏转板上的电压信号做出相应的偏移。荧光屏是位于电子示波管顶端涂有荧光物质的透明玻璃屏，当电子枪发射出来的电子束轰击到荧光屏上时，荧光屏上被击中的点就会发光。

（2）垂直（Y）、水平（X）轴放大器。电子示波管的灵敏度比较低，如果偏转板上没有足够的控制电压，那么不能明显地观察到光点的移动，为了保证有足够的偏转电压，必须设置放大器将被观察的电信号放大。

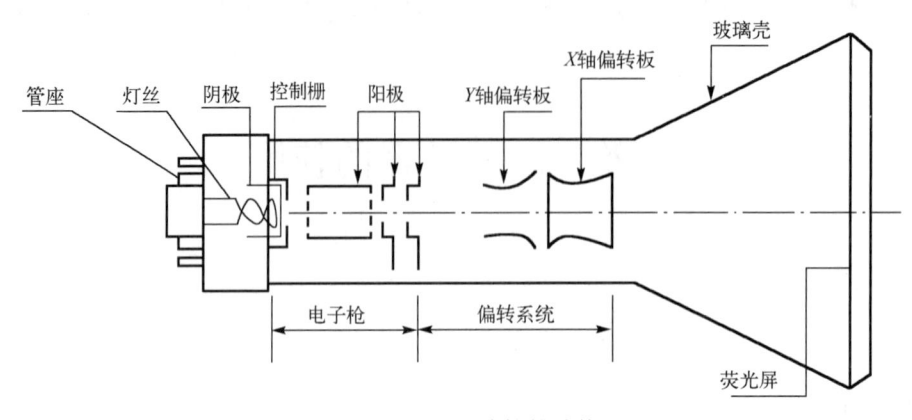

图 2-2　电子示波管的结构

（3）扫描发生器。它的作用是形成线性电压模拟时间轴，以展示被观察的电信号随时间变化的情况。

2. 波形的形成

在正常的情况下，荧光屏上光点的相对位移是和输入到示波器 X 轴或 Y 轴上的电压成正比的。例如，一正弦波的电压 $v_y=\sin\omega t$，如图 2-3 所示。图中 Y 轴表示电压的大小，X 轴表示时间 t，现把 v_y 送至示波器的 Y 轴偏转板上，荧光屏上看到的是一条竖直的线，这种现象可从图 2-3 中来理解：在 t_0 时刻，Y 轴偏转板上的电压 v_y 为 0，光点无偏移地停在荧光屏的 O 点处；在 t_1 时刻，v_y 正向增大，光点偏移至 B 点；在 t_2 时刻，v_y 达到正向最大值，光点偏移至 A 点；在 t_3 时刻，v_y 减小，但仍然是正电压，光点再次回到 B 点；在 t_4 时刻，电压为 0，光点回到原点。由此可见，光点移动的距离与所加的电压成正比，故可以用来测量电压的幅度。同理，在负半周 t_5、t_6、t_7、t_8 各时刻，光点相继经过 C、D、C、O 各点。

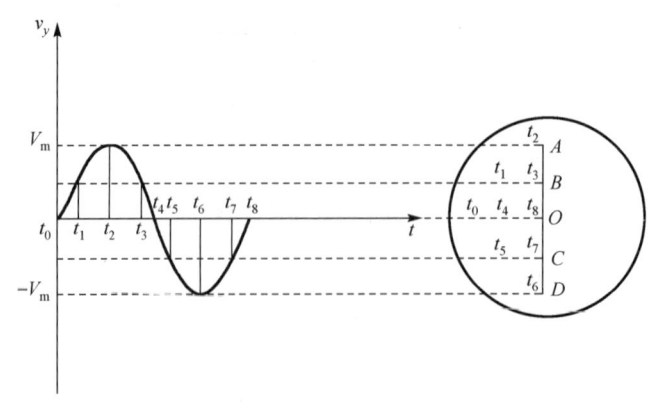

图 2-3　正弦波的电压

上述正弦波的电压持续加在 Y 轴偏转板上，光点不断地上下移动，只要移动的速度足够快，由于视觉暂留效应，人们在荧光屏上看到的就是一条竖直的线。为了显示正弦波形，

在示波器的 X 轴偏转板上需要添加线性变化的扫描电压。如果 Y 轴偏转板上无信号,单独在 X 轴偏转板上添加扫描电压 v_x,则在荧光屏上也可观察到一条直线,只是这条直线为水平直线,其形成的过程如下。

在 t_0 时刻,v_x 为负电压,光点在荧光屏上的 A 点,此后,电压直线增大;在 t_1 时刻,光点移到 B 点;在 t_2 时刻,电压增大到零值,光点在中心 C 点处,电压继续增大;在 t_3 时刻,光点移到 D 点;在 t_4 时刻,电压增大到最大值,光点到达 E 点。随后电压迅速回到负值,光点由 E 点迅速回到 A 点,如此不断重复,在荧光屏上可以观察到一条水平的直线,如图 2-4 所示。

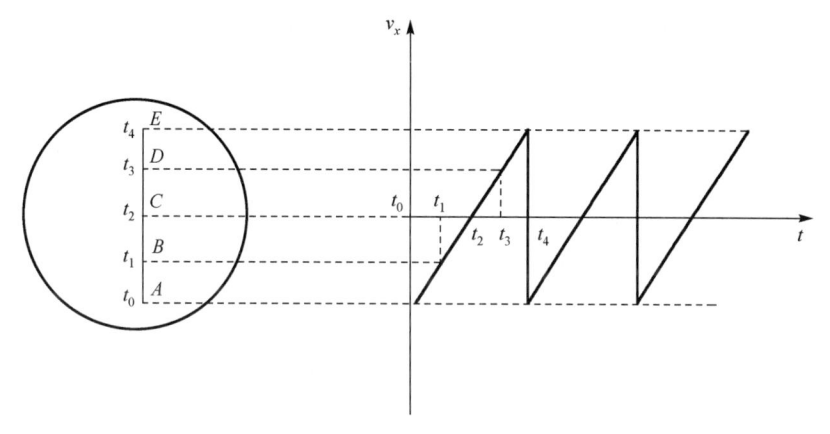

图 2-4 在 X 轴偏转板上添加扫描电压

如果将被观察的正弦波电压 v_y 加在 Y 轴偏转板上,同时将扫描电压 v_x 加在 X 轴偏转板上,使正弦波电压的频率与扫描电压的重复频率相等,那么在荧光屏上就能观察到一个完整的正弦波,单周波的合成过程如图 2-5 所示。

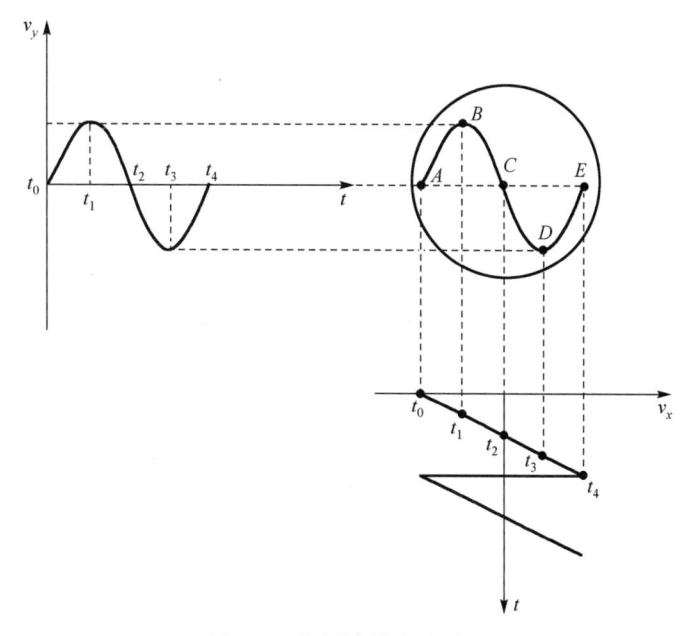

图 2-5 单周波的合成过程

在 t_0 时刻，$v_y=0$，Y 轴方向无偏移，而 v_x 为负值，光点沿 X 轴向左偏移，位于荧光屏上的 A 点；在 t_1 时刻，v_y 增大，光点向上移，同时，v_x 也增大，光点又要向右移，合成结果是光点移至荧光屏上的 B 点；之后，在 t_2、t_3、t_4 各时刻，光点相继沿 C、D、E 各点移动；在 t_4 时刻之后，由于 v_x 迅速返回至初始状态，光点将从 E 点迅速返回 A 点。接着正弦波开始第二个周期，扫描电压开始第二次扫描，荧光屏上呈现与第一次相重叠的正弦波形。如此不断重复，在荧光屏上可观察到一个稳定的正弦波。

上述两种波若频率相同，则荧光屏上显示出一个周期的正弦波。如果正弦波电压的频率 f_y 是扫描电压频率 f_x 的 2 倍，即 $f_y = 2f_x$，则在荧光屏上看到的将是两个周期的正弦波，其合成过程如图 2-6 所示。同理可知，当 $f_y = nf_x$ 时，荧光屏上将呈现出 n 个周期的正弦波。

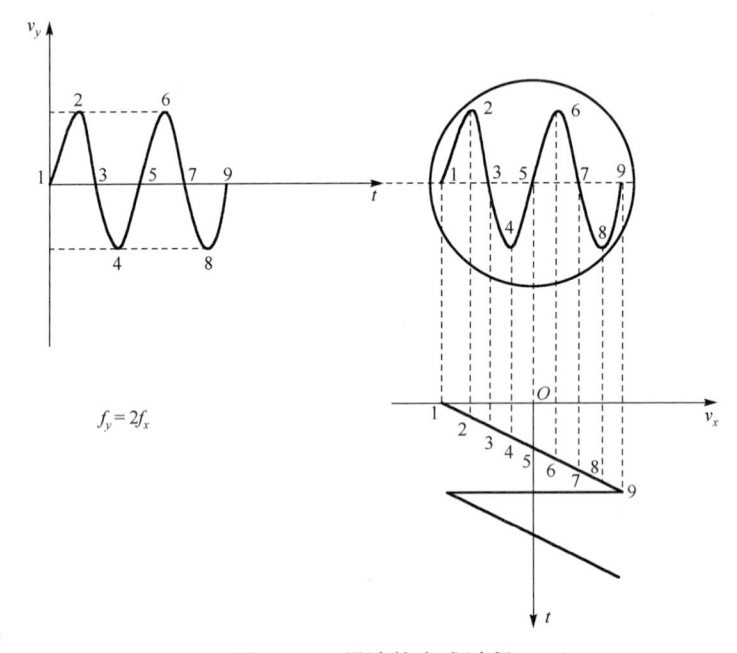

图 2-6 二周波的合成过程

可以设想，如果 f_y 与 f_x 不是成整数倍的关系（n 不是整数），那么波形就不能完全重叠。如何才能使 f_y 与 f_x 之间保持成整数倍的关系呢？在示波器中，通常把输入到 Y 轴的信号电压作用在扫描发生器上，使扫描电压频率 f_x 跟随信号频率 f_y 做微小的改变，以保证 f_y 与 f_x 之间成整数倍的关系，这个作用称为"同步"。示波器经常采用的是"触发同步"，所谓"触发同步"，是指当输入 Y 轴的信号电压瞬时值达到一定幅值时，触动扫描发生器，产生一个锯齿波扫描电压。这个电压扫描结束后，扫描发生器将处于等待下次触发信号的状态。可见，扫描电压的起始点与输入信号电压的某一瞬时保持同步，从而保证了波形的稳定性。

三、练习内容和使用方法

1. 练习示波器的使用

首先认清示波器面板上各控制旋钮的位置和作用，然后开启电源开关，反复调节亮度、聚焦、水平和垂直位移,将同步极性开关、时基扫描速度开关"t/div"置于适当位置,使荧光屏上呈现一条清晰均匀的水平亮线,并反复练习上述操作,直到熟练为止。

2. 电压的测量

测量前要进行校准。校准要求和使用方法因示波器型号不同而各不相同,具体步骤及方法应根据各示波器的使用说明书而定。对于 XJ4631、XJ4318 两种型号的示波器,应把偏转因数开关和微调开关沿顺时针方向旋足,使它们处于校准位置。

(1) 交流电压 V_{P-P} 的测量。

① 将示波器(XJ4631、XJ4318)的耦合选择开关置于"AC"位置,并将低频信号发生器的输出电压有效值调节为 0.2V,将频率为 1kHz 的低频信号经示波器的探极送入 Y 轴。

② 根据被测信号的幅度和频率,合理选择 Y 轴衰减和 X 轴时基档级开关,并调节电平旋钮使波形稳定,如图 2-7 所示。

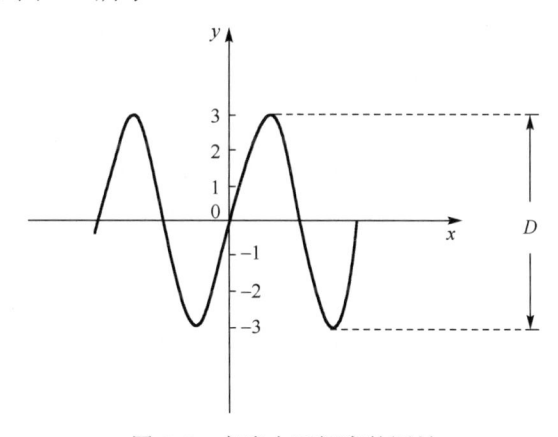

图 2-7 交流电压幅度的测量

③ 读出被测信号的电压 V_{P-P}。

例:由图 2-7 可以看出,荧光屏上波形的峰-峰值为 Ddiv(D=6),示波器探极衰减为 10∶1,Y 轴灵敏度为 0.02V/div,则测得

$$V_{P-P}=0.02\text{V/div}\times D\text{div}\times 10=0.2D\text{V}=0.2\times 6\text{V}=1.2\text{V}$$

式中,0.02V/div 是示波器无衰减时的 Y 轴灵敏度,即每格代表 20mV;10 为探极的衰减量;D 为被测信号在 Y 轴方向上两峰值之间的距离,单位为格(div)。

(2) 时间(频率)的测量。

时间测量是指 X 轴上的读数,其量程由 X 轴的时基扫描速度开关"t/div"决定。

① 测量信号波形任意两点之间的时间间隔 t。将被测信号输入 Y 轴,调节相关旋钮,使荧光屏上呈现稳定的波形,如图 2-8 所示,测量 P、Q 两点间的时间间隔 t。

② 测出 P、Q 两点在屏幕 X 轴上的距离 B div。

③ 记录"t/div"的值,如"A ms/div"。

利用公式 $t=A\text{ms/div}\times B\text{ div}=A\times B$ ms,计算时间间隔。例如,若测得 B=5div,而"t/div"的值为 0.1ms/div,则 t=0.1ms/div×5div=0.5ms,表示图 2-8 中 P、Q 两点间的时间间隔是 0.5ms。

利用公式 $f=1/T$,即可求出频率。有关其他测量方法,请参阅示波器的使用说明书。

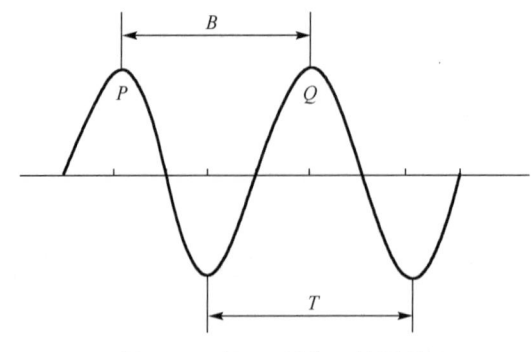

图 2-8 时间（频率）的测量

四、思考题

1．明确有效值、峰值、峰-峰值的概念，讨论电压表测量值和示波器测量值有什么不同。
2．示波器为什么要用探极？只有在什么情况下才不用探极？

实验二　共射极单管放大器

【实验预习】

复习常用测量仪器的使用方法，以及单管放大器的工作原理、特性参数分析。

一、实验目的

1．学会放大器静态工作点的调试方法，了解静态工作点对放大器性能的影响。
2．掌握放大器电压放大倍数、输入电阻、输出电阻及波形最大不失真时输出电压的测试方法。
3．熟悉常用电子仪器及模拟电路实验设备的使用方法。

二、实验原理

图 2-9 所示为共射极单管放大器实验电路，该电路为电阻分压式电路，静态工作点稳定。它的偏置电路采用由 R_{B1} 和 R_{B2} 组成的分压电路，并在发射极接有电阻 R_E，以稳定放大器的静态工作点。在放大器的输入端加入输入信号 U_i 后，在放大器的输出端便可得到一个与 U_i 相位相反、幅值被放大了的输出信号 U_o，从而实现了电压放大。

在图 2-9 所示电路中，当流过偏置电阻 R_{B1} 和 R_{B2} 的电流远大于晶体管 VT 的基极电流 I_B（一般为 5~10 倍）时，它的静态工作点可用下式估算

$$U_B \approx \frac{R_{B1}}{R_{B1}+R_{B2}} U_{CC} \quad (2\text{-}1)$$

$$I_E = \frac{U_B - U_{BE}}{R_E} \approx I_C \quad (2\text{-}2)$$

$$U_{CE} = U_{CC} - I_C(R_C + R_E) \quad (2\text{-}3)$$

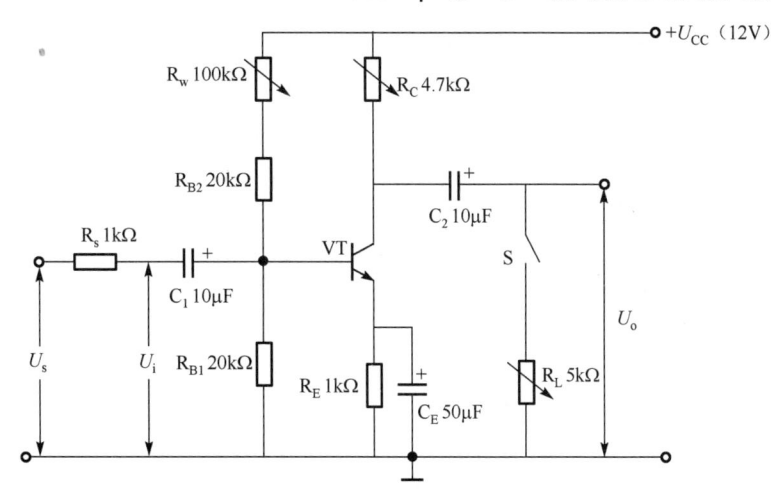

图 2-9 共射极单管放大器实验电路

电压放大倍数为

$$A_u = -\beta \frac{R_C // R_L}{r_{be}} \quad (2-4)$$

输入电阻为

$$R_i = R_{B1} // R_{B2} // r_{be} \quad (2-5)$$

输出电阻为

$$R_o \approx R_C \quad (2-6)$$

放大器的测量和调试一般包括放大器静态工作点的测量与调试、放大器各项动态指标的测量与调试等。

1. 放大器静态工作点的测量与调试

（1）静态工作点的测量。

测量放大器的静态工作点时，应在输入信号 U_i=0V 的情况下进行，即先将放大器输入端与地短接，再选用量程合适的直流毫安表和直流电压表，分别测量三极管的集电极电流 I_C 及各电极对地的电位 U_B、U_C 和 U_E，一般在实验中为避免断开集电极，应采用先测量电压，再计算出 I_C 的方法。例如，只要测出 U_E，即可用 $I_C \approx I_E = U_E / R_E$ 算出 I_C（也可根据 $(U_{CC} - U_C) / R_C$，由 U_C 确定 I_C），同时计算出 $U_{BE}=U_B-U_E$，$U_{CE}=U_C-U_E$。为了减小误差、提高测量精度，应选用内阻较高的直流电压表。

（2）静态工作点的调试。

放大器静态工作点的调试是指对三极管集电极电流 I_C（或集-射电压 U_{CE}）进行调整与测试。静态工作点是否合适，对放大器的性能和输出波形都有很大的影响。如果静态工作点偏高，则放大器在加入交流信号以后易产生饱和失真，此时 U_o 的负半周将被削底，如图 2-10（a）所示；如果静态工作点偏低，则易产生截止失真，即 U_o 的正半周被削顶（一般截止失真不如饱和失真明显），如图 2-10（b）所示。这些情况都不符合不失真放大的要求，所以在选定静态工作点以后必须进行动态调试，即在放大器的输入端加入一定的 U_i，

检查输出电压 U_o 的大小和波形是否满足要求。如果不满足要求,则应调节静态工作点的位置。

改变电路参数 U_{CC}、R_C、R_{B1}、R_{B2} 都会引起静态工作点的变化,如图 2-11 所示。但通常采用调节偏置电阻 R_{B1} 阻值的方法来改变静态工作点,如减小 R_{B1} 的阻值,使静态工作点提高等。

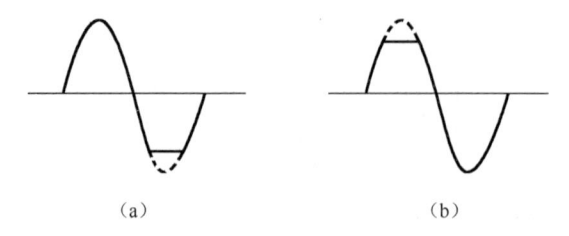

图 2-10　静态工作点对 U_o 波形失真的影响

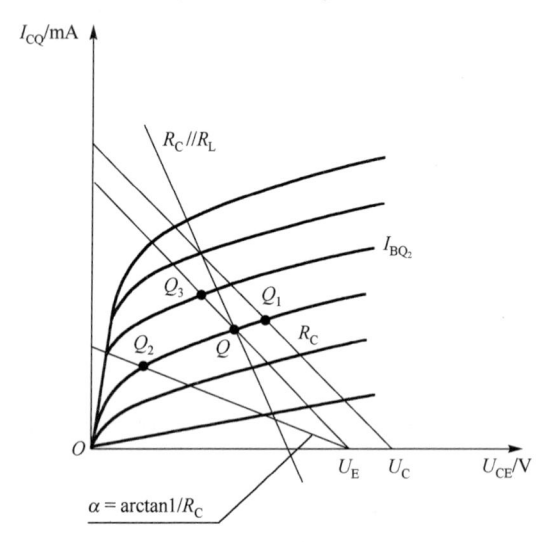

图 2-11　电路参数对静态工作点的影响

最后要说明的是,上面所说的静态工作点"偏高"或"偏低"不是绝对的,而是相对于信号的幅度而言的,如信号幅度很小,即使静态工作点较高或较低,也不一定会出现波形失真。因此,确切地说,产生波形失真是信号幅度与静态工作点匹配不当导致的。若需满足较大信号幅度的要求,则静态工作点应尽量靠近交流负载线的中点。

2. 放大器动态指标测试

放大器动态指标包括电压放大倍数、输入电阻、输出电阻等。

(1) 电压放大倍数 A_u 的测量。

放大器测试电路如图 2-12 所示。首先调整放大器至合适的静态工作点,然后加入输入电压 U_i,在输出电压 U_o 的波形不失真的情况下,用交流毫伏表测出 U_i 和 U_o 的值,则

$$A_u = \frac{U_o}{U_i} \tag{2-7}$$

(2) 输入电阻 R_i 的测量。

放大器输入电阻的大小决定了该放大器从信号源或前级放大器索取电流的大小,输入

电阻越大,则索取电流越小,输入电压越接近信号源电压。为了测量放大器的输入电阻,按图 2-13 连接电路。在被测放大器的输入端与信号源之间串联一个已知阻值的电阻 R_s,在放大器正常工作的情况下,用交流毫伏表测出 U_s 和 U_i,则根据输入电阻的定义可得

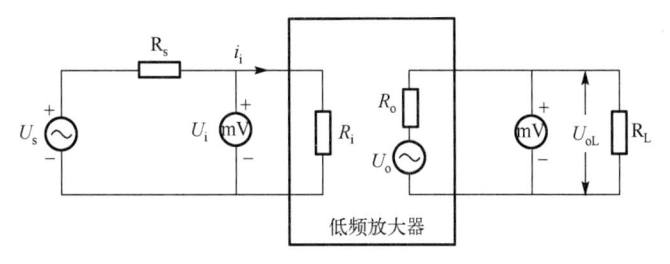

$$R_i = \frac{U_i}{U_s - U_i} R_s \tag{2-8}$$

图 2-12 放大器测试电路

测量时应注意:①由于电阻 R_s 两端没有公共接地点,所以测量 R_s 两端电压 U_R 时必须先分别测出 U_s 和 U_i,再根据公式 $U_R = U_s - U_i$ 求出 U_R;②电阻 R_s 的阻值不宜取得过大或过小,以免产生较大的测量误差,通常取 R_s 与 R_i 为同一数量级,本实验可取 $R_s = 1 \sim 12 \text{k}\Omega$。

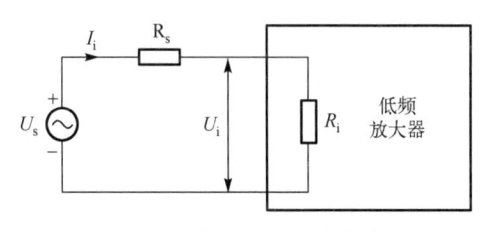

图 2-13 输入电阻测量电路

(3)输出电阻 R_o 的测量。

放大器的输出电阻 R_o 的大小代表该放大器承受负载的能力强弱。R_o 越小,放大器输出等效电路越接近于恒流源,带负载的能力越强。测量时按图 2-14 连接电路,在放大器正常工作的条件下,测出输出端不接负载电阻 R_L 时的输出电压 U_o 和接入负载电阻后的输出电压 U_{oL},根据 $U_{oL} = R_L U_o / (R_o + R_L)$ 即可得出 R_o。

$$R_o = \left(\frac{U_o}{U_{oL}} - 1\right) R_L \tag{2-9}$$

在测量过程中应注意,必须保持负载电阻 R_L 接入前后输入信号的大小不变。

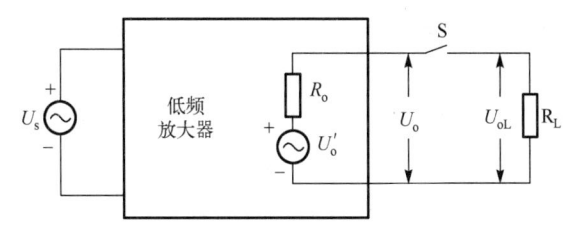

图 2-14 输出电阻测量电路图

三、实验设备及电路元器件

(1)低频信号发生器。　　　　　　(2)示波器。
(3)低频毫伏表(电子电压表)。　　(4)万用表。

（5）直流稳压电源。　　　　　　　（6）低频放大器。
（7）晶体管特性测试仪。

四、实验内容及步骤

（1）按图 2-9 连接电路，暂不接入负载电阻 R_L。

（2）用晶体管特性测试仪测量三极管的 β 值（可描绘输出特性曲线，根据所需工作电流、工作电压求出 β 值），用来计算实验误差。

（3）经检查无误后接通电源。

（4）研究 R_B 对静态工作点、电压放大倍数及输出波形的影响。

①调节 R_W 的阻值为某一合适值（使三极管工作在放大区的中点），测量静态工作点，即分别对地测量出 U_C、U_B、U_E、U_{BE} 的值，求出 I_{EQ}、I_{BQ} 的值。

②用低频信号发生器输出 $f=1\text{kHz}$，$U_i=10\text{mV}$ 的正弦信号，用示波器观察放大器的输出电压波形（若波形失真，则可适当调节 R_W 的阻值），在输出电压波形完全不失真的情况下，用低频毫伏表测量出 U_o 的值，根据式（2-4）计算出电压放大倍数 A_u 并与估算值 A'_u 相比较，计算出误差。A'_u 的计算公式为

$$A'_u = -\frac{\beta R'_C}{r_{be}} = \frac{-\beta R'_C}{r'_{bb} + (1+\beta)\dfrac{26}{I_{EQ}}} \tag{2-10}$$

式中，$I_{EQ} \approx I_{CQ}$；r'_{bb} 在低频时一般为 300Ω。

③减小或增大 R_W 的阻值，观察输出电压波形的变化，并测量出不同波形时的 U_{o1}、U_{o2}，计算出 A_{u1}、A_{u2}。

（5）测量放大器的输入电阻 R_i。

使负载电阻的阻值 $R_L=3\text{k}\Omega$，输入 $U_s=5\sim10\text{mV}$，$f=1\text{kHz}$ 的信号，调节 R_W 的阻值使输出电压的波形不失真，测量 U_i，根据式（2-8）计算出 R_i。

（6）测量放大器的输出电阻 R_o。

条件同上，先不接入负载电阻 R_L，测量出开路电压 U_o，再接入负载电阻 R_L，其阻值 $R_L=3\text{k}\Omega$，测得 R_L 两端的电压 U_{oL}，根据式（2-9）计算出 R_o。

（7）测量放大器的幅频特性曲线。

输入 $U_s=10\text{mV}$，$R_L=3\text{k}\Omega$ 的信号，调节 R_W 的阻值使波形不失真，改变信号源频率（保持 U_i 不变），逐点测出相应的 U_{oL} 值，并记录在自拟的表中，用描点的方法画出该放大器的幅频特性曲线。

（8）研究负载电阻 R_L 及电源电压对放大器的静态工作点、电压放大倍数、输出电压波形的影响。

五、实验报告撰写要求

1．画出实验电路原理图和实验仪器连接图。
2．整理并处理实验数据，列出表格，画出必要的波形及曲线。
3．分析放大器输出电压波形失真的原因，并提出解决的办法。

六、思考题

为提高放大器的电压放大倍数，应采取哪些措施？

实验三　场效应管放大电路

【实验预习】

复习有关场效应管的内容，并分别用图解法与计算法估算场效应管的静态工作点（根据实验电路参数），求出静态工作点处的低频跨导 g_m。

一、实验目的

1. 了解结型场效应晶体管的性能和特点。
2. 进一步熟悉放大电路动态参数的测试方法。

二、实验原理

场效应管是一种电压控制型器件，按结构可分为结型和绝缘栅型两种类型。由于场效应管的栅极和源极之间处于绝缘或反向偏置状态，所以输入电阻很高（一般可达上百兆欧）。场效应管是一种多数载流子控制器件，不仅热稳定性好、抗辐射能力强、噪声系数小，而且制作工艺较简单，便于大规模集成，因此得到了越来越广泛的应用。

1. 结型场效应晶体管的特性和参数

场效应管具有输出特性和转移特性。图 2-15 所示为 N 沟道结型场效应晶体管 3DJ6F 的输出特性和转移特性曲线。表 2-1 所示为 3DJ6F 的典型参数值及测试条件。其直流参数主要有饱和漏极电流 I_{DSS}、夹断电压 U_P 等；交流参数主要为低频跨导，其计算公式为

$$g_m = \frac{\Delta I_D}{\Delta U_{GS}}\bigg|_{U_{DS}=常数} \quad (2-11)$$

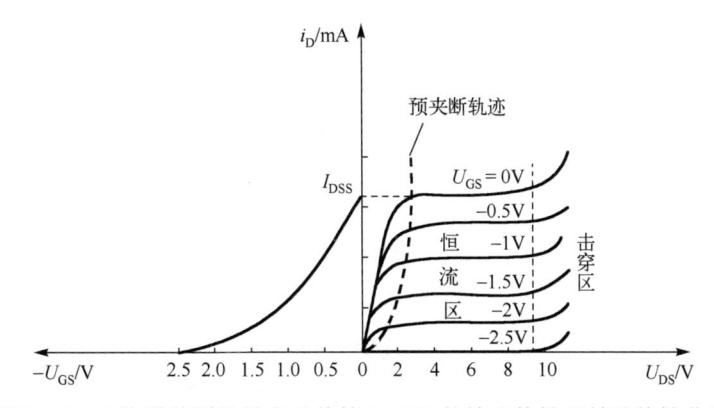

图 2-15　N 沟道结型场效应晶体管 3DJ6F 的输出特性和转移特性曲线

表 2-1　3DJ6F 的典型参数值及测试条件

参数名称	饱和漏极电流 I_{DSS}/mA	夹断电压 U_{GS}/V	低频跨导 g_m/(μA·V^{-1})
测试条件	U_{DS}=10V U_{GS}=0V	U_{DS}=10V I_{DS}=50μA	U_{DS}=10V　I_{DS}=3mA f=1kHz
参数值	1～3.5	<|−9|	>100

2. 场效应管放大器性能分析

图 2-16 所示为结型场效应晶体管共源极放大器。其静态工作点为

$$U_{GS} = U_G - U_S = \frac{R_{G1}}{R_{G1}+R_{G2}}U_D - I_D R_S \tag{2-12}$$

$$I_D = I_{DSS}\left(1-\frac{U_{DS}}{U_P}\right)^2 \tag{2-13}$$

$$I_D = I_{DSS}\left(1-\frac{U_{DS}}{U_P}\right)^2 \tag{2-14}$$

式中，U_P 为夹断电压，指结型场效应晶体管的导电沟道完全被夹断时，对应的 $|U_{GS}|$ 值。由图 2-15 可以看出，其值为 2.5V。

中频电压放大倍数为

$$A_u = -g_m R'_L = -g_m(R_D//R_L) \tag{2-15}$$

式中，$R'_L = R_D//R_L$。

输入电阻为

$$R_i = R_G + (R_{G1}//R_{G2}) \tag{2-16}$$

输出电阻为

$$R_o \approx R_D \tag{2-17}$$

式中，低频跨导 g_m 可用作图法由特性曲线求得，或用公式 $g_m = -\frac{2I_{DSS}}{U_P}\left(1-\frac{U_{GS}}{U_P}\right)$ 计算出来。但要注意，在计算时要用静态工作点处的 U_{GS} 值。

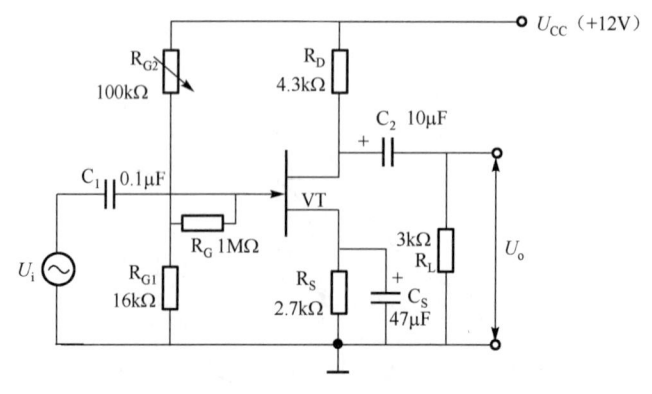

图 2-16　结型场效应晶体管共源极放大器

3. 输入电阻的测量方法

场效应管放大器的静态工作点、电压放大倍数和输出电阻的测量方法，与实验二中共射极单管放大器相应参数的测量方法相同。其输入电阻的测量，从原理上讲，也可采用实验二中所述的方法，但由于场效应管的 R_i 比较大，如果直接测量输入电压 U_s 和 U_i，则由于测量仪器的输入电阻有限，必然会带来较大的误差。因此，为了减小误差，常利用被测放大器的隔离作用，通过测量输出电压 U_o 来计算输入电阻。输入电阻测量电路如图 2-17 所示。在放大器的输入端串入电阻 R，先将开关 S 掷向位置 1（断开电阻 R），测量放大器的输出电压 $U_{o1}=A_u U_s$；保持 U_s 不变，再将 S 掷向位置 2（接入电阻 R），测量放大器的输出电压 U_{o2}。由于两次测量中 A_u 和 U_s 保持不变，故 $U_{o2}=A_u U_i=\dfrac{R_i}{R+R_i}U_s A_u$，由此可以得出

$$R_i = \dfrac{U_{o2}}{U_{o1}-U_{o2}}R \qquad (2-18)$$

式中，R 和 R_i 不能相差太大，本实验可取 R=100～200kΩ。

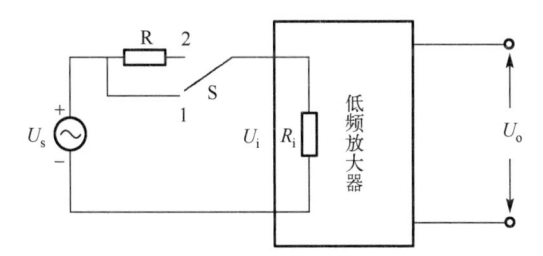

图 2-17 输入电阻测量电路

三、实验设备与电路元器件

（1）+12V 直流电源。　　　　（2）函数信号发生器。
（3）双踪示波器。　　　　　　（4）交流毫伏表。
（5）直流电压表。　　　　　　（6）场效应管特性测试仪。
（7）结型场效应晶体管 3DJ6F、电阻、电容。

四、实验内容及步骤

1. 静态工作点的测量和调整

（1）查阅或用场效应管特性测试仪测量实验中所用结型场效应晶体管的特性曲线和参数，并将其记录下来备用。

（2）按图 2-16 连接电路，接通+12V 电源，用直流电压表测量 U_G、U_S 和 U_D，检查静态工作点是否在特性曲线放大区的中间部分。若是，则把结果填入表 2-2。

表 2-2 静态工作点

测量值						计算值		
U_G/V	U_S/V	U_D/V	U_{DS}/V	U_{GS}/V	I_D/V	U_{DS}/V	U_{GS}/V	I_D/A

2. 电压放大倍数 A_u、输入电阻 R_i 和输出电阻 R_o 的测量

（1）A_u 和 R_o 的测量。在放大器的输入端接入 f=1kHz 的正弦信号（U_i≈50～100mV），并用双踪示波器监测输出电压 U_o，在波形不失真的条件下，用交流毫伏表分别测量 R_L=∞ 和 R_L=10kΩ 时的输出电压 U_o（注意：保持 U_i 不变），将结果填入表 2-3。同时用双踪示波器观察 U_i 和 U_o 的波形，将其描绘出来并分析它们之间的相位关系。

（2）R_i 的测量。按图 2-17 连接电路，选择大小合适的输入电压 U_s（50～100mV），先将开关 S 掷向位置 1，测出断开电阻 R 时的输出电压 U_{o1}，再将开关掷向位置 2，接入电阻 R，保持 U_s 不变，测出 U_{o2}，根据公式 $R_i = U_{o2}/(U_{o1}-U_{o2}R)$ 求出 R_i，填入表 2-4。

表 2-3　A_u 和 R_o 的测量

	测量值				计算值		U_i 和 U_o 的波形
	U_i/V	U_o/V	A_u	R_o/kΩ	A_u	R_o/kΩ	
R_L=∞							
R_L=10kΩ							

表 2-4　R_i 的测量

测量值			计算值
U_{o1}/V	U_{o2}/V	R_i/kΩ	R_i/kΩ

五、实验报告撰写要求

1．整理实验数据，将测得的 A_u、R_i、R_o 和理论值进行比较。

2．对结型场效应晶体管共源极放大器与共射极单管放大器进行比较，总结结型场效应晶体管共源极放大器的特点。

3．分析测量过程中出现的问题，总结实验收获。

六、思考题

1．结型场效应晶体管共源极放大器输入回路中的电容 C_1 容量为什么可以取得小一些（可以取 C_1=0.1μF）？

2．在测量场效应管静态工作电压 U_{GS} 时，能否将直流电压表直接并联在 G、S 两极测量？为什么？为什么在测量场效应管输入电阻时要用测量输出电压的方法？

实验四 负反馈放大器

【实验预习】

1. 复习有关负反馈放大器的内容。
2. 根据图 2-18 所示的电路估算负反馈放大器的静态工作点（$\beta_1=\beta_2=100$）。
3. 估算基本放大器的 A_u、R_i 和 R_o 及负反馈放大器的 A_{uf}、R_{if} 和 R_{of}，并说明它们之间的关系。

一、实验目的

1. 理解并掌握在放大器中引入负反馈的方法和反馈对放大器各项性能指标的影响。
2. 掌握测量负反馈放大电路参数的方法。

二、实验原理

负反馈在电子电路中有着非常广泛的应用。虽然它使放大器的放大倍数降低了，但是能在许多方面改善放大器的动态性能指标，如稳定放大倍数，改变输入、输出电阻，减小非线性失真和展宽通频带等。因此，几乎所有的实用放大器都带有反馈。

负反馈放大器有 4 种组态，即电压串联、电压并联、电流并联、电流串联。本实验以电压串联负反馈为例，分析负反馈对放大器各项性能指标的影响。

（1）图 2-18 所示为阻容耦合负反馈放大器，由 VT_1 等构成第一级共射组态放大器，由 VT_2 等构成第二级共射组态放大器，两级之间通过电容 C_3 耦合连接。电路通过 R_f 把输出电压 U_o 引回输入端，加在三极管 VT_1 的发射极上，在发射极电阻 R_{E11} 上形成反馈电压 U_f。根据反馈的判断方法可知，它属于电压串联负反馈。

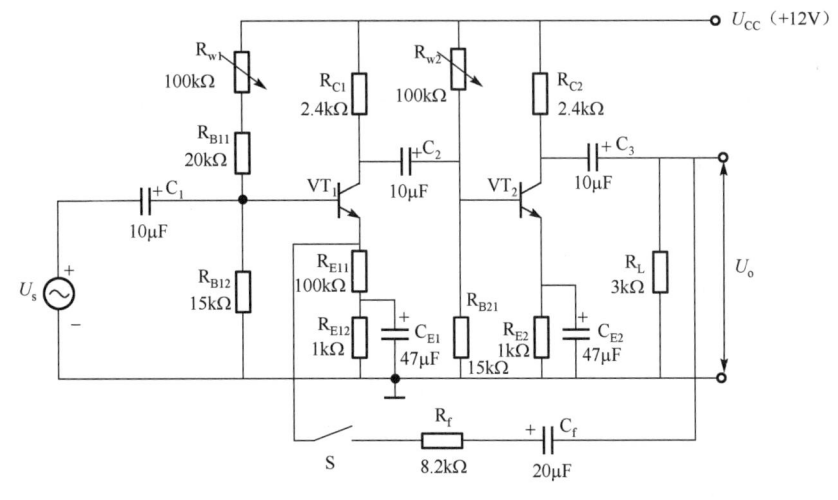

图 2-18 阻容耦合负反馈放大器

主要性能指标如下。

① 闭环电压放大倍数为

$$A_{uf} = \frac{A_u}{1+A_u F_u} \tag{2-19}$$

式中，$A_u=U_o/U_i$ 为基本放大器（无反馈）的电压放大倍数，即开环电压放大倍数；$1+A_u F_u$ 为反馈深度，它的大小决定了负反馈对放大器性能的改善程度。

② 反馈系数为

$$F = \frac{R_{E11}}{R_f + R_{E11}} \tag{2-20}$$

③ 输入电阻为

$$R_{if} = (1+A_u F_u)R_i' \tag{2-21}$$

式中，R_i' 为基本放大器的输入电阻（不包括偏置电阻）。

④ 输出电阻为

$$R_{of} = \frac{R_o}{1+A_{uo}F_u} \tag{2-22}$$

式中，R_o 为基本放大器的输出电阻；A_{uo} 为基本放大器在 $R_L=\infty$ 时的电压放大倍数。

（2）本实验需要测量基本放大器的动态参数，怎样实现无反馈从而得到基本放大器呢？不能简单地断开反馈支路，而是要消除反馈作用，同时要把反馈网络的影响（负载效应）考虑进基本放大器中。因此，①在画基本放大器的输入回路时，由于输出端是电压负反馈，所以可将负反馈放大器的输出端交流短路，即令 $U_o=0V$，此时 R_f 相当于与 R_{E11} 并联；②在画基本放大器的输出回路时，由于输入端是串联负反馈，因此需将反馈放大器的输入端（VT$_1$ 管的发射极）开路，此时 R_f 和 R_{E11} 相当于并联在输出端，可近似认为 R_f 并联在输出端。根据上述规律，就可得到所要求的基本放大器。

三、实验设备与电路元器件

（1）+12V 直流电源。　　（2）函数信号发生器。
（3）双踪示波器。　　　　（4）频率计。
（5）交流毫伏表。　　　　（6）直流电压表。
（7）三极管 3DG6×2（$\beta=50\sim100$）或 9011×2，电阻、电容若干。

四、实验内容及步骤

1. 测量静态工作点

按图 2-18 连接电路，取 $U_{CC}=+12V$，$U_i=0V$，用直流电压表分别测量第一级、第二级共射组态放大器的静态工作点，将结果填入表 2-5。

表 2-5　静态工作点

参数	U_B/V	U_E/V	U_C/V	I_C/mA
第一级				
第二级				

2. 测试基本放大器的各项性能指标

将图 2-18 中的反馈网络开关 S 断开,其他连接不变,取 U_{CC}=+12V,各仪器连接方向同实验二。

(1) 测量基本放大器的中频电压放大倍数 A_u、输入电阻 R_i 和输出电阻 R_o,将结果填入表 2-6。

① 将 f=1kHz,U_s=5mV 的正弦信号输入放大器,用双踪示波器观察输出电压波形,在 U_o 的波形不失真的情况下,用交流毫伏表测量 U_s、U_i、U_L,将结果填入表 2-6。

表 2-6 动态参数

动态参数	U_s/mV	U_i/mV	U_L/V	U_o/V	A_u	R_i/kΩ	R_o/kΩ	A_{uf}	R_{if}/kΩ	R_{of}/kΩ
基本放大器								—	—	—
负反馈放大器						—	—			

② 保持 U_s 不变,断开负载电阻 R_L(注意:R_f 不要断开),测量空载时的输出电压 U_o,将结果填入表 2-6。

(2) 测量通频带。接入 R_L,保持①中的 U_s 不变,分别增大和减小输入信号的频率,找出上、下限频率 f_H 和 f_L,将结果填入表 2-7。

表 2-7 通频带

基本放大器	f_H/kHz:	f_L/kHz:	Δf/kHz:
负反馈放大器	f_{Hf}/kHz:	f_{Lf}/kHz:	Δf_f/kHz:

3. 测试负反馈放大器的各项性能指标

将电路恢复为图 2-18 所示的负反馈放大电路(闭合开关 S),并适当加大信号源电压 U_s(约为 10mV),在输出电压波形不失真的条件下,测量负反馈放大器的 A_{uf}、R_{if} 和 R_{of},将结果填入表 2-6;测量 f_{Hf} 和 f_{Lf},将结果填入表 2-7。

4. 观察负反馈对非线性失真的改善

(1) 将电路改接成基本放大器,在输入端接入 f=1kHz 的正弦信号,输出端接双踪示波器,逐渐增大输入信号的幅度,使输出电压波形出现失真,记下此时的波形和输出电压的幅度。

(2) 将电路改接成负反馈放大器,增大输入信号的幅度,使输出电压幅度的大小与步骤 2 中的①输出电压大小相同,比较有、无负反馈时,输出电压波形的变化。

五、实验报告撰写要求

1. 整理实验数据,将测得的 A_u、R_i、R_o 和理论值进行比较。
2. 对基本放大器与负反馈放大器进行比较,总结负反馈放大器的特点。
3. 分析测试过程中出现的问题,总结实验收获。

六、思考题

1. 根据实验结果,判断该电路的反馈类型。

2. 用双踪示波器测量 U_o 有何优缺点？
3. 为什么用不同型号的示波器测得的结果不一样？
4. 怎样判断放大器是否存在自激振荡？如何进行消振？

实验五　射极跟随器

【实验预习】

1. 预习射极跟随器的工作原理及特点。
2. 复习放大器动态参数的测试方法和步骤。

一、实验目的

1. 掌握射极跟随器的特性及测试方法。
2. 进一步学习放大器各项参数的测试方法。

二、实验原理

射极跟随器的原理图如图 2-19 所示。它是一个电压串联负反馈放大电路，具有输入阻抗高、输出阻抗低、输出电压能在较大范围内跟随输入电压做线性变化及输入信号和输出信号同相等特点。其输出取自发射极，故称为射极输出器，其特点如下。

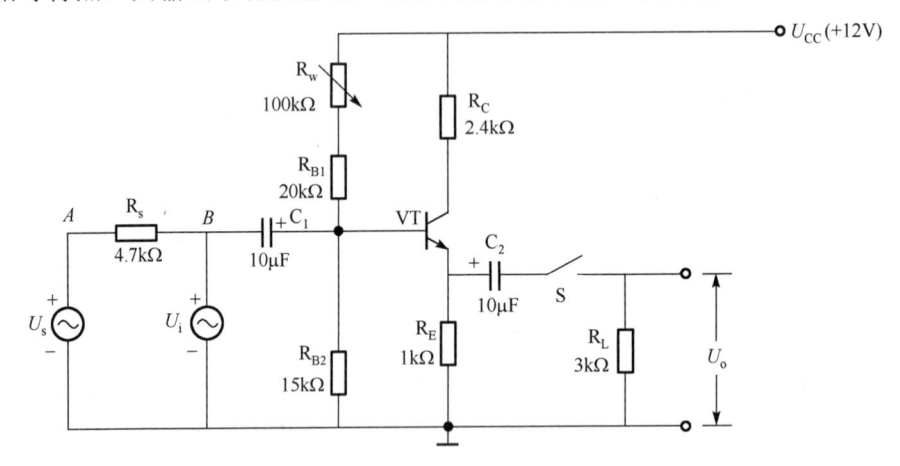

图 2-19　射极跟随器的原理图

1. 输入电阻 R_i 大

输入电阻为

$$R_i = r_{be} + (1+\beta)R_E \tag{2-23}$$

若考虑 R_{B1}、R_{B2}、R_w 和负载电阻 R_L 的影响，则

$$R_i = (R_{B1}//R_{B2}//R_w)//[r_{be}+(1+\beta)(R_E//R_L)] \tag{2-24}$$

由式（2-24）可知，射极跟随器的输入电阻 R_i 比共射极单管放大器的输入电阻 R_i=(R_{B1}//

$R_{B2} // R_w) // r_{be}$ 要大得多。

射极跟随器输入电阻的测试方法与共射极单管放大器输入电阻的测试方法相同，按图2-19连接电路。

由 $R_i = U_i / I_i = U_i R / (U_s - U_i)$ 可知，只要测得 A、B 两点的对地电位即可。

2. 输出电阻 R_o 小

输出电阻为

$$R_o = \frac{r_{be}}{\beta} // R_E \approx \frac{r_{be}}{\beta} \quad (2\text{-}25)$$

若考虑信号源内阻，则

$$R_o = \frac{r_{be} + (R_E // R_B)}{\beta} // R_E \approx \frac{r_{be} + (R_E + R_B)}{\beta} \quad (2\text{-}26)$$

由式（2-26）可知，射极跟随器的输出电阻 R_o 比共射极单管放大器的输出电阻 $R_o \approx R_C$ 小得多。三极管的 β 值越大，输出电阻越小。

射极跟随器输出电阻 R_o 的测试方法与共射极单管放大器输出电阻的测试方法相同，即先测出空载时的输出电压 U_o，再测出接入负载电阻 R_L 后的输出电压 U_L，根据 $U_L = U_o R_L / (R_o + R_L)$ 即可求出 R_o。

$$R_o = \left(\frac{U_o}{U_L} - 1\right) R_L \quad (2\text{-}27)$$

3. 电压放大倍数近似等于1

电压放大倍数为

$$A_u = \frac{(1+\beta)(R_E // R_L)}{r_{be} + (1+\beta)(R_E // R_L)} \leqslant 1 \quad (2\text{-}28)$$

式（2-28）说明射极跟随器的电压放大倍数近似等于 1，且为正值。这是深度电压负反馈的结果。但它的发射极电流仍是基极电流的 $1+\beta$ 倍，所以它具有一定的电流和功率放大作用。

三、实验设备与电路元器件

（1）+12V 直流电源。　　　　　　（2）函数信号发生器。
（3）双踪示波器。　　　　　　　　（4）交流毫伏表。
（5）直流电压表。　　　　　　　　（6）频率计。
（7）三极管 3DG12×1（β=50～100），电阻、电容若干。

四、实验内容及步骤

（1）按图2-19连接电路。
（2）调整静态工作点。

接通+12V 电源，在 B 点接入 f=1kHz 的正弦信号 U_i，用双踪示波器观察输出波形，反

复调节 R_w 的阻值及信号源的输入电压幅度，使在双踪示波器的显示器上得到一个最大不失真的输出波形，然后设置 U_i=0V，用直流电压表测量三极管各电极的对地电位，将测得的数据填入表 2-8。

表 2-8 静态工作点

U_E/V	U_B/V	U_C/V	$I_E = \dfrac{U_E}{R_E}$（mA）

在下面整个测试过程中应保持 R_w 的阻值不变（I_E 不变）。

（3）测量电压放大倍数 A_u。

接入 R_L=1kΩ 的负载电阻，在 B 点接入 f=1kHz 的正弦信号 U_i，调节输入信号的幅度，用双踪示波器观察输出波形，在 U_o 波形最大不失真的情况下，用交流毫伏表测出 U_i、U_L 的值，将结果填入表 2-9。

表 2-9 电压放大倍数

U_i/V	U_L/V	$A_u = \dfrac{U_L}{U_i}$

（4）测量输出电阻 R_o。

接入 R_L=1kΩ 的负载电阻，在 B 点接入 f=1kHz 的正弦信号 U_i，用双踪示波器观察输出波形，测出空载时的输出电压 U_o、有负载时的输出电压 U_L，将结果填入表 2-10。

表 2-10 输出电阻

U_o/V	U_L/V	$R_o = \left(\dfrac{U_o}{U_L} - 1\right) R_L$ （kΩ）

（5）测量输入电阻 R_i。

在 A 点接入 f=1kHz 的正弦信号 U_s，用双踪示波器观察输出波形，用交流毫伏表分别测出 A、B 点对地的电位 U_s、U_i，将结果填入表 2-11。

表 2-11 输入电阻

U_s/V	U_i/V	$R_i = \dfrac{U_i}{U_s - U_i} R$ （kΩ）

（6）测试跟随特性。

接入 R_L=1kΩ 的负载电阻，在 B 点接入 f=1kHz 的正弦信号 U_i 并保持不变，逐渐增大 U_i，用双踪示波器观察输出波形直至波形达到最大不失真，测量对应的 U_L 值，将结果填入表 2-12。

表 2-12 跟随特性

U_i/V				
U_L/V				

（7）测试频率响应特性。

保持输入信号 U_i 不变，改变信号源频率，用双踪示波器观察输出波形，用交流毫伏表测量不同频率下的输出电压 U_L 值，将结果填入表 2-13。

表 2-13　频率响应特性

f/kHz				
U_L/V				

五、实验报告撰写要求

1. 整理实验数据，并画出曲线 $U_L = f(U_i)$ 及 $U_L = f(f)$。
2. 总结实验收获。

六、思考题

1. 思考射极跟随器在多级放大电路中的作用。
2. 在实际应用中，哪些场合需要进行电流放大？

实验六　差动放大器

【实验预习】

1. 根据实验电路的参数，估算典型差动放大器和具有恒流源的差动放大器的静态工作点及差模电压放大倍数（取 $\beta_1=\beta_2=100$）。
2. 总结差动放大器单端输出的信号接法和电压放大倍数的实验测试方法。

一、实验目的

1. 加深对差动放大器的性能及特点的理解。
2. 掌握差动放大器主要性能指标的测试方法。

二、实验原理

图 2-20 所示为差动放大器的实验电路。它是由两个元件参数相同的基本共射极放大电路组成的。将开关 S 拨向左边，构成典型差动放大器。调零电位器 R_P 用于调节 VT_1、VT_2 的静态工作点，使得输入信号 $U_i=0V$ 时，双端输出电压 $U_o=0V$。R_E 为两管公用的发射极电阻，它对差模信号无负反馈作用，因而不影响差模电压放大倍数；对共模信号有较强的负反馈作用，故可以有效地抑制零漂，稳定静态工作点。

将开关 S 拨向右边，构成具有恒流源的差动放大器。它用三极管恒流源代替发射极电阻 R_E，可以进一步提高差动放大器抑制共模信号的能力。

1. 静态工作点的估算

典型电路：

$$I_E \approx \frac{|U_{EE}| - U_{BE}}{R_E} \quad (\text{认为 } U_{B1} = U_{B2} \approx 0 \text{ V}) \tag{2-29}$$

$$I_{C1} = I_{C2} = \frac{1}{2} I_E \tag{2-30}$$

恒流源电路：

$$I_{C3} \approx I_{E3} \approx \frac{\dfrac{R_2}{R_1 + R_2}(U_{CC} + |U_{EE}|) - U_{BE}}{R_{E3}} \tag{2-31}$$

$$I_{C1} = I_{C2} = \frac{1}{2} I_{C3} \tag{2-32}$$

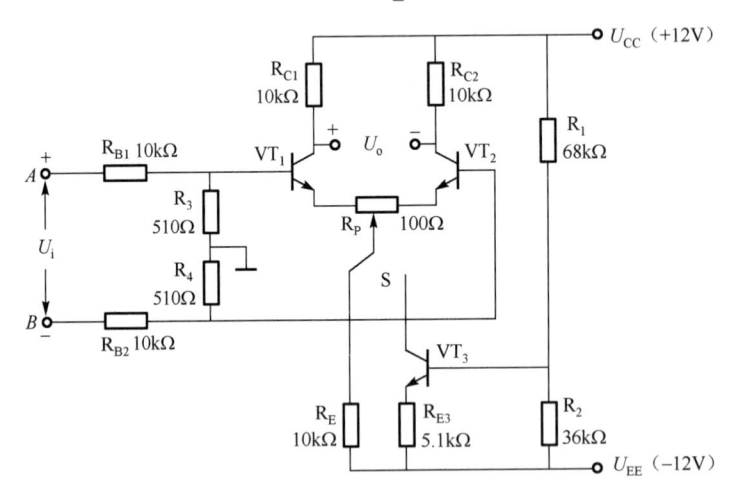

图 2-20 差动放大器的实验电路

2. 差模电压放大倍数和共模电压放大倍数

当差动放大器的发射极电阻 R_E 的阻值足够大，或采用恒流源电路时，差模电压放大倍数 A_d 由输出方式决定，而与输入方式无关。

若为双端输出，则当 $R_E = \infty$，R_P 的滑动触点在中心位置时，差模电压放大倍数为

$$A_d = \frac{\Delta U_o}{\Delta U_i} = -\frac{\beta R_C}{R_B + r_{be} + \frac{1}{2}(1+\beta) R_P} \tag{2-33}$$

若为单端输出，则

$$A_{d1} = \frac{\Delta U_{C1}}{\Delta U_i} = \frac{1}{2} A_d (\text{VT}_1 \text{的集电极为输出端时}) \tag{2-34}$$

$$A_{d2} = \frac{\Delta U_{C2}}{\Delta U_i} = \frac{1}{2} A_d (\text{VT}_2 \text{的集电极为输出端时}) \tag{2-35}$$

当输入共模信号时，若为单端输出，则共模电压放大倍数为

$$A_{c1} = A_{c2} = \frac{\Delta U_{C1}}{\Delta U_i} = \frac{-\beta R_C}{R_B + r_{be} + (1+\beta)\left(\dfrac{1}{2} R_P + 2R_E\right)} \approx -\frac{R_C}{2R_E} \tag{2-36}$$

式中，$R_B = R_{B1} = R_{B2}, R_C = R_{C1} = R_{C2}$。

若为双端输出，在理想情况下，则有

$$A_c = \frac{\Delta U_o}{\Delta U_i} = 0 \quad (2-37)$$

实际上，由于元件不可能完全对称，因此 A_c 也不会绝对等于零。

3. 共模抑制比 K_{CMR}

为了表征差动放大器对有用信号（差模信号）的放大作用和对共模信号抑制能力的大小，通常用一个综合指标来衡量，即共模抑制比

$$K_{CMR} = \left|\frac{A_d}{A_c}\right| \quad 或 \quad K_{CMR} = 20\lg\left|\frac{A_d}{A_c}\right| \text{（dB）} \quad (2-38)$$

式中，A_d 是差模电压放大倍数；A_c 是共模电压放大倍数。

差动放大器的输入信号既可采用直流信号，也可采用交流信号。本实验由函数信号发生器提供的频率 $f=1\text{kHz}$ 的正弦信号作为输入信号。

三、实验设备与电路元器件

（1）±12V 直流电源。　　　　　（2）交流毫伏表。
（3）函数信号发生器。　　　　　（4）直流电压表。
（5）双踪示波器。
（6）三极管 3DG6×3（或 9011×3），要求 VT_1、VT_2 的特性参数一致；电阻、电容若干。

四、实验内容及步骤

测试典型差动放大器的性能。按图 2-20 连接电路，将开关 S 拨向左边构成典型差动放大器。

（1）测量静态工作点。

① 调节差动放大器零点。将差动放大器输入端 A、B 与地短接，接通±12V 直流电源，用直流电压表测量输出电压 U_o，调节调零电位器 R_P，使 $U_o=0V$。调节时要仔细，力求准确。

② 测量静态工作点。调好零点以后，用直流电压表测量 VT_1、VT_2 的各电极电位及发射极电阻 R_E 两端的电压 U_{RE}，将结果填入表 2-14。

表 2-14　静态工作点

测量值	U_{C1}/V	U_{B1}/V	U_{E1}/V	U_{C2}/V	U_{B2}/V	U_{E2}/V	U_{R_E}/V
计算值	I_C/mA		I_B/mA			U_{CE}/V	

（2）测量差模电压放大倍数。

断开直流电源，将函数信号发生器的输出端接入差动放大器的输入端 A、B，构成双端输入（注意：此时信号源浮地），输入频率 $f=1\text{kHz}$ 的正弦信号，将输出旋钮旋至零，用双踪示波器观察输出端（集电极 C1 或 C2 与地之间）的电压波形。

接通±12V 直流电源，逐渐增大电压 U_i（约为 100mV），在输出波形不失真的情况下，用交流

毫伏表测出 U_i、U_{C1}、U_{C2}，将结果填入表 2-15，并观察 U_i、U_{C1}、U_{C2} 之间的相位关系及 U_{R_E} 随 U_i 的变化而变化的情况（若测量 U_i 时因浮地而有干扰，则可分别测量 A 端和 B 端的对地电压，二者之差为 U_i）。

表 2-15　差模电压放大倍数

测试条件	测量值				计算值		
$U_i≈100\text{mV}$	U_{C1}/V	U_{C2}/V	$U_o=U_{C1}-U_{C2}$	$A_d=U_o/U_i$	$A_{d1}=U_{C1}/U_{i1}$	$A_{d2}=U_{C2}/U_{i2}$	$A_d=U_o/U_i$
典型差动放大器							
具有恒流源的差动放大器							

（3）测量共模电压放大倍数。

将差动放大器 A、B 端短接，信号源接在 A 端与地之间，构成共模输入，调节共模输入信号的频率和幅值，使输入信号 $f=1\text{kHz}$，$U_i=300\text{mV}$，在输出电压波形不失真的情况下，测量 U_{C1}、U_{C2} 的值，将结果填入表 2-16，并观察 U_i、U_{C2} 之间的相位关系及 U_{R_E} 随 U_i 的变化而变化的情况。

表 2-16　共模电压放大倍数

测试条件	测量值				计算值			
$U_i=300\text{mV}$	U_{C1}/V	U_{C2}/V	$U_o=U_{C1}-U_{C2}$	$A_d=U_o/U_i$	$A_{c1}=U_{C1}/U_i$	$A_{c2}=U_{C2}/U_i$	$A_c=U_o/U_i$	K_{CMR}
典型差动放大器								
具有恒流源的差动放大器								

五、实验报告撰写要求

1．整理实验数据，列出表格，比较实验结果和理论估算值，分析误差原因。
2．总结实验收获。

六、思考题

1．观察 U_i、U_{C1} 和 U_{C2} 之间的相位关系。
2．计算典型差动放大器单端输出时的 K_{CMR} 与具有恒流源的差动放大器的 K_{CMR} 值，并进行比较。
3．差动放大器中的 R_E 和恒流源起什么作用？R_E 的阻值受什么限制？
4．怎样进行静态调零？用什么仪表测量 U_o？怎样用交流毫伏表测量双端输出电压 U_o？

实验七　集成运算放大器及其应用 I——模拟运算电路

【实验预习】

1．复习理想集成运算放大器的参数特点。

2. 总结归纳虚短与虚断理论在集成运算电路的输入与输出运算关系分析中的用法。

一、实验目的

1. 熟悉和掌握用集成运算放大器制作运算电路的设计方法。
2. 了解集成运算放大器的三种输入方式，了解用集成运算放大器构成加法、减法、积分等运算电路时应考虑的一些问题。

二、实验原理

集成运算放大器是一种具有高电压放大倍数的直接耦合多级放大电路。当外部接入不同的线性或非线性元器件组成输入和负反馈电路时，它可以灵活地实现各种特定的函数关系。在线性应用方面，可以用集成运算放大器组成比例、加法、减法、积分、微分、对数等模拟运算电路。基本的运算电路有以下几种。

1. 反相放大器

将输入信号通过电阻 R_1 加到集成运算放大器的反相输入端，便构成了一个反相放大器。反相放大器电路如图 2-21 所示。

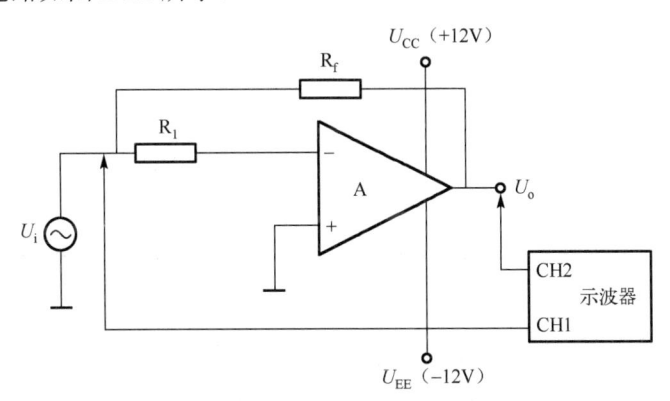

图 2-21 反相放大器电路

反相放大器的输出电压表示为

$$U_\text{o} = -\frac{R_\text{f}}{R_1} U_\text{i} \quad (2-39)$$

式中，负号表示输出电压与输入电压的极性相反，即反相。

该反相放大器的闭环电压放大倍数（理论值）为

$$A_{uf} = \frac{U_\text{o}}{U_\text{i}} = -\frac{R_\text{f}}{R_1} \quad (2-40)$$

由式（2-40）可以看出，反相放大器的闭环电压放大倍数取决于 R_f 与 R_1 的阻值之比。在一定的范围内，适当变换它们的阻值，可使反相放大器的闭环电压放大倍数大于、小于或等于 1。

2. 同相放大器

同相放大器把输入信号通过电阻 R_1 加到集成运算放大器的同相输入端，如图 2-22 所示。

它的输出电压为

$$U_o = \left(1 + \frac{R_f}{R_1}\right)U_i \quad (2\text{-}41)$$

闭环电压放大倍数（理论值）为

$$A_{uf} = \frac{U_o}{U_i} = 1 + \frac{R_f}{R_1} \quad (2\text{-}42)$$

由式（2-42）可以看出，无论电阻 R_f 与 R_1 的阻值如何变换，同相放大器的闭环电压放大倍数总大于 1。

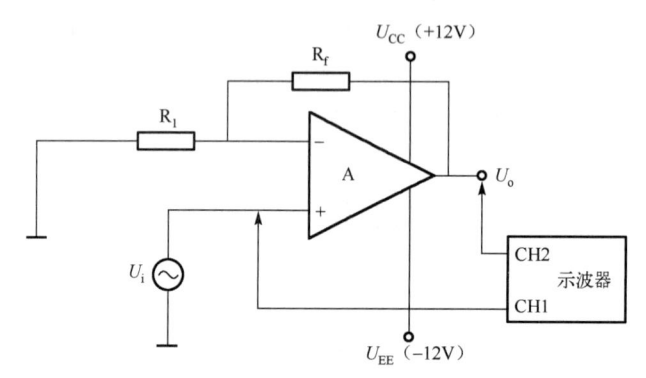

图 2-22　同相放大器电路

3. 加法放大器

将两个输入信号 U_{i1} 和 U_{i2} 分别通过两个电阻 R_1 和 R_2 加到集成运算放大器的反相输入端，即可得到一个加法放大器，如图 2-23 所示。

加法放大器的输出电压为

$$U_o = -\left(\frac{R_f}{R_1}U_{i1} + \frac{R_f}{R_2}U_{i2}\right) \quad (2\text{-}43)$$

若电路中反馈电阻的阻值 $R_f = R_1 = R_2$，则该电路的输出电压可简化为

$$U_o = -(U_{i1} + U_{i2}) \quad (2\text{-}44)$$

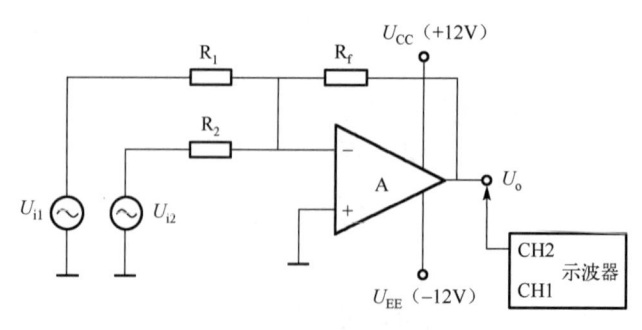

图 2-23　加法放大器电路

4. 差动放大器（减法器）

差动放大器与加法放大器的不同之处在于两个输入信号分别加在集成运算放大器的反

相输入端和同相输入端。当 $R_1=R_2$、$R_f=R_3$ 时，差动放大器的输出电压为

$$U_o = \frac{R_f}{R_1}(U_{i2} - U_{i1}) \tag{2-45}$$

当 $R_f=R_1$ 时，差动放大器的输出电压为

$$U_o = U_{i2} - U_{i1} \tag{2-46}$$

差动放大器电路如图 2-24 所示，从图中可以看出，该差动放大器的电路采用了两块集成运算放大器，前一级为同相放大器，其输出信号的频率和相位不变，后一级为差动放大器。这个电路解决了用一块集成运算放大器输入两个交流信号作减法所带来的输出相位差的问题。

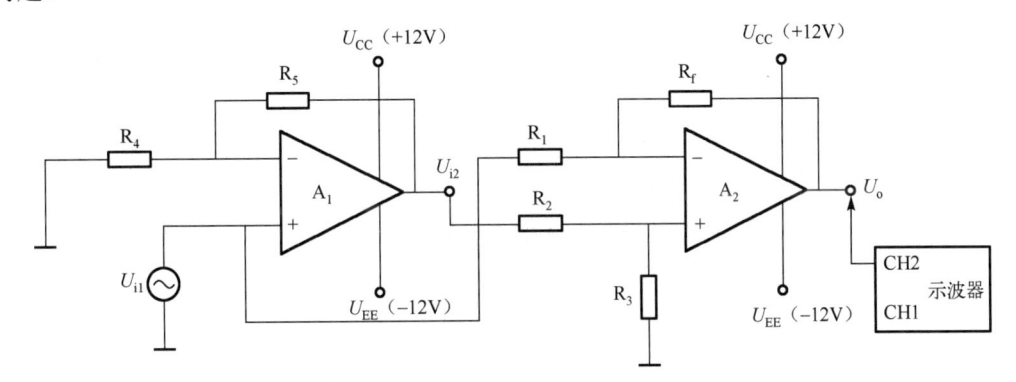

图 2-24 差动放大器电路

5. 恒流放大器

在集成运算放大器的同相输入端输入一个恒定不变的信号电压，若输出电流也恒定不变（在一定的负载范围内），则此集成运算放大器为恒流放大器，如图 2-25 所示。

恒流值可表示为

$$I = \frac{U_i}{R} \tag{2-47}$$

当 U_i 不变时，负载电流 i_L 也不变，且与 R_w 的阻值无关。

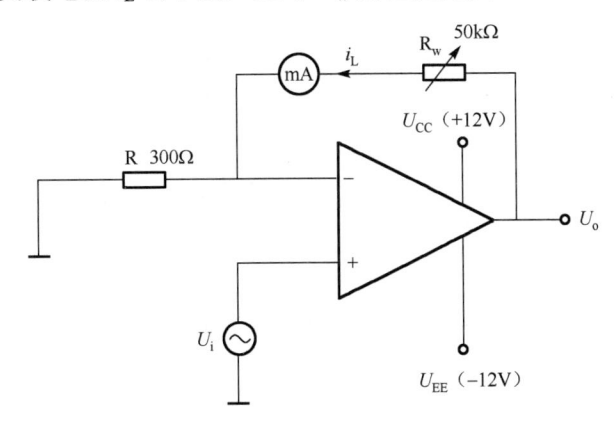

图 2-25 恒流放大器电路

三、实验设备与电路元器件

(1) 模拟电路实验仪。
(2) 双踪示波器。
(3) 低频信号发生器。
(4) 低频毫伏表。
(5) 元器件若干。

四、实验内容与步骤

在进行实验前一定要认清集成运算放大器各引脚的位置，禁止将正、负电源极性接反及使输出端短路，否则会将集成运算放大器损坏。

1. 反相放大器

(1) 按图 2-21 连接电路，经检查无误后接通+12V 电源，将输入端对地短路，进行调零和消振。

(2) 输入电压为 50mV、频率为 100Hz 的正弦信号，测量相应的 U_o，并用双踪示波器观察 U_o 和 U_i 的相位关系，将结果填入表 2-17。

表 2-17 反相放大器的参数记录表（U_i=50mV，f=100Hz，R_1=10kΩ）

U_i/V	U_o/V	U_i（波形）	U_o（波形）	A_u	
				实测值	计算值

2. 同相放大器

按图 2-22 连接电路。实验步骤同上，将实验结果填入表 2-18，其中 U_i 和 U_o 为有效值。

3. 加法放大器

按图 2-23 连接电路。输入电压为 U_{i1}、U_{i2} 的交流信号（U_{i1}、U_{i2} 也可以取直流信号，但在实验过程中一定要选择合适的信号源，确保集成运算放大器工作在线性区，可自己制作直流信号源，也可从直流电源中获得），将测量结果填入表 2-19。其中，U_{i2} 和 U_o 用瞬时值表示。

表 2-18 同相放大器的参数记录表（U_i=50mV，f=100Hz，R_1=10kΩ）

U_i/V	U_o/V	U_i（波形）	U_o（波形）	A_u	
				实测值	计算值

表 2-19 加法放大器的参数记录表

U_{i1}	
U_{i2}	
U_o	

4. 差动放大器

按图 2-24 连接电路。若使电路的输出电压 $U_o=U_{i2}-U_{i1}$，请合理选择 R_1、R_2、R_3、R_f、R_4 及 R_5 的阻值。测量步骤及方法同加法放大器，将测量结果填入表 2-20。其中，U_{i1}、U_{i2} 和 U_o 用有效值表示。

表 2-20 差动放大器的参数记录表

U_{i1}	
U_{i2}	
U_o	

5. 恒流放大器

按图 2-25 连接电路，输入电压为 50mV、频率为 1000Hz 的正弦信号。调节电位器 R_W，观察 i_L 有无变化，并测量 i_L 的值。当把电阻 R 的阻值改为 4.7kΩ 时，测量 i_L 的值，并与理论值对照，将结果填入表 2-21。

表 2-21 恒流放大器的参数记录表

R	300kΩ	4.7kΩ
i_L		

五、实验报告撰写要求

1. 整理实验数据，列出表格，比较实验结果和理论估算值，分析误差原因。
2. 分析集成运算放大器在振荡电路中的作用，总结实验收获。

六、思考题

思考实现模拟信号进行"加、减、乘、除"四则运算的方法。

七、应用扩展

总结集成运算放大器在模拟信号运算电路中的应用方法和电路特点，利用集成运算放大器设计放大电路，设计要求：
1. 电压放大倍数为 1000，通频带为 20kHz。
2. 电压放大倍数在 1000 内连续可调，通频带不变。
3. 利用集成运算放大器设计程控放大电路，使得放大倍数在 1~1000 之间步进可调。

实验八 集成运算放大器的应用Ⅱ——波形产生电路

【实验预习】

复习有关 RC 桥式正弦波信号发生器、方波和三角波发生器的工作原理，并估算实验中有关电路的振荡频率。

一、实验目的

1．学会用集成运算放大器构成正弦波、方波和三角波产生电路。
2．学会波形产生电路的调整方法和主要性能指标的测试方法。

二、实验原理

由集成运算放大器构成的正弦波、方波和三角波产生电路有多种形式，本实验选用最常用且线路较简单的几种电路加以分析。

1．RC 桥式正弦波信号发生器

如图 2-26 所示，R_1、R_2、C_1、C_2 组成 RC 串并联网络，并作为正弦波信号发生器的选频网络。图中的反馈网络由文氏电桥组成，构成正反馈的 R_1、C_1 和 R_2、C_2 为电桥的两个臂，构成负反馈网络的 R_5 和 R_w、R_3、R_4、VD_1、VD_2 为电桥的另外两个臂，故该电路称为文氏电桥正弦波振荡电路，又称为 RC 桥式正弦波振荡器（信号发生器）。电位器 R_w 用来调节负反馈深度，以保

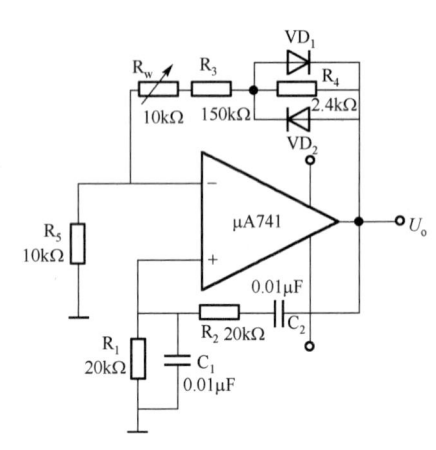

图 2-26　RC 电桥正弦波振荡器的电路原理图

证起振的条件并改善波形，两只对接的稳幅二极管 VD_1、VD_2 分别在输出电压的正、负半周轮流工作，它们的正向电阻随外加电压的增大而减小，使得负反馈深度随输出幅度的增大而加深，从而达到稳幅的目的。R_1 用来适当削弱二极管非线性的影响，以减小波形失真。

假设集成运算放大器满足理想化条件，并且取 $C_1=C_2=C$，$R_1=R_2=R$，根据振荡的相位平衡条件，可以求得振荡的频率为

$$f_o = \frac{1}{2\pi RC} \tag{2-48}$$

若 $R_6=R_w+R_3+R_4$，则由振幅的平衡条件可知，应满足

$$\frac{R_6}{R_5} = 2 \tag{2-49}$$

实际上，由于集成运算放大器的开环放大倍数不为无穷大，所以应适当调整 R_6/R_5 的值，以减小负反馈，一般使 R_6/R_5 的值略大于 2。另外，对正弦波的频率有影响的因素还有集成运算放大器的输入电阻 R_i 和输出电阻 R_o，在设计时也要加以考虑。通常电路元器件参数值的确定，可按下列步骤进行：

（1）根据需要的振荡频率 f_o 计算出 RC 的值。
（2）根据 $R_o \leqslant R \leqslant R_i$，先选取合适的 R 值，再选 C 的值。
（3）为降低失调电流的影响，尽量满足 $R_5/R_6=R$，而 R_5、R_6 的取值要根据振幅的平衡条件来确定。
（4）当需要的振荡频率较高时，一定要选取增益带宽积较大的集成运算放大器。

2. 方波和三角波发生器

图 2-27（a）所示为方波和三角波发生器的电路图。此发生器是由两只集成运算放大器 μA741 组成的。图 2-27（b）所示为方波和三角波发生器的工作原理图。

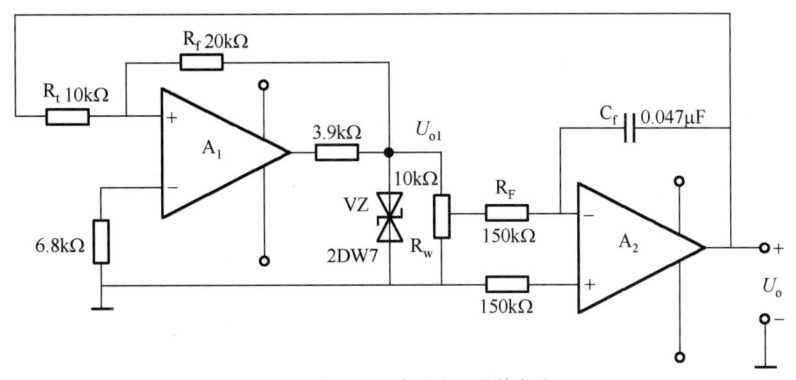

(a) 方波和三角波发生器的电路图

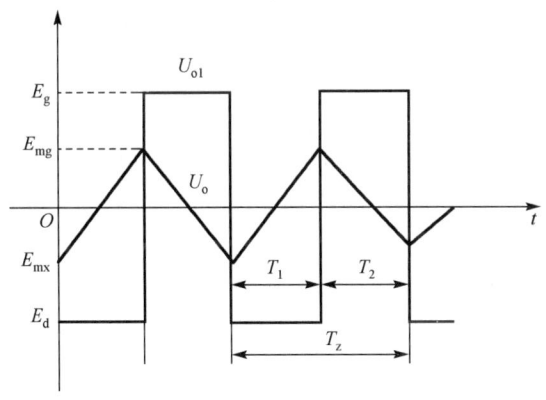

(b) 方波和三角波发生器的工作原理图

图 2-27 方波和三角波发生器

由图 2-27（a）可知，该电路包括由 A_1 等组成的迟滞比较器和由 A_2 等组成的积分器两部分。迟滞比较器产生方波，经积分器积分后产生三角波。为确保所需的极性正确，这里将积分器的输出端与迟滞比较器的同相输入端相连。电路自激振荡的过程简要叙述如下。

迟滞比较器的基准电压 $E_i=0$，它的高低输出电位由稳压管 VZ 的稳定电压 E_w 决定，即

$$E_g = E_w \tag{2-50}$$

$$E_d = -E_w \tag{2-51}$$

它的上门限电位为

$$E_{mg} = -\frac{R_t}{R_f}E_d = \frac{R_t}{R_f}E_w \tag{2-52}$$

下门限电位为

$$E_{mx} = -\frac{R_t}{R_f}E_g = -\frac{R_t}{R_f}E_w \tag{2-53}$$

门限宽度为

$$\Delta E_{\mathrm{m}} = \frac{R_{\mathrm{t}}}{R_{\mathrm{f}}}(E_{\mathrm{g}} - E_{\mathrm{d}}) = 2\frac{R_{\mathrm{t}}}{R_{\mathrm{f}}}E_{\mathrm{w}} \qquad (2\text{-}54)$$

当 $U_{\mathrm{o1}} = E_{\mathrm{d}} = -E_{\mathrm{w}}$ 时，电压经电位器 R_{w} 分压后，加到积分器的输入电压为负值，若 R_{w} 的分压系数为 a_{w}，则此电压值为 $-a_{\mathrm{w}}E_{\mathrm{w}}$。积分器对此电压积分，其输出电压将从 E_{mx} 线性增大到 E_{mg}，所需时间为 T_1。当输出电压达到 E_{mg} 时，迟滞比较器的输出电压从 E_{d} 突变到 $E_{\mathrm{g}} = E_{\mathrm{w}}$。这时，积分器的输入电压极性反号，变为 $a_{\mathrm{w}}E_{\mathrm{w}}$，积分器反相积分，它的输出电压从 E_{mg} 线性减小到 E_{mx}，所需时间为 T_2，当回到 E_{mx} 时，重复上述过程，如此形成自激振荡。

反相积分器的输出电压和输入电压之间的一般关系式为

$$U_{\mathrm{o}} = -\frac{1}{\tau}\int_0^t U_{\mathrm{i}}\mathrm{d}t + U_{\mathrm{o}}(0) \qquad (2\text{-}55)$$

式中，τ 为积分时间常数；$U_{\mathrm{o}}(0)$ 为起始值。

在由积分器和迟滞比较器组成的振荡电路中，积分器输出电压的区间由迟滞比较器的上、下门限电位决定，即 E_{mg}–E_{mx}。若 T_1 表示积分器从 E_{mx} 积分到 E_{mg} 所需的时间，相应的输入电压和积分时间常数分别为 U_{i1} 和 τ_1，而 T_2 表示积分器从 E_{mg} 到 E_{mx} 所需的时间，相应的输入电压和积分时间常数分别为 U_{i2} 和 τ_2，则由式（2-55）可导出

$$E_{\mathrm{mg}} = -\frac{1}{\tau_1}\int_0^{T_1} U_{\mathrm{i1}}\mathrm{d}t + E_{\mathrm{mx}} \qquad (2\text{-}56)$$

$$E_{\mathrm{mx}} = -\frac{1}{\tau_2}\int_0^{T_2} U_{\mathrm{i2}}\mathrm{d}t + E_{\mathrm{mg}} \qquad (2\text{-}57)$$

或

$$E_{\mathrm{m}} = E_{\mathrm{mg}} - E_{\mathrm{mx}} = -\frac{1}{\tau_1}\int_0^{T_1} U_{\mathrm{i1}}\mathrm{d}t \qquad (2\text{-}58)$$

$$\Delta E_{\mathrm{m}} = E_{\mathrm{mx}} - E_{\mathrm{mg}} = -\frac{1}{\tau_2}\int_0^{T_2} U_{\mathrm{i2}}\mathrm{d}t \qquad (2\text{-}59)$$

当 U_{i1} 和 U_{i2} 为常量时，由图 2-27（a）可知：

$$T_1 = \frac{2R_{\mathrm{t}}R_{\mathrm{f}}C_{\mathrm{f}}}{a_{\mathrm{w}}R_{\mathrm{F}}} \qquad (2\text{-}60)$$

$$T_2 = \frac{2R_{\mathrm{t}}R_{\mathrm{f}}C_{\mathrm{f}}}{a_{\mathrm{w}}R_{\mathrm{F}}} \qquad (2\text{-}61)$$

振荡频率为

$$f_{\mathrm{z}} = \frac{1}{T_{\mathrm{z}}} = \frac{1}{T_1 + T_2} = \frac{R_{\mathrm{F}}}{4R_{\mathrm{t}}R_{\mathrm{f}}C_{\mathrm{f}}}a_{\mathrm{w}} \qquad (2\text{-}62)$$

由式（2-60）和式（2-61）不难看出，这是一个对称的三角波和方波振荡。选取不同的 E_{w} 值，可调节输出方波的幅值，但影响三角波的幅值；改变 $R_{\mathrm{t}}/R_{\mathrm{F}}$ 的值可调节三角波的幅值，不影响方波的幅值，但影响振荡频率；改变 R_{w} 的分压系数 a_{w} 和积分时间常数 $R_{\mathrm{f}}C_{\mathrm{f}}$，可调节振荡频率，并且不影响输出波形的幅值。一般 $R_{\mathrm{f}}C_{\mathrm{f}}$ 用于频率量切换，R_{w} 用于量程内

的频率细调。电路的最高振荡频率受积分器上升速率和最大输出电流的限制，最低振荡频率取决于积分漂移。

三、实验设备及电路元器件

（1）模拟电路实验仪。　　　（2）双踪示波器。
（3）低频信号发生器。　　　（4）交流毫伏表。
（5）频率计。　　　　　　　（6）元器件若干

四、实验内容及步骤

1. RC 桥式正弦波信号发生器

（1）按图 2-26 连接电路，输出端接双踪示波器。

（2）检查电路无误后，接通±12V 电源，调节电位器 R_w，使输出波形从无到有，直到最大不失真为止。描绘出 U_o 的波形，并记下临界起振、正弦波最大时 R_w 的阻值，分析负反馈的强弱对起振条件及输出波形的影响。

（3）调节电位器 R_w，使输出波形最大且不失真，用交流毫伏表分别测量输出电压 U_o、反馈电压 U_+ 和 U_-，分析振荡的幅值条件。

（4）先用双踪示波器和频率计分别测量振荡频率 f，然后在选频网络的两个电阻上并联同一阻值的电阻，观察并记录振荡频率的变化情况，与理论值进行比较。

（5）断开二极管 VD_1、VD_2，重复步骤（2）的内容，并将结果与步骤（2）的结果进行比较，分析 VD_1、VD_2 的稳幅作用。

2. 三角波和方波产生电路

按图 2-27 连接电路，将输出端接至双踪示波器。

（1）调节电位器 R_w 的滑动触点至中心位置，用双踪示波器观察并描绘方波及三角波的波形（注意对应的关系），分别测量其幅值及频率并记录之。

（2）改变电位器 R_w 滑动触点的位置，观察 U_o、U_C 的幅值及频率的变化情况，然后把滑动触点的位置分别调至最上端和最下端，测量频率的范围并记录之。

（3）将电位器 R_w 的滑动触点重新置于中心位置，将一只二极管短接，观察 U_o 的波形，分析二极管的作用。

记录以上各项测量内容的表格需自拟。

五、实验报告撰写要求

1. 整理实验数据，列出表格，比较实验结果和理论估算值，分析误差原因。
2. 分析集成运算放大器在正弦波信号发生器中的作用，总结实验收获。

六、思考题

1. 在波形产生电路中，是否需要进行"相位补偿"和"调零"？为什么？
2. 在图 2-27（a）所示的方波和三角波发生器中，如果将电容 C_f 的容量改为 0.0047μF，会发现输出波形发生畸变，这是什么原因造成的？应如何消除或改善？
3. 怎样测量非正弦波电压的幅值？

实验九　RC 桥式正弦波振荡电路

【实验预习】

1．复习教材中 RC 桥式正弦波振荡电路的结构及工作原理的相关内容。
2．复习用双踪示波器测量正弦波频率、电压有效值的方法。

一、实验目的

1．进一步学习 RC 桥式正弦波振荡电路的组成及其振荡条件。
2．学会测量相关参数及调试振荡电路。

二、实验原理

从结构形式上看，正弦波振荡电路是多种多样的，本实验仅介绍最简单、最典型的 RC 桥式正弦波振荡电路的组成、工作原理及振荡频率。这种电路是没有输入信号的，只是带选频网络的正反馈放大器。因为用 R、C 元件组成选频网络，故称之为 RC 桥式正弦波振荡电路，这种振荡电路一般用来产生频率为 1Hz～1MHz 的低频信号。

RC 桥式正弦波振荡电路如图 2-28 所示。在该电路中，电阻 R_1 和电容 C_1 先串联、然后和电阻 R_2、电容 C_2 并联，通常 $R_1 = R_2 = R$，$C_1 = C_2 = C$，由上述电阻和电容组成的网络被称为 RC 串并联选频网络，同时不难看出，该网络又为正反馈网络。

该电路的正反馈系数为

$$\dot{F}_+ = \frac{\dot{U}_f}{\dot{U}_o} = \frac{R // \dfrac{1}{j\omega C}}{R + \dfrac{1}{j\omega C} + R // \dfrac{1}{j\omega C}} \tag{2-63}$$

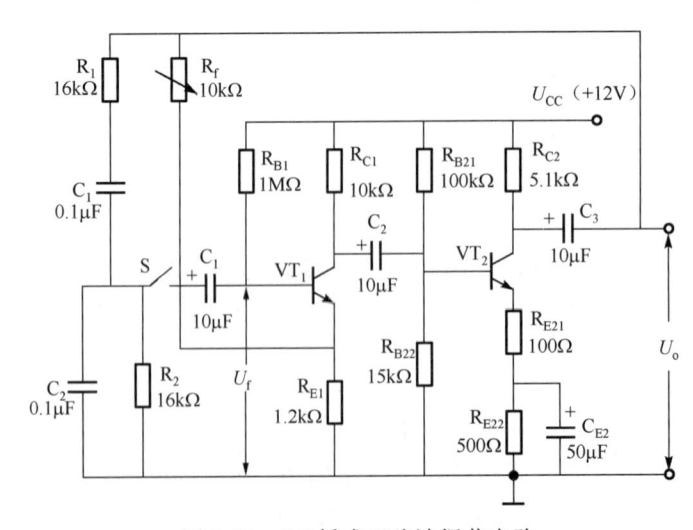

图 2-28　RC 桥式正弦波振荡电路

整理后可得

$$\dot{F}_+ = \frac{1}{3 + j\left(\omega RC - \dfrac{1}{\omega RC}\right)} \tag{2-64}$$

令 $\omega_o = \dfrac{1}{RC}$，则

$$f_o = \frac{1}{2\pi RC} \tag{2-65}$$

代入式（2-64），得出

$$\dot{F}_+ = \frac{1}{3 + j\left(\dfrac{f}{f_o} - \dfrac{f_o}{f}\right)} \tag{2-66}$$

当 $f=f_o$ 时，$\dot{F}_+ = \dfrac{1}{3}$，即 $|\dot{U}_f| = \dfrac{1}{3}|\dot{U}_o|$，所以

$$\dot{A} = \dot{A}_u = 3 \tag{2-67}$$

式（2-67）说明，只要为 RC 串并联选频网络匹配一个电压放大倍数等于 3（输出电压与输入电压同相，且放大倍数的数值为 3）的放大电路，就可以构成一个正弦波振荡电路。但是在实际应用中，考虑到起振的条件，所选放大电路的电压放大倍数一般应大于 3。

RC 桥式正弦波振荡电路的振荡频率范围一般为几赫兹到几十千赫兹。该电路的特点为可方便地连续改变振荡频率，便于增加负反馈以稳幅，容易得到良好的振荡波形。

三、实验设备与电路元器件

（1）+12V 直流电源。　（2）函数信号发生器。
（3）双踪示波器。　　　（4）频率计。
（5）直流电压表。　　　（6）三极管 3DG12×2 或 9013×2，电阻、电容、电位器等若干。

四、实验内容及步骤

测量基本放大器的电压放大倍数和正、负反馈网络的反馈系数。

（1）按图 2-28 连接电路，经检查无误后，方可接通电源。

（2）接通 RC 串并联选频网络，调节可调电阻 R_f 使电路刚好起振，用双踪示波器观察不失真的正弦波并用双踪示波器（或毫伏表）测量输电压 U_o，画出其波形图。

（3）用频率计（或双踪示波器）测量振荡电路的频率。

（4）改变 R 或 C 的值，观察振荡频率的变化情况。

（5）断开 RC 串并联选频网络，将频率为 f_x 的低频信号从 C_1 的左侧接线端输入，调节输入信号的幅度，使基本放大器的输出电压与步骤（2）测得的输出电压相等，即 U_o。调节可调电阻 R_f 的阻值，使电路出现表 2-22 中所示的三种状态，分别测量此时的 U_i、U_{BE}、U_B、U_E、$U_{B'}$、U_o、U_C 和 R_i，计算出 A_u、A_{uf}、F_+ 和 F_-，将结果填入表 2-22。

表 2-22 反馈放大器的参数

参数	U_{BE}/mV	U_o/mV	$U_{B'}$/mV	U_B/mV	U_C/mV	$A_u=U_o/U_{BE}$	$A_{uf}=U_o/U_B$	$F_+=U_{B'}/U_o$	$F_-=U_C/U_o$	波形
正弦波										
失真正弦波										
停振										

需要注意的是，上述实验步骤不是固定的，可根据自己的意愿进行调整。

五、实验报告撰写要求

1. 整理实验数据，列出表格，比较实验结果和理论估算值，分析误差原因。
2. 分析分立放大器与集成运算放大器构成的振荡电路的差异，总结实验收获。

六、思考题

1. 由给定的电路参数计算振荡频率，并与实测值比较，分析误差产生的原因。
2. 总结 RC 桥式正弦波振荡电路的特点。

实验十　LC 正弦波振荡器和石英晶体振荡器

【实验预习】

复习 LC 正弦波振荡器分类、工作原理的相关内容。

一、实验目的

1. 掌握 LC 正弦波振荡器及石英晶体振荡器的构成和性能参数的测试方法。
2. 了解电路参数对振荡器起振条件及输出波形的影响。

二、实验原理

LC 正弦波振荡器，特别是电容三点式振荡器，由于反馈主要通过电容，所以它可以减小高次谐波的反馈，使振荡产生的波形得到改善，并且频率稳定度高，适合在较高的频段工作（一般用来产生 1MHz 以上的高频信号），因此被广泛应用于本机振荡器、调频、压控振荡器等高频电路。

一个电路是否具备振荡条件，由电路本身的结构决定。图 2-29 所示为 LC 正弦波振荡器的实验电路，从图中不难看出，VT_1 的发射极与两个同性质电感器相连，集电极与基极之间连接一异性质电感器，满足了相位平衡条件（正反馈网络）。图 2-29（b）所示为图 2-29（a）所示电路的交流等效电路，若用频率为 4MHz 的石英晶体代替电感器 L，则可构成石英晶体振荡器，如图 2-29（c）所示。

由图 2-29（b）可知，环路增益 $T(j\omega) = \dfrac{g_m}{A+jB}$，由相位平衡条件可知，$\varphi t(\omega) = 0$，令 $T(j\omega)$ 的虚部为零，即

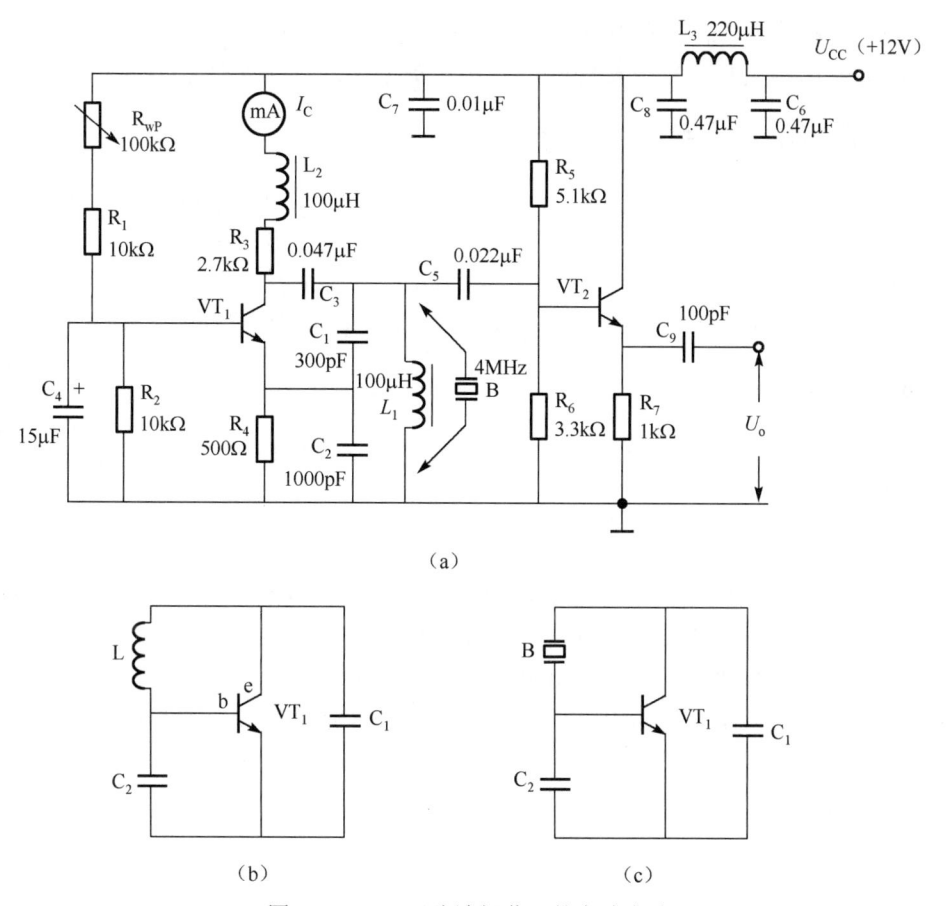

图 2-29 LC 正弦波振荡器的实验电路

$$X_1 g'_L g_i - \frac{1}{X_2} - \frac{1}{X_3} - \frac{X_1}{X_2 X_3} = 0 \tag{2-68}$$

式中，g_i 为三极管 b、e 极间的输入电导；g'_L 为三极管输出端的负载电导和回路损耗电导之和；X_1 为电容 C_1 的电抗；X_2 为电容 C_2 的电抗；X_3 为 L 的电抗。从而得到振荡器的振荡频率近似值为

$$f_o = \frac{1}{2\pi\sqrt{LC_\Sigma}} \tag{2-69}$$

式中，$\frac{1}{C_\Sigma} = \frac{1}{C_1} + \frac{2}{C_2}$。

根据振荡器的振幅条件，必须使 $T(j\omega)$ 的实部大于 1，同时三极管的跨导必须满足不等式

$$g_m > \frac{1}{n} g'_L + n g_i \quad (n = \frac{X_2}{X_1 + X_2}) \tag{2-70}$$

振荡器的振荡频率由并联谐振回路的等效电感和等效电容决定，可表示为

$$f_o = \frac{1}{2\pi\sqrt{LC}} \tag{2-71}$$

式中，L 为并联谐振回路的等效电感（考虑其他绕组的影响）；C 为并联谐振回路的等效电容。振荡器的输出端增加一个射极跟随器，用以提高电路的带负载能力。

三、实验设备与电路元器件

（1）+12V 直流电源。　　　　　　　　（2）双踪示波器。
（3）交流毫伏表。　　　　　　　　　　（4）直流电压表。
（5）频率计。　　　　　　　　　　　　（6）振荡线圈。
（7）三极管 3DG6×1（或 9011×1）、3DG12×1（或 9013×1），电阻、电容若干。

四、实验内容及步骤

按图 2-29 连接电路，将电位器 R_{wP} 的滑动触点置于阻值最大位置，振荡器的输出端接双踪示波器。

1. 静态工作点的调整

（1）接通 U_{CC}=+12V 电源，调节电位器 R_{wP}，使输出端得到不失真的正弦波形，若不起振，则可改变 L_2 的首末端位置，使之起振，测量有关数据并将其记录下来。
（2）把 R_{wP} 的阻值调小，观察输出电压波形的变化，测量有关数据并将其记录下来。
（3）调大 R_{wP} 的阻值，使输出电压波形刚好消失，测量有关数据并将其记录下来。
根据以上三组数据，分析静态工作点对电路起振、输出电压波形的影响。

2. 验证相应条件

改变线圈 L_2 的首、末端位置，观察停振现象。

3. 测量振荡频率

调节 R_{wP} 的阻值使电路正常起振，同时用双踪示波器或频率计测量以下两种情况下的振荡频率 f_0 并将其记录下来。并联谐振回路的等效电容为①C=1000pF；②C=100pF。

4. 观察并联谐振回路 Q 值对电路工作的影响

在并联谐振回路两端接入 R=5.1kΩ 的电阻，观察电阻接入前、后输出电压波形的变化情况。

五、实验报告撰写要求

整理实验数据，分析讨论：
1. LC 正弦波振荡器相位平衡条件的赋值条件。
2. 电路参数对 LC 正弦波振荡器起振条件及输出电压波形的影响。

六、思考题

1. LC 正弦波振荡器是怎样进行稳幅的？在不影响起振的条件下，三极管的集电极电流应该大一些还是小一些？
2. 为什么可以根据停振和起振两种情况下三极管的 U_{BE} 变化来判断振荡器是否起振？

实验十一　压控振荡器（选做）

[实验预习]

1. 复习集成运算放大器的原理及特性。
2. 复习集成运算放大器构成波形产生电路的原理。

一、实验目的

1. 进一步理解波形产生电路的工作原理及电路结构。
2. 掌握压控振荡器的工作原理及波形的产生原理。

二、实验原理

压控振荡器是将直流电压转换成频率与幅值成正比的矩形波，用输出矩形波的频率来表示输入直流电压大小的电路。该电路由两部分构成：积分电路和电压比较器电路。压控振荡器电路如图 2-30 所示。

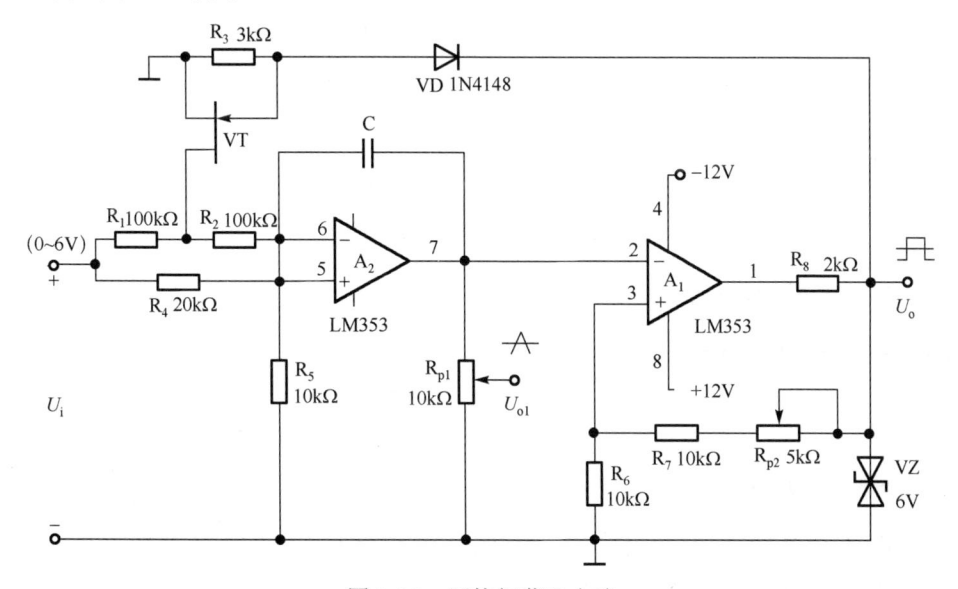

图 2-30　压控振荡器电路

假设输入电压 U_i 为 0~6V 中的一个确定值，输出电压 U_o 在 t_0 时刻从低电平 $-U_z$ 跃变为高电平 $+U_z$，因而二极管 VD 截止，使得场效应管的栅-源电压为零，VT 导通，积分电路的输出电压 U_{o1} 按图 2-31 所示的波形变化，随时间线性增大；当 U_{o1} 增大到 $+U_{TH}$ 时，再稍增大，必然导致 U_o 从高电平 $+U_z$ 跃变为低电平 $-U_z$，二极管 VD 导通，使得场效应管的栅-源电压小于其夹断电压，从而截止，积分电路的输出电压随时间线性减小；当 U_{o1} 减小到 $-U_{TH}$ 时，再稍减小，必然导致 U_o 从低电平 $-U_z$ 跃变为高电平 $+U_z$，电路返回到初始状态并重复上述过程，产生自激振荡。

根据上述分析可知，当 U_o=+U_z 时，积分电路正向积分，U_{o1} 的起始值为-U_{TH}，终了值为+U_{TH}；当 U_o=-U_z 时，积分电路反向积分，U_{o1} 的起始值为+U_{TH}，终了值为-U_{TH}。画出 U_o 和 U_{o1} 的波形图，如图 2-31 所示。

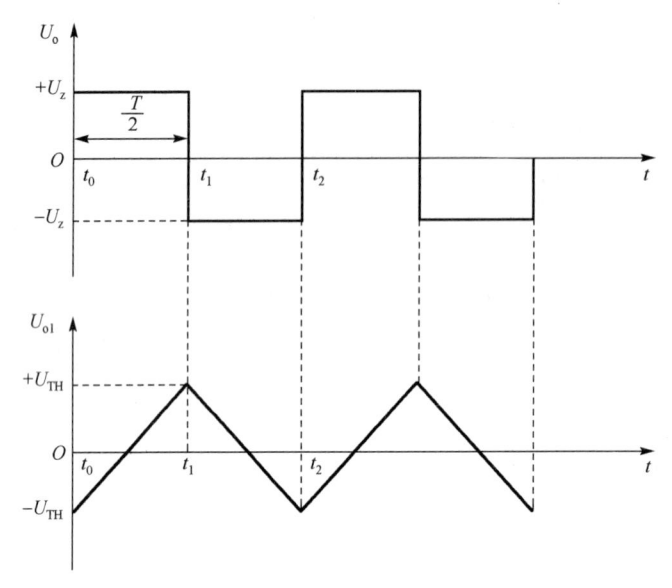

图 2-31 U_{o1} 和 U_{o2} 的波形图

根据图 2-31 可知输入电压与输出电压频率的关系，从 t_0 到 t_1 为二分之一周期，通过分析 U_i、U_o、U_{TH}，可得

$$f = \frac{1}{T} \approx \frac{1}{T_1} = \frac{R_4}{2R_1R_3C} \frac{U_i}{U_z} \quad (2\text{-}72)$$

由式（2-72）可知，振荡频率与输入电压成正比。

三、实验设备与电路元器件

（1）双踪示波器。　　　　　　（2）数字万用表。

四、实验内容及步骤

（1）按图 2-30 连接电路，C 处接入 C_1=1000pF 的电容，用双踪示波器测量 U_o 的波形。

（2）如表 2-23 所示，逐步增大输入电压 U_i，验证电压与频率的转换关系，可先用双踪示波器测量周期，再换算成频率。

（3）C 处改为接入 C_2=100pF 的电容，用双踪示波器测量 U_o 的波形，重复步骤（2），将实验结果填入表 2-24。

表 2-23　电压-频率转换关系（一）

U_i/V	0	1	2	3	4	5	6
T/ms							
f/Hz							

表 2-24　电压-频率转换关系（二）

U_i/V	0	1	2	3	4	5	6
T/ms							
f/Hz							

五、实验报告撰写要求

整理实验数据，分析讨论：
1．压控振荡器振荡频率与输入电压之间关系的推导过程。
2．电路参数对振荡器起振条件及输出电压波形的影响。

六、思考题

利用数据说明影响压控振荡器振荡频率的因素有哪些。

七、应用扩展

利用压控振荡器设计数控信号源。

实验十二　二极管波形变换电路（选做）

【实验预习】

复习二极管对输入信号的非线性变换作用。

一、实验目的

1．了解三角波-正弦波波形变换的原理。
2．掌握利用非线性二极管折线近似法进行波形变换的原理。
3．培养学生根据实验要求自行设计实验步骤的能力。

二、实验操作及要求

波形变换原理如图 2-32 所示。

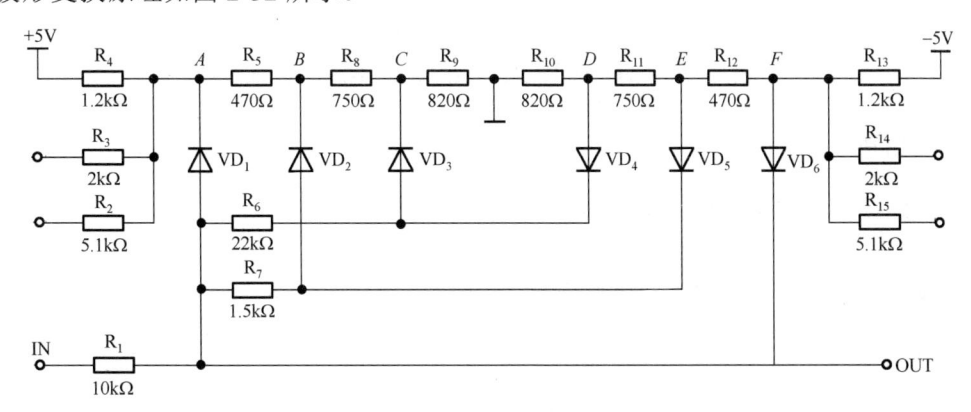

图 2-32　波形变换原理

（1）将左、右两端电阻 R_4、R_{13} 分别接+5V、–5V 电源，测得 $A \sim F$ 各点的电压并将其填入表 2-25。

表 2-25　各点电压

U/V	A	B	C	D	E	F
$R_4=R_{13}=1.2\text{k}\Omega$						

设置函数信号发生器输出的波形为三角波，将其频率调至 10kHz，并接到电路的 IN 输入端，适当调节幅度（U_{P-P} 为 6V 左右），观察并记录 OUT 输出端输出的波形。

（2）将左、右两端连接+5V、–5V 电源的电阻依次改为 R_3、R_{14}（2kΩ）和 R_2、R_{15}（5.1kΩ），测试 $A \sim F$ 各点电压，观察并记录 OUT 输出端输出的波形，分别与 R_4、R_{13} 两端接电源时的输出波形进行比较，分析原因。

三、实验设备与电路元器件

（1）双踪示波器。　　　　　（2）数字万用表。
（3）函数信号发生器。　　　（4）二极管、电阻若干。

四、实验报告撰写要求

1．分析用非线性二极管折线近似法进行波形变换的原理。
2．整理实验数据，并画出非线性二极管折线近似法的波形图。
3．将本实验的电路与实验十一的电路级联，构成函数信号发生器，自拟实验步骤，画出电路原理图，分析电路工作原理，记录实验数据。

五、思考题

输入信号幅值对输出信号的变换有哪些影响？

六、应用扩展

结合本实验与前期实验项目，制作简易信号源，要求能产生三种波形。

实验十三　功率放大电路

（一）互补对称功率放大电路设计与测试（选做）

一、实验目的

1．了解互补对称功率放大电路静态工作点的调整方法。
2．掌握功率放大电路参数的设计与测试。
3．练习根据功能要求自主设计功率放大电路。

二、预习要求

1．分析图 2-33 所示电路中各三极管的工作状态及交越失真情况。

2．若电路中不加输入信号 U_i，则 VT$_2$、VT$_3$ 的功耗是多少？

3．分析自举电路的作用。

4．根据实验内容，自拟实验步骤及记录表格。

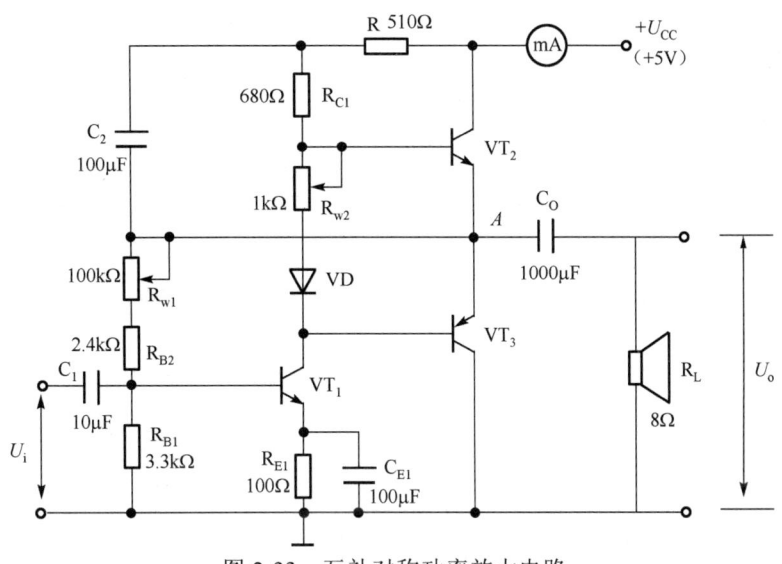

图 2-33　互补对称功率放大电路

三、实验设备与电路元器件

（1）信号发生器。　　　　（2）示波器。

（3）数字万用表。　　　　（4）毫伏表。

四、实验内容及步骤

1．调整静态工作点，使 A 点电压为 $U_{CC}/2$。

2．测量波形最大不失真时电路的输出功率与效率。

3．改变电源电压（如将+5V 变为+6V），测量并比较电路的输出功率和效率。

4．比较互补对称功率放大电路在分别带 5kΩ 和 8Ω 负载（扬声器）时的功耗和效率。

五、实验报告撰写要求

1．分析实验结果，计算实验内容中涉及的参数。

2．总结互补对称功率放大电路的特点及设计与调试方法。

六、应用扩展

设计功率放大电路，使其驱动 0.5W/8Ω 的扬声器。要求：写出三种设计方案。

（二）集成功率放大器

【实验预习】

预习集成功率放大器的相关内容。

一、实验目的

1. 了解集成功率放大器的应用。
2. 学习集成功率放大器基本技术及指标的测试方法。

二、实验原理

集成功率放大器由集成功放块和一些外部阻容元件组成，具有线路简单、性能优越、工作可靠、调试方便等诸多优点，已经被广泛应用于音频领域。

集成功率放大器的核心组件为集成功放块，它内部的电路与一般的分立元件功率放大器不同，通常包括前置级、推动级和功率放大级等几部分。有些集成功放块还具有一些特殊功能（如消噪、短路保护等）。其电压增益较大（不加负反馈时，电压增益达 70～80dB；加负反馈时，电压增益在 40dB 以上）。

集成功放块的种类很多。本实验采用的集成功放块型号为 LA4112，其内部结构如图 2-34 所示。它由三级电压放大电路、一级功率放大电路、偏置电路、恒流电路、反馈电路、退耦电路组成。

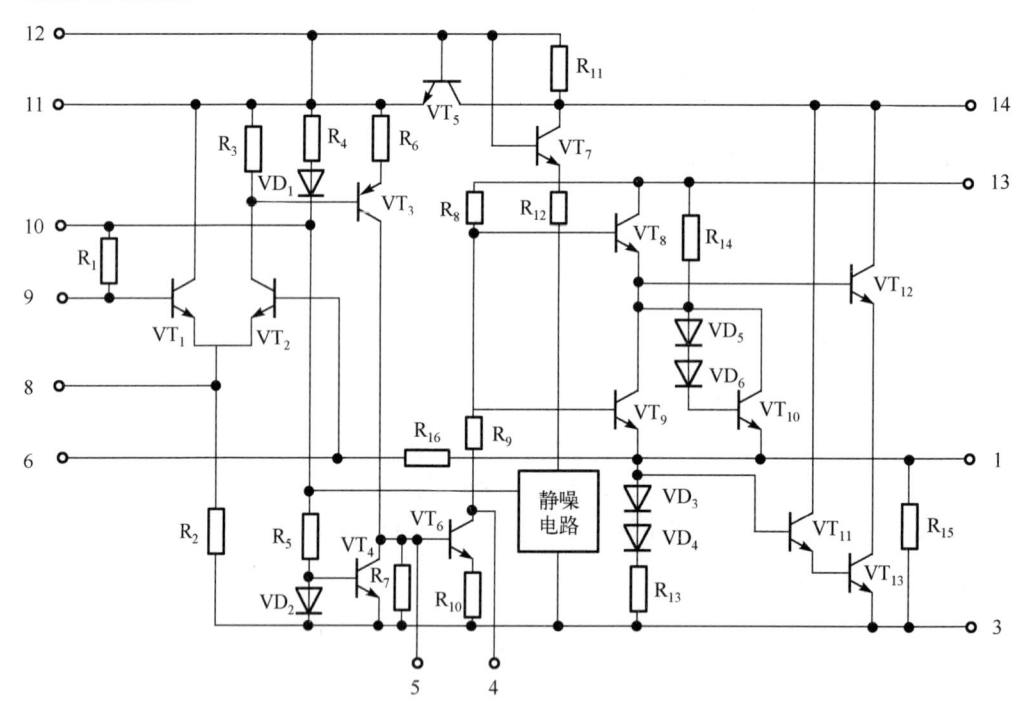

图 2-34 LA4112 的内部结构

1. 电压放大电路

第一级选用由 VT_1、VT_2 组成的差动放大器，这种直接耦合放大器的零漂较小；第二级中的 VT_3 完成直接耦合电路的电平移动，VT_4、VT_5 的恒流源负载用于获得较大的增益；第三级由 VT_6 等组成，此级增益最高，为防止出现自激振荡，需在该管的 b、c 极之间外接消振电容。

2. 功率放大电路

VT$_8$～VT$_{13}$ 等组成复合互补推挽功率放大电路，以提高输出级的增益和正向输出幅度，需外接自举电容。

3. 偏置电路

偏置电路是指为建立合适的静态工作点而设置的电路，主要由电阻组成。偏置电路除具有上述主要功能外，为了使电路能够正常工作，往往还需要和外部元件一起构成负反馈电路，以此来稳定和控制电路的增益，同时设有退耦电路来消除各级间的不良影响。

集成功放块 LA4112 是一种塑封 14 引脚双列直插器件，其外形及引脚排列如图 2-35 所示。

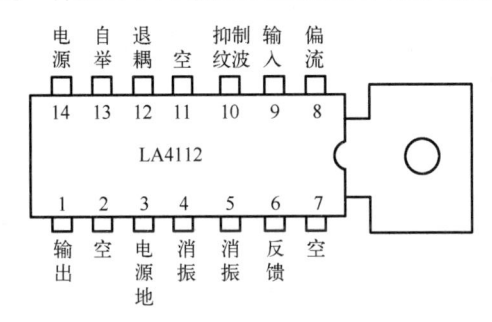

图 2-35 LA4112 的外形及引脚排列

与集成功放块 LA4112 功能指标相同的产品有 FD403、FY4112、D4112 等，它们在使用时可以直接相互替换。由 LA4112 构成的功率放大电路如图 2-36 所示，该电路中各电阻和电容的作用如下。

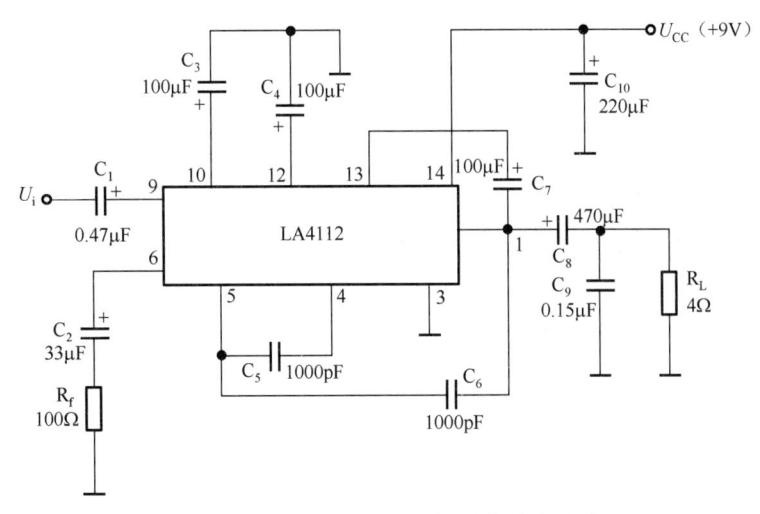

图 2-36 由 LA4112 构成的功率放大电路

C$_1$、C$_8$ 为输入、输出耦合电容，主要起隔直通交的作用；C$_2$、R$_f$ 为反馈元件，主要控制电路的闭环增益；C$_3$、C$_4$、C$_{10}$ 为滤波退耦电容；C$_5$、C$_6$、C$_9$ 为消振电容，消除寄生振荡（反馈电容）；C$_7$ 为自举电容，若无此电容，电路将出现波形半边严重失真的现象；R$_L$ 为交流负载电阻。

三、实验设备与电路元器件

（1）+9V 直流电源。　　　　　　（2）函数信号发生器。
（3）双踪示波器。　　　　　　　（4）交流毫伏表。
（5）直流电压表。　　　　　　　（6）毫安电流表。
（7）频率计。　　　　　　　　　（8）集成功放块 LA4112×1，电阻、电容若干。

四、实验内容及步骤

按图 2-36 连接电路。

1. 静态测试

将输入信号调至零，接通+9V 直流电源，测量静态总电流及集成功放块各引脚的对地电压，将结果填入自拟的表格。

2. 动态测试

（1）最大输出功率。

① 接入自举电容 C_7，输入端接入正弦信号，用双踪示波器观察输出端的电压波形，逐渐加大输入信号的幅度，使输出电压的波形为最大不失真，用交流毫伏表测量此时的输出电压，则最大输出功率 $P_{om} = U_{om}^2 / R_L$。

② 断开自举电容 C_7，观察输出电压波形的变化情况。

（2）输入灵敏度。要求 U_i<100mV，测试方法同实验四。

（3）频率响应。测试方法同实验四。

（4）噪声电压。测量时，将输入端短路（U_i=0V），观察输出电压的波形，并测量该输出电压（噪声电压 U_N）的值。若 U_N<45mV，则可满足电路要求。

3. 试听

试听集成功率放大器的音频放大效果。

五、实验报告撰写要求

1. 整理实验数据，并进行分析。
2. 画出频率响应曲线。
3. 讨论实验过程中出现的问题及解决方法。

六、思考题

1. 若将自举电容 C_7 除去，将会出现什么现象？
2. 在无输入信号时，从输出端的双踪示波器上观察到频率较高的波形，这种现象是否正常？如何消除？
3. 进行本实验时，应注意以下几点。

（1）电源电压不允许超过极限值，也不允许将电源极性接反，否则集成功放块将遭到损坏。

（2）电路工作时必须避免负载短路，否则将烧毁集成功放块。

（3）接通电源后，要时刻注意集成功放块的温度。若未加输入信号时集成功放块就发热严重，同时毫安电流表指示出较大电流，双踪示波器显示出幅度较大、频率较高的波形，则说明电路有自激振荡现象，应立即关机，并进行故障分析、处理。待自激振荡消除后，才能重新进行实验。

（4）输入信号不要过大。

（三）低频功率放大器的设计

一、设计任务

1. 低频功率放大器的等效负载电阻 R_L 为 8Ω。输入信号分为两种：一种是幅度为 5～700mV 的正弦信号；另一种是将正弦信号变换成正负对称的方波加到低频功率放大器的输入端，且方波信号的频率为 100Hz，上升、下降时间小于 1μs，电压峰-峰值 U_{P-P} 为 200mV 的信号。

2. 当输入信号为正弦信号时，要求低频功率放大器具有下列指标。

（1）额定输出功率 P_{oM}≥10mW。

（2）带宽为 50Hz～10kHz。

（3）在输出功率 P_{oR} 和带宽满足要求的条件下，非线性失真系数≤3%。

（4）若前置放大器输入端对地短路，则电阻 R_L 上的交流功率≤10mW。

（5）输入方波信号时，要求额定输出功率在 P_{oR} 额定值下，输出波上升和下降的时间≤2μs，顶部斜降≤2%，过冲≤5%。

二、设计要求

1. 分析设计要求，参考有关资料，制定方案并反复修改，确定一种最佳设计方案，画出电路组成框图及设计流程图。

2. 设计各部分的单元电路，计算元器件参数，选定元器件型号和数量，提供元器件需求清单。

3. 安装并调试电路。

4. 对安装完成的电路进行功能测试，分析各项指标，整理设计文件，写出完整的实验报告，并提供测试仪器需求清单。

三、设计参考

图 2-37 所示为低频功率放大器的电路组成框图。在输入的正弦信号中，一路经前置放大电路 1 直接进入低频功率放大器的前置放大电路 2；另一路经方波变换电路转换后，输入到前置放大电路 2。功率放大级电路既可以由分立元件组成，也可以由集成功放块组成。功率放大级电路还设有功率指示与保护电路。

1. 前置放大电路和方波变换电路

信号进入功率放大级电路之前，应具有足够大的幅度，前置放大电路主要完成电压幅值的放大，可由一级或多级来完成。图 2-38 所示为前置放大电路及方波转换电路，2 个

NE5532/2 构成两级直流电压放大器。方波变换电路采用了带宽集成运放电路 LF357，用 +18V 电源供电，输入的正弦信号经第一级电压放大后再送入方波变换电路，转换成方波后输入第二级电压放大器中。

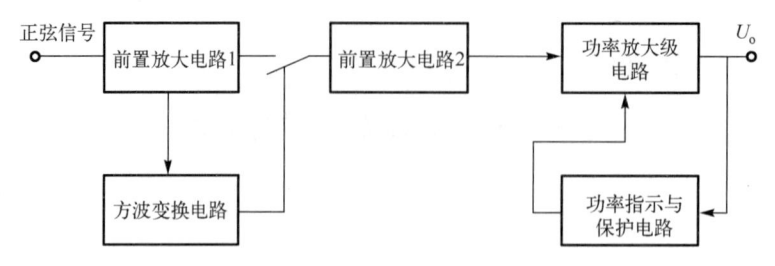

图 2-37 低频功率放大器的电路组成框图

根据电压放大倍数可以确定电路的参数。由于要求低频功率放大器的输出功率 P_{oR} 大于 10W，若选用 16W，则

$$U_{oM} = \sqrt{2 \times P_{oR} \times R} = \sqrt{2 \times 16 \times 8}\text{V} = 16\text{V}$$

输入正弦信号的电压为 5mV，故要求低频功率放大器的放大通道的总增益为

$$A_{u0} = 20\lg \frac{16}{5 \times 10^{-3}}\text{dB} \approx 70\text{dB}$$

由于低频功率放大器的总增益由两级共同完成，分配原则一般是：22dB 由功率放大级电路来完成，48dB 由前置放大电路来完成。因此，图 2-38 所示的电路采用的是两级并联负反馈电路，增益的分配应为

$$A_{u1} = R_2 / R_1 = 150\text{k}\Omega / 10\text{k}\Omega = 15 \approx 24\text{dB}$$

$$A_{u2} = R_5 / R_4 = 150\text{k}\Omega / 10\text{k}\Omega = 15 \approx 24\text{dB}$$

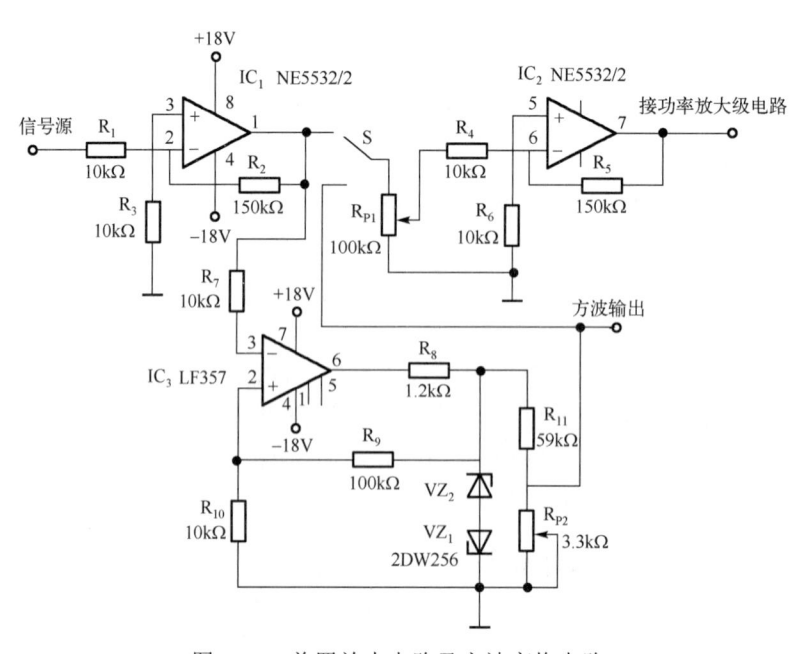

图 2-38 前置放大电路及方波变换电路

两级增益的和约为 48dB，其中 R_{P2} 用于调节整个系统的增益。前置放大电路与后面的功率放大级电路之间常用电容耦合，以相互稳定各级独立的静态工作点。

2. 功率放大级电路

功率放大级电路的推动级采用集成运算放大器 NE5534，输出级采用对称互补型 OCL 电路，其中推动管选用 2SB694、2SD669，输出管选用 2SA6114 和 2SC2707，并且设置了功率指示与保护电路，如图 2-39 所示。

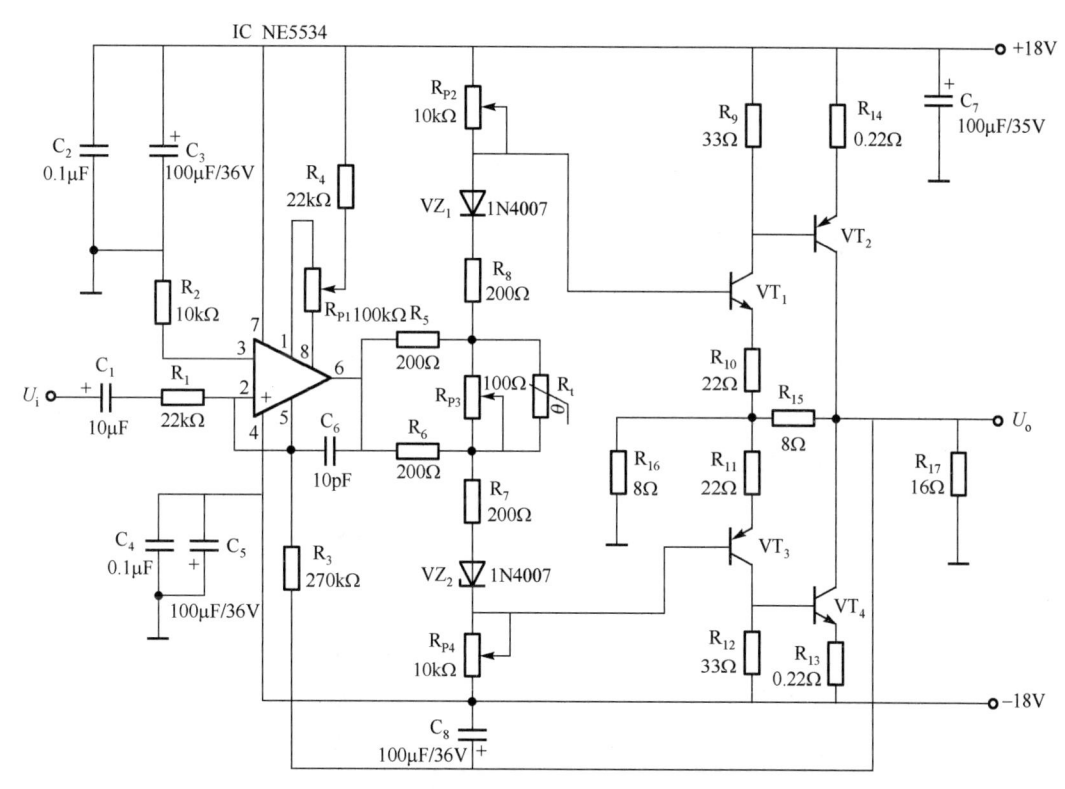

图 2-39 功率放大级电路

推动管：VT_1、VT_3 的 β 值为 100 左右，f_T 为 3MHz；输出管 VT_2、VT_4 的 β 值为 40 左右，f_T 为 1MHz。工作在乙类 OCL 形式的功率放大级电路的三极管最大管耗应是输出功率的 1/5，即 $P_{TM} = P_{oM}/5 = 16/5W \approx 3W$。电路中，输出管 VT_2、VT_4 分别选用 2SA6114 和 2SC2707 型号的三极管，其参数为 f_T=60MHz，P_{CM}=150W，U_{CEO}=180V。

四、设计报告撰写要求

本次设计实验撰写报告的格式及内容要求如下。

1. 设计方案

根据设计要求，制定实验设计方案，画出方案框图并论证。

2. 绘制低频功率放大器总图

根据设计方案，分别画出单元电路图并进行汇总，画出低频功率放大器总图。

3. 安装和调试

根据低频功率放大器总图，安装单元电路、总电路，进行模块调试、系统联调，记录过程数据。

实验十四　有源滤波器

【实验预习】

1. 复习同相比例运算放大器参数计算的相关内容。
2. 预习滤波器的作用和分类。

一、实验目的

1. 熟悉用运算放大器和电阻、电容构成的二阶有源低通、高通滤波器。
2. 掌握二阶有源滤波器电路参数的计算方法。
3. 掌握有源滤波器幅频响应的测试方法。

二、实验原理

有源滤波器是运算放大器和阻容元件组成的一种选频网络，用于传输有用频段的信号，抑制或衰减无用频段的信号。有源滤波器的阶数越高，其性能越接近理想有源滤波器的特性。由于集成运算放大器的带宽有限，目前有源滤波器的最高工作频率只能达到 1MHz 左右。高阶有源滤波器可由若干一阶或二阶有源滤波器组成，下面介绍二阶有源滤波器。在本实验的电路中，为便于计算，取二阶 RC 网络中的 $R_1 = R_2 = R$，$C_1 = C_2 = C$。

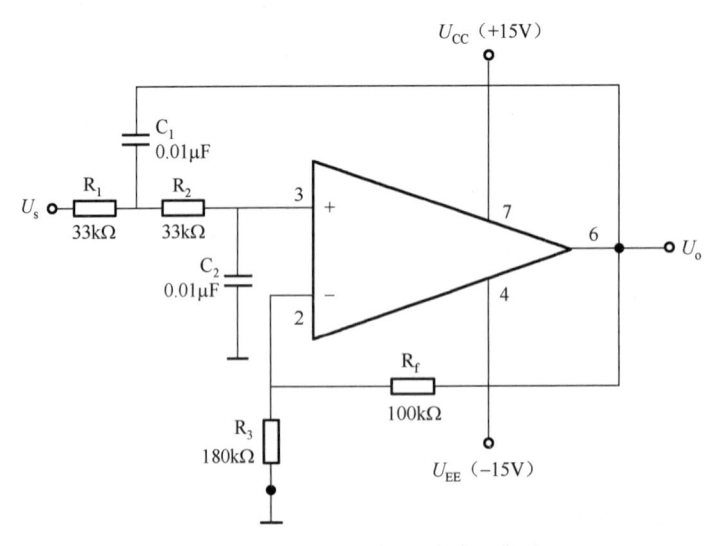

1. 二阶有源低通滤波器

二阶有源低通滤波器电路如图 2-40 所示。

图 2-40　二阶有源低通滤波器电路

二阶有源低通滤波器的幅频响应表达式为

$$\left|\frac{A(\mathrm{j}\omega)}{A_{uf}}\right|=\frac{1}{\sqrt{\left[1-\left(\dfrac{\omega}{\omega_0}\right)^2\right]^2+\dfrac{\omega^2}{\omega_0^2 Q^2}}} \tag{2-73}$$

式中

$$A_{uf}=1+\frac{R_\mathrm{f}}{R_3} \tag{2-74}$$

$$\omega_0=\frac{1}{RC} \tag{2-75}$$

$$Q=\frac{1}{3-A_{uf}} \tag{2-76}$$

式中，A_{uf} 为二阶有源低通滤波器的通带增益；ω_0 为通带截止频率。因此，二阶有源低通滤波器的上限截止频率为

$$f_\mathrm{H}=\frac{1}{2\pi RC} \tag{2-77}$$

Q 为品质因数，其大小影响二阶有源低通滤波器在通带截止频率处幅频特性的形状。当 $Q=0.707$ 时，这种滤波器被称为巴特沃思滤波器。

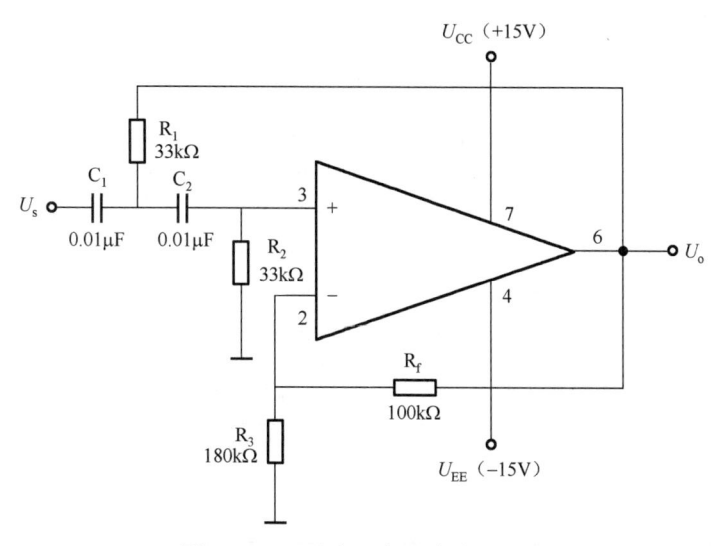

2. 二阶有源高通滤波器

二阶有源高通滤波器电路如图 2-41 所示，其幅频响应表达式为

$$\left|\frac{A(\mathrm{j}\omega)}{A_{uf}}\right|=\frac{1}{\sqrt{\left[\left(\dfrac{\omega_0}{\omega}\right)^2-1\right]^2+\left(\dfrac{\omega_0}{\omega Q}\right)^2}} \tag{2-78}$$

下限截止频率为

$$f_\mathrm{L}=\frac{1}{2\pi RC} \tag{2-79}$$

图 2-41 二阶有源高通滤波器电路

3. 二阶有源滤波器电路的参数选择

下面以二阶有源低通滤波器为例，讨论电路参数的计算。

上限截止频率为 200Hz，集成运算放大器采用 μA741，试计算图 2-40 所示电路形式的巴特沃思滤波器的参数并选择适当的电路元器件。

（1）选择电容容量，计算电阻阻值。

由于电容容量档级较少，常先选择电容容量。其宜在微法数量级以下，现选择 $C = 0.033\mu F$，则 $R = \dfrac{1}{\omega_0 C} = \dfrac{1}{2\pi \times 200 \times 0.033 \times 10^{-6}}\Omega \approx 24.11\text{k}\Omega$。

（2）计算电阻 R_1 和 R_f 的阻值。

巴特沃思滤波器的 $Q = 0.707$，则

$$A_{uf} = 1 + \frac{R_f}{R_3} = 3 - \frac{1}{Q} \approx 3 - \sqrt{2} \approx 1.586$$

$$R_f = 0.586 R_3 \tag{2-80}$$

由图 2-40 可知，集成运算放大器两输入端的输入电阻必须满足平衡条件，故

$$R_f // R_3 = R + R = 48.22\text{k}\Omega \tag{2-81}$$

由式（2-80）、式（2-81）可得

$$R_3 \approx 130.51\text{k}\Omega，\quad R_f \approx 76.48\text{k}\Omega$$

三、实验设备与电路元器件

（1）正弦波信号发生器。　　（2）双踪示波器。
（3）晶体管毫伏表。　　　　（4）数字万用表。
（5）集成运算放大器μA741。（6）33kΩ、100kΩ、180kΩ 电阻各若干。
（7）0.01μF、0.033μF 电容各若干。

四、实验内容及步骤

（1）按图 2-40 连接电路，测试二阶有源低通滤波器的幅频响应，将测试结果填入表 2-26。

表 2-26　U_s=0.1V（有效值）的正弦信号（一）

输入信号频率/Hz	50	100	200	300	400	480	550	600	700	1000	5000
输出电压 U_o/V											
$20\lg\|U_o/U_s\|$/dB											

（2）按图 2-41 连接电路，测试二阶有源高通滤波器的幅频响应，将测试结果填入表 2-27。

表 2-27　U_s=0.1V（有效值）的正弦信号（二）

输入信号频率/Hz	50	100	200	300	400	480	550	600	700	1000	5000	10000
输出电压 U_o/V												
$20\lg\|U_o/U_s\|$/dB												

(3) 把图 2-41 所示电路中的电容 C_1、C_2 的容量改为 $0.033\mu F$，同时使图 2-40 所示电路的输出端与图 2-41 所示电路的输入端相连，测试串接后电路的幅频响应，将测试结果填入表 2-28。

表 2-28　U_s=0.1V（有效值）的正弦信号（三）

输入信号频率/Hz	50	100	200	300	400	480	550	600	700	800	1000	2000
输出电压 U_o/V												
$20\lg|U_o/U_s|$/dB												

五、实验报告撰写要求

1．整理实验数据，并进行分析。
2．讨论实验过程中出现的问题及解决方法。

六、思考题

已知正弦信号的频率为 500Hz，经放大后发现有一定的噪声和 50Hz 的干扰，用哪种类型的滤波器可以改善信噪比呢？

实验十五　直流稳压电源——集成稳压器

【实验预习】

复习直流稳压电源的电路组成、预习集成稳压器的相关内容。

一、实验目的

1．研究集成稳压器的特点和性能指标的测试方法。
2．了解集成稳压器性能扩展的方法及措施。

二、实验原理

一般情况下，电子设备需要直流电。这些直流电除少数由干电池和直流发电机提供外，大多数利用直流稳压电源把交流电（市电）转变为直流电。直流稳压电源由电源变压器、整流电路、滤波电路和稳压电路四部分组成，其原理如图 2-42 所示。电网供给的交流电压 u_1（220V/50Hz）经电源变压器降压后，得到符合电路要求的交流电压 u_2，然后由整流电路变换成方向不变、大小随时间变化的脉动电压 u_3，再经滤波电路滤去其交流分量，就可得到比较平直的直流电压 U_I。但这样的直流电压，还会随电网电压的波动或负载的变动而变化。在对直流供电要求较高的场合，还需要使用稳压电路，以保证输出的直流电压更加稳定。

随着半导体工艺的发展，稳压电路被制作成集成稳压器。由于集成稳压器具有体积小、外接线路简单、使用方便、工作可靠和通用性强等优点，因此其在各种电子设备中的应用十分普遍，基本上取代了由分立元件构成的稳压电路。

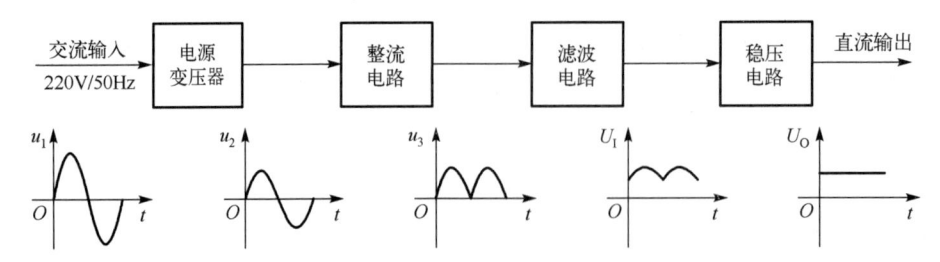

图 2-42 直流稳压电源电路的原理

集成稳压器一般选择常用的串联线性集成稳压器。因为这种稳压器以三端式为主，所以人们通常称之为三端式稳压器。常用的 78、79 系列三端式稳压器的特点是输出电压固定，在使用中无须进行调整。78 系列三端式稳压器输出的是正极性电压，一般有 5V、6V、9V、12V、15V、18V、24V 七个型号，输出电流最大可达 1.5A（加散热片）。同类型 78M 系列三端式稳压器的输出电流为 0.5A，78L 系列三端式稳压器的输出电流为 0.1A。79 系列三端式稳压器的输出电压为负极性，同样有不同的型号（不同的输出电压），与 78 系列类似。现以 78 系列三端式稳压器为例说明其外形和接线，如图 2-43 所示。

三端分别为：输入端（不稳定电压输入端），标号为"1"；输出端（稳定电压输出端），标号为"2"；公共端，标号为"3"。

如果想对电压进行调节，那么需增加部分外接元件对三端式稳压器的固定输出电压进行调整，以适应不同电路的需要。

本实验所用集成稳压器为三端式稳压器 7812，其主要参数：输出直流电压 U_o 为 +12V，输出电流为 0.1A（78L12）、0.5A（78M12），电压调整率为 10mV/V（或 1%），输出电阻 R_o 为 0.15Ω，输入电压 U_i 的范围为 15～17V。一般来说，U_i 要比 U_o 大 3～5V，这样才能保证集成稳压器工作在线性区。

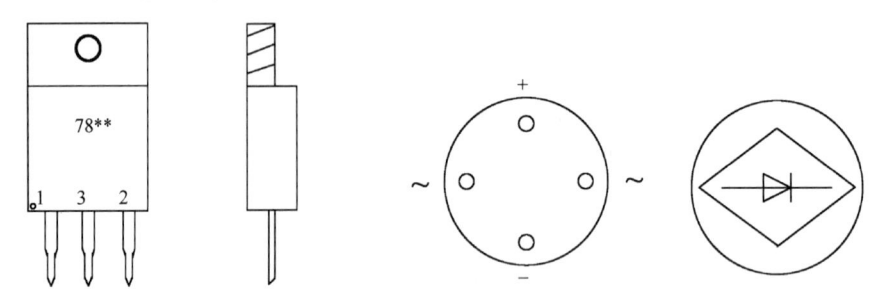

图 2-43 78 系列三端式稳压器的外形和接线

图 2-44 所示为由三端式稳压器 7812 构成的单电源电压输出串联型稳压电源的实验电路。其中整流部分采用了由四只二极管组成的桥式整流器（通称桥堆），型号为 ICQ-4B。滤波电容 C_1、C_3 的容量一般为几百至几千微法。当 7812 距离整流滤波电路较远时，在输入端必须接入电容 C_2（容量一般为 $0.33\mu F$），以抵消电路的电感效应，防止产生自激振荡。输出电容 C_4（$0.1\mu F$）用以滤除输出端的高频信号，改善电路的暂态响应。

图 2-45 所示为正负双电压输出电路，若需要 $U_{o1}=+12V$，$U_{o2}=-12V$，则可以选用 7812 和 7912 两个三端式稳压器，这时的 U_i 应为单电源输出时的输入电压的两倍。

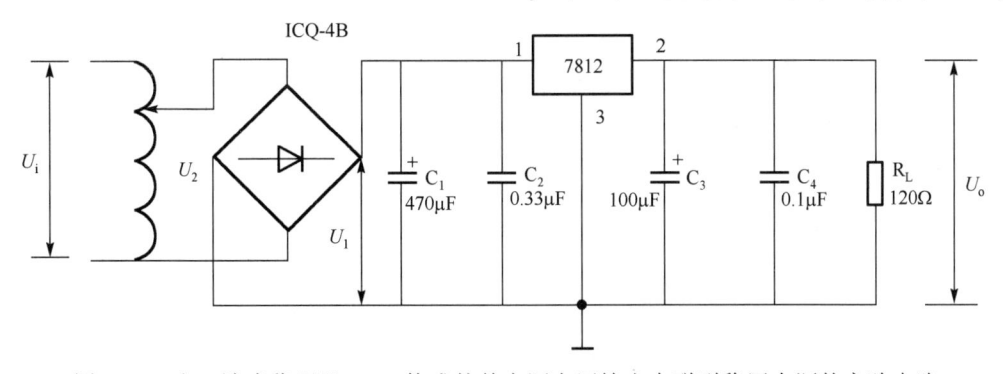

图 2-44　由三端式稳压器 7812 构成的单电源电压输出串联型稳压电源的实验电路

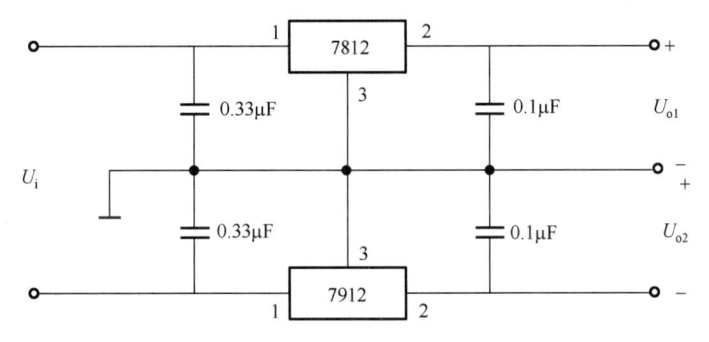

图 2-45　正负双电压输出电路

当集成稳压器本身的输出电压或输出电流不能满足要求时，可通过外接电路来进行性能的扩展。图 2-46 所示为输出电压扩展电路。7812 的 3、2 端之间的输出电压为 12V，因此只要适当选择 R 的阻值，使稳压管 VZ 工作在线性区，则输出电压 $U_o=12V+U_Z$（U_Z 为稳压管 VZ 的稳压值），可以高于稳压管本身的输出电压。

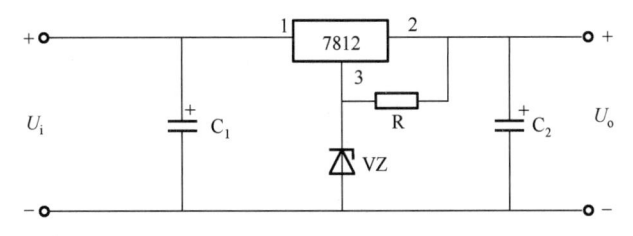

图 2-46　输出电压扩展电路

图 2-47 所示为输出电流扩展电路，它是通过外接三极管 VT 及电阻 R_1 来进行电流扩展的。电阻 R_1 的阻值由外接三极管的发射结导通电压 U_{BE}、三端式稳压器的输入电流 I_i（近似等于三端式稳压器的输出电流 I_{o1}）和 VT 的基极电流 I_B 来决定，即

$$R_1 = \frac{U_{BE}}{I_R} = \frac{U_{BE}}{I_i - I_B} = \frac{U_{BE}}{I_{o1} - \dfrac{I_C}{\beta}} \qquad (2-82)$$

式中，I_C 为三极管 VT 的集电极电流，$I_C=I_o-I_{o1}$；β 为三极管 VT 的电流放大倍数；对于锗管，U_{BE} 可按 0.3V 进行估算，对于硅管，U_{BE} 可按 0.7V 进行估算。

图 2-47 输出电流扩展电路

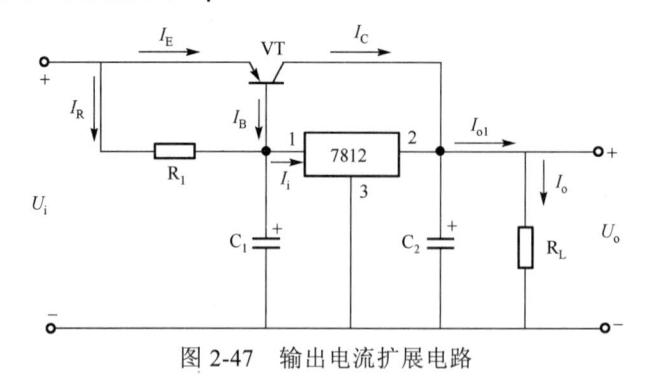

三、实验设备与电路元器件

（1）可调交流电源。　（2）双踪示波器。
（3）交流毫伏表。　　（4）直流电压表。
（5）直流毫安表。
（6）三端式稳压器 7812×1、7912×1，桥堆 ICQ-4B×1，电阻、电容若干。

四、实验内容及步骤

1. 整流滤波电路的测试

按图 2-44 连接电路，取电压为 14V 的可调交流电源作为整流电路的输入电压 U_2，接通可调交流电源，测量其输出端直流电压 U_i 及纹波电压 ΔU，用双踪示波器观察 U_2、U_L 的波形，将波形填入自拟的表格。

2. 集成稳压器特性的测试

按图 2-44 连接电路，并取负载电阻的阻值 $R_L=120\Omega$。

（1）初测。

接通 14V 可调交流电源，测量 U_2 及输出电压 U_L，正常时应与理论值大致相同，否则表明电路出现了故障，应设法查找故障原因，并加以消除，对电路进行重测，对电路直到电路进入正常状态后，才能测试其他性能指标是否正常。

（2）其他性能指标的测试。

① 输出电压 U_L 和最大输出电流 I_{omax}。在输出端接入负载电阻，其阻值 $R_L=120\Omega$，由于 7812 的输出电压为 12V，因此流过 R_L 的电流为 12V/120Ω=100mA（标准），这时 U_L 应基本不变，若变化太大，则说明集成块性能不良，应进一步减小负载电阻的阻值，在输出电压基本不变的情况下，记下其最大输出电流。

② 稳压系数 S 的测量。取 I_o=100mA，改变整流电路的输入电压 U_2，分别测量相应的稳压器的输入电压 U_i 及输出电压 U_L 并计算稳压系数，将结果填入表 2-29。

表 2-29　I_o=100mA 时的稳压系数

输入电压	U_i	U_L	稳压系数 S
U_2=36V			
U_2=28V			
U_2=20V			

③ 输出电阻 R_o 的测量。取 U_2=14V，改变 R_L 的阻值，使 I_L 为 0mA、50mA、100mA，测量相应的输出电压 U_L 并计算输出电阻 R_o，将结果填入表 2-30。

表 2-30 输出电阻

U_2=14V	U_L	输出电阻 R_o
I_L=0mA		
I_L=50mA		
I_L=100mA		

④ 输出纹波电压 ΔU 的测量。取 U_2=14V，7812 的输出电压为 12V，I_o=100mA，测量输出纹波电压（用交流毫伏表），将结果记录在自拟表格中。

(3) 集成稳压器性能的扩展。

根据实验设备和电路元器件、图 2-46、图 2-47，自拟测试方法与表格，记录实验结果。

五、实验报告撰写要求

1. 整理实验数据，计算 S 和 R_o 的值，并与测量的数据进行比较。
2. 分析实验过程中遇到的问题和现象，并说明原因。

六、思考题

在测量稳压系数 S 和输出电阻 R_o 时，如何选择测试仪表才能减小测量误差呢？

实验十六　电子电路 EDA 仿真

【实验预习】

复习二极管、三极管、共射极单管放大电路的特性，安装 Multisim 14.3.0 软件。

一、实验目的

1. 了解 Multisim 14.3.0 软件的安装和使用方法。
2. 掌握常用电子电路的画图和仿真测试方法。

二、实验原理

一）Multisim 14.3.0 软件的工作界面

Multisim 14.3.0 软件的工作界面如图 2-48 所示。其由菜单栏、工具栏、缩放栏、设计栏、仿真栏、工程栏、元件栏、仪器栏和电路图编辑窗口等部分组成。

二）电路实例

以二极管整流电路为例，利用 Multisim 14.3.0 软件进行电路图绘制、电路特性分析与验证。

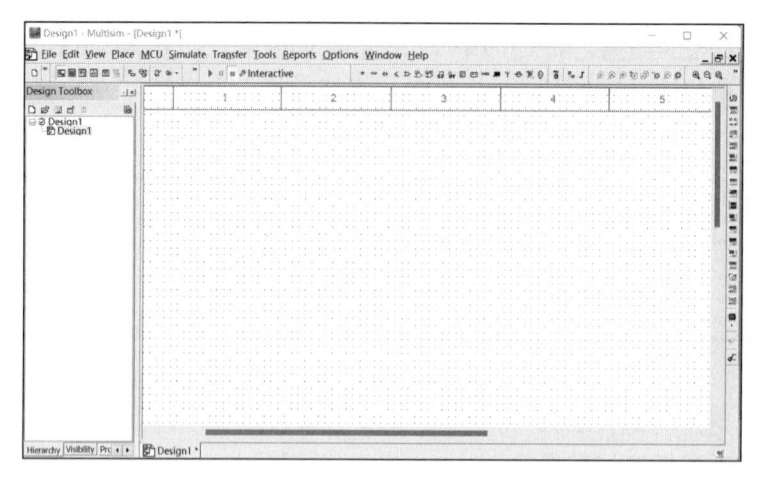

图 2-48　Multisim 14.3.0 软件的工作界面

1. 绘制仿真电路图

选择工具栏　　　　　中的元器件绘制二极管整流电路，选择虚拟仪器，将其连接为测试电路。

如图 2-49 所示，该二极管整流电路用到了两种虚拟仪器：函数信号发生器和示波器。利用函数信号发生器产生电路的输入信号。仿真前应设置好函数信号发生器的幅值、频率、占空比、偏移量及波形类型。示波器有两个通道：一个用来检测函数信号发生器的波形，另一个用来观察信号经过二极管后的波形变化情况。

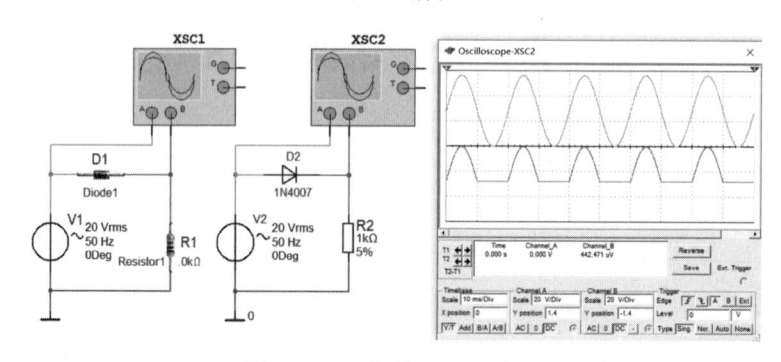

图 2-49　二极管整流电路 I

2. 电路仿真

（1）打开仿真开关，双击示波器，查看示波器两个通道的波形。从图 2-49 中可以看到，信号在经过二极管前是完整的正弦波，经过二极管后，正弦波的负半周消失了。这就证明二极管具有单向导电性。

（2）把函数信号发生器的波形类型分别改为三角波、矩形波，观察输出效果，可以得出结论：当二极管处于正向偏置时，电路导通；当二极管处于反向偏置时，电路截止。

3. 修改电路，再次进行仿真

将电路中的二极管反接，观察仿真效果。我们会发现，将二极管反接后，其输出波形与正接时的波形刚好相反，如图 2-50 所示。

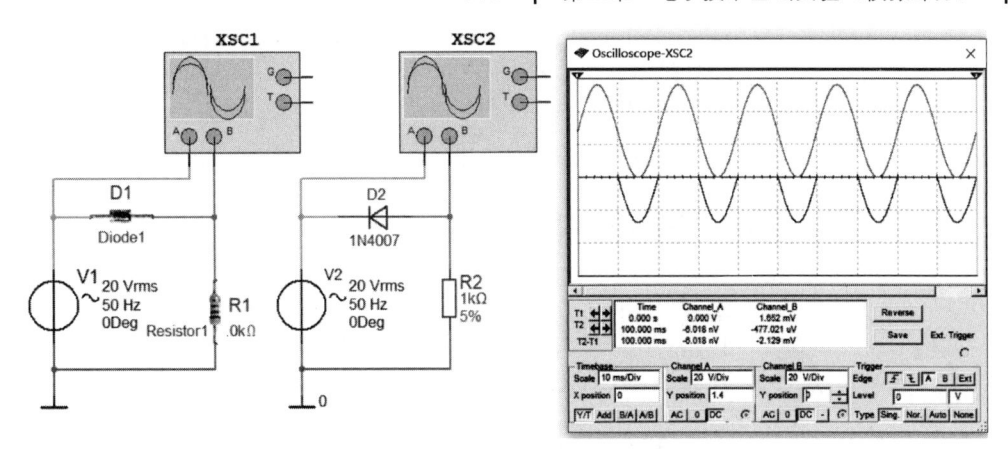

图 2-50 二极管整流电路 Ⅱ

可以得出同样的结论：当二极管处于正向偏置时，电路导通；当二极管处于反向偏置时，电路截止。即正向偏置导通，反向偏置截止。

三、实验设备与电路元器件

（1）计算机。　　　　　　　　　（2）Multisim 14.3.0 软件。

四、实验内容及步骤

（1）安装并启动 Multisim 14.3.0 软件，了解其组成和功能。
（2）完成二极管整流电路的绘图和仿真过程。
①绘制电路原理图、仿真测试电路图。
②打开仿真开关，调整虚拟仪器，测试二极管的特性。
（3）利用仿真软件测试三极管的工作状态。

三极管有三种工作状态：放大、饱和、截止。三极管可以被用作电子电路中的放大管、电子开关或构成数字电路中的非门电路。画出三极管电路图（见图 2-51），用 LED 代替 R_C，进行仿真测试，令 A 端电压从 0V 开始逐渐增大，测量 U_A、U_F 及 I_C 的值并将测量数据填入表 2-31。

表 2-31　三极管工作状态参数

U_A/V				备注：R_B 采用可调电阻
U_F/V				
I_C/mA				
LED 状态				

图 2-51　三极管电路图

（4）完成共射极单管放大电路（见图 2-52）的仿真测试，并将测试结果与实验二进行比较。

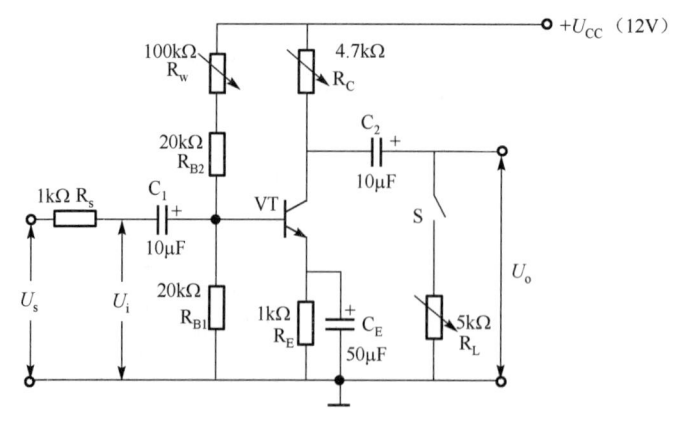

图 2-52 共射极单管放大电路

五、实验报告撰写要求

1. 按照本实验内容及步骤，绘制电路图、整理相关数据表格。
2. 练习软件的使用，自行绘制两个实用电子电路，并分析其工作原理。

六、思考题

将仿真结果与实际实验结果进行对比，分析差异及产生差异的原因。

实验十七　温度监测及控制电路

【实验预习】

1. 阅读教材中有关集成运算放大器应用部分的章节，了解由集成运算放大器构成的差动放大器等电路的性能和特点。
2. 复习滞回比较器的相关知识。
3. 根据实验任务，拟定实验步骤及测试内容，制作数据记录表格。

一、实验目的

1. 学习由双臂电桥和差动输入集成运算放大器组成的桥式放大电路。
2. 掌握滞回比较器的性能和调试方法。
3. 掌握电子电路系统测量和调试的步骤与方法。

二、实验原理

温度监测及控制电路如图 2-53 所示。该电路中具有负温度系数电阻特性的热敏电阻（NTC 元件）R_t 作为一臂组成测温电桥，其输出经测量放大器放大后由滞回比较器输出"加热"与"停止"信号，经三极管放大后控制加热器"加热"与"停止"。改变滞回比较器的比较电压 U_R 即可改变控温的范围，控温的精度则由滞回比较器的滞回宽度决定。

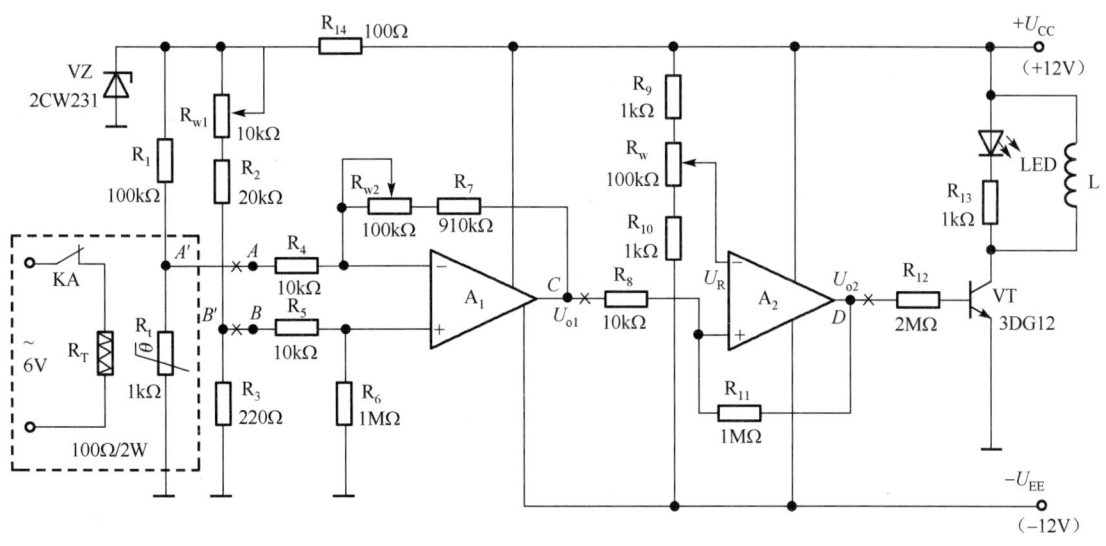

图 2-53 温度监测及控制电路

1. 测温电桥

R_1、R_2、R_3、R_{w1} 及 R_t 组成测温电桥，其中 R_t 是热敏电阻，其呈现出的阻值与温度呈线性变化关系且具有负温度系数，而负温度系数又与流过它的工作电流有关。为了稳定 R_t 的工作电流，达到稳定其负温度系数的目的，设置了稳压管 VZ。R_{w1} 可决定测温电桥的平衡。

2. 差动放大器

A_1 及外围电路组成的差动放大器将测温电桥的输出电压 ΔU 按比例放大。其输出电压为

$$U_{o1} = -\left(\frac{R_7 + R_{w2}}{R_4}\right)U_A + \left(\frac{R_4 + R_7 + R_{w2}}{R_4}\right)\left(\frac{R_6}{R_5 + R_6}\right)U_B$$

当 $R_4 = R_5$，$R_7 + R_{w2} = R_6$ 时，

$$U_{o1} = \frac{R_7 + R_{w2}}{R_4}(U_B - U_A) \tag{2-83}$$

可见，差动放大器的输出电压 U_{o1} 仅取决于两个输入电压之差和外部电阻的比值。

3. 滞回比较器

下面以同相滞回比较器为例，简单介绍一下滞回比较器的工作原理、主要参数计算、传输特性及在本实验电路中的作用。

同相滞回比较器电路如图 2-54 所示，设同相滞回比较器输出的高电平为 U_{oH}，输出的低电平为 U_{oL}，参考电压 U_R 加在反相输入端。

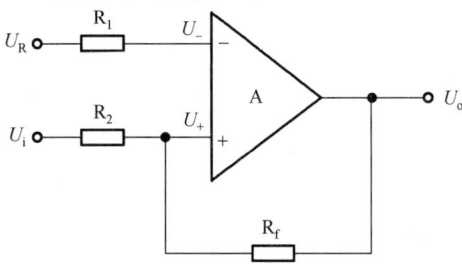

图 2-54 同相滞回比较器电路

当输出高电平 U_{oH} 时，集成运算放大器同相输入端的电位为

$$U_{+H} = \frac{R_f}{R_2 + R_f}U_i + \frac{R_2}{R_2 + R_f}U_{oH}$$

当 U_i 减小到使 $U_{+H}=U_R$ 时，即

$$U_i = U_{TL} = \frac{R_2 + R_f}{R_f}U_R - \frac{R_2}{R_f}U_{oH}$$

此后，U_i 稍有减小，输出就从高电平跳变为低电平。

当输出低电平 U_{oL} 时，集成运算放大器同相输入端的电位为

$$U_{+L} = \frac{R_f}{R_2 + R_f}U_i + \frac{R_2}{R_2 + R_f}U_{oL}$$

当 U_i 增大到使 $U_{+L}=U_R$ 时，即

$$U_i = U_{TH} = \frac{R_2 + R_f}{R_f}U_R - \frac{R_2}{R_f}U_{oL}$$

此后，U_i 稍有增加，输出就从低电平跳变为高电平。

U_{TL} 和 U_{TH} 为输出电平跳变时对应的输入电平，常称 U_{TL} 为下门限电平，U_{TH} 为上门限电平，二者的差值被称为门限宽度，它们的大小可通过 R_2/R_f 的值来调节，其表达式为

$$\Delta U_T = U_{TH} - U_{TL} = \frac{R_2}{R_f}(U_{oH} - U_{oL}) \tag{2-84}$$

图 2-55 所示为同相滞回比较器的电压传输特性曲线。

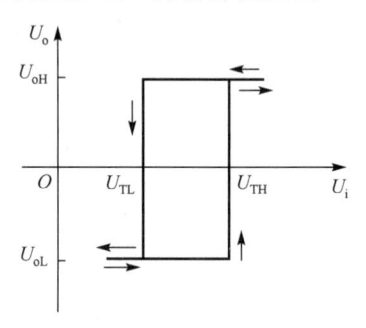

图 2-55 同相滞回比较器的电压传输特性曲线

由上述分析可知，差动放大器的输出电压 U_{o1} 经分压后输入由 A_2 等组成的滞回比较器，与反相输入端的参考电压 U_R 进行比较。当同相输入端的电压大于反相输入端的电压时，A_2 输出正饱和电压，三极管饱和导通，通过观察发光二极管的发光情况可知，负载的工作状态为加热。反之，当同相输入端的电压小于反相输入端的电压时，A_2 输出负饱和电压，三极管截止，发光二极管熄灭，负载的工作状态为停止。调节 R_W 的阻值可改变参考电平，同时调节上、下门限电平，从而达到设定温度的目的。

三、实验设备与电路元器件

（1）±12V 直流电源。　　　　　　（2）函数信号发生器。

（3）双踪示波器。　　　　　　　（4）热敏电阻（NTC）。

（5）集成运算放大器μA741×2、三极管3DG12、稳压管2CW231、发光二极管等。

四、实验内容及步骤

按图2-53连接电路，各级之间暂不连通，形成各级单元电路，以便对其分别进行调试。

1. 差动放大器

差动放大器如图2-56所示，它可实现差动比例运算。

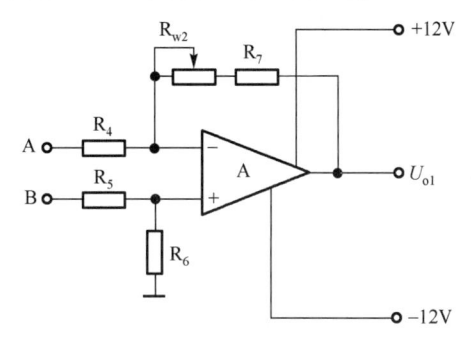

图2-56　差动放大器

（1）集成运算放大器调零。将A、B两端对地短路，使U_{o1}=0V。

（2）去掉A、B端的对地短路线，在A、B端分别接入两个不同的直流电平。当电路中$R_7+R_{w2}=R_6$，$R_4=R_5$时，其输出电压可用式（2-83）表示。

在测试时要注意，输入电压不能太大，以免差动放大器的输出进入饱和区。

（3）将B端对地短路，把频率为100Hz、电压有效值为30mV的正弦波从A端输入，用双踪示波器观察输出电压波形。在输出电压波形不失真的情况下，测量U_i和U_o的值，从而计算出差动放大器的电压放大倍数。

2. 桥式测温放大电路

将差动放大器的A、B端与测温电桥的A'、B'点相连，构成一个桥式测温放大电路。

（1）在室温下使电桥平衡。

在实验室室温条件下，调节R_{w1}的阻值，使差动放大器的输出电压U_{o1}=0V。

（2）温度系数K。

由于测温需要温度调整水槽，为使实验简单易操作，可虚设室温T及输出电压U_{o1}，温度系数K也定为一个常数，具体参数由读者自行填入表2-32。根据公式$K = \Delta U / \Delta T$可得到温度系数K。

表2-32　温度系数

温度 T/℃					
输出电压 U_{o1}/V					

（3）桥式测温放大电路的温度-电压关系曲线。

根据前面桥式测温放大电路的温度系数K，可画出桥式测温放大电路的温度-电压关系曲线，如图2-57所示，在实验时要标注相关的温度和电压值。从图中可求得在其他温度下，桥式测温放大电路实际应输出的电压值，也可得到在当前室温时，U_{o1} 的实际对应值 U_s。

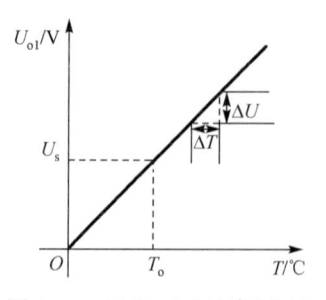

图 2-57　温度-电压关系曲线

（4）再次调节 R_{w1} 的阻值，使桥式测温放大电路在当前室温下输出 U_s，即调节 R_{w1} 的阻值，使 $U_{o1}=U_s$。

3. 滞回比较器

滞回比较器电路如图 2-58 所示。

（1）用直流法测试滞回比较器的上、下门限电平。

首先确定参考电压 U_R 的值。调节 R_w 的阻值，使 $U_R=2V$；然后将可变的直流电压 U_i 接入滞回比较器的输入端。将滞回比较器的输出电压 U_o 送入双踪示波器的 Y 轴输入端（将双踪示波器的"输入耦合方式开关"置于"DC"，将 X 轴"扫描触发方式开关"置于"自动"）。改变直流输入电压 U_i 的大小，从双踪示波器的屏幕上观察到当 U_o 跳变时对应的 U_i 值，即上、下门限电平。

（2）用交流法测试电压传输特性曲线。

将频率为 100Hz、电压为 3～5V 的正弦信号接入滞回比较器的输入端，同时送入双踪示波器的 X 轴输入端，作为 X 轴扫描信号。将滞回比较器的输出信号送入双踪示波器的 Y 轴输入端。微调正弦信号的大小，可从双踪示波器屏幕上观察到完整的电压传输特性曲线。

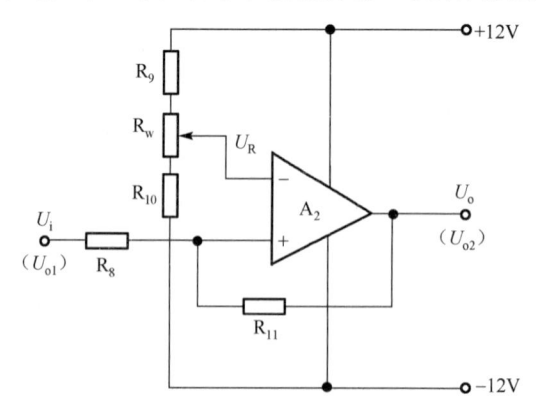

图 2-58　滞回比较器电路

4. 温度监测控制电路整机工作状况

（1）按图 2-53 连接各级单元电路。（注意：可调元件 R_{w1}、R_{w2} 不能随意变动。若有变动，则必须重新完成前面的内容。）

（2）根据所需监测报警或控制的温度 T，从桥式测温放大电路的温度-电压关系曲线中确定对应的 U_{o1} 值。

（3）调节 R_W 的阻值使参考电压 $U_R=U_{o1}$。

（4）用加热器给热敏电阻升温，观察温度上升情况，直至触发报警电路报警（在实验电路中，用 LED 发光作为报警信号），记下触发报警电路报警时对应的温度值 T_1 和差动放大器的输出电压 U_{o11}。

（5）用自然降温法使热敏电阻降温，记下电路解除警报时对应的温度值 T_2 和差动放大器的输出电压 U_{o12}。

（6）改变控制温度 T，再次进行步骤（2）～（5）的内容，将测试结果填入表 2-33。根据 T_1 和 T_2 的值可得到检测灵敏度 $T_0=T_1-T_2$。

注意：实验中的加热装置可用一个 100Ω/2W 的电阻 R_T 模拟，将此电阻靠近 R_t 即可。

表 2-33 测试结果

设定电压	设定温度 T/℃							
	从曲线上查得的 U_{o1}							
	U_R							
动作温度	T_1/℃							
	T_2/℃							
动作电压	U_{o11}/V							
	U_{o12}/V							

五、实验报告撰写要求

1．整理实验数据，画出相关曲线及实验电路图，制作数据表格。

2．用方格纸画出桥式测温放大电路的温度系数曲线及滞回比较器的电压传输特性曲线。

3．总结实验过程中的故障排除情况及体会。

六、思考题

1．依照实验线路板上集成运算放大器插座的位置，从左到右安排前后各级单元电路，画出电路元器件排列及布线图。元器件排列既要紧凑，以便缩短连线，又不能相碰，防止引入干扰，同时要便于实验测试。

2．思考并回答下列问题。

（1）如果集成运算放大器不进行调零，将会导致什么结果？

（2）如何设定温度监测控制点？

第三章 电子技术基础实验（数字部分）

实验一 TTL 集成门电路的逻辑功能与参数测试

一、实验目的

1．掌握 TTL 集成与非门的逻辑功能和主要参数的测试方法。
2．掌握 TTL 集成门电路的使用规则。
3．熟悉数字电路实验装置的结构、基本功能和使用方法。

二、实验原理

本实验采用四输入双与非门 74LS20，即一个集成块内含有两个互相独立的与非门，每个与非门有四个输入端。74LS20 的逻辑框图、符号及引脚排列如图 3-1 所示。

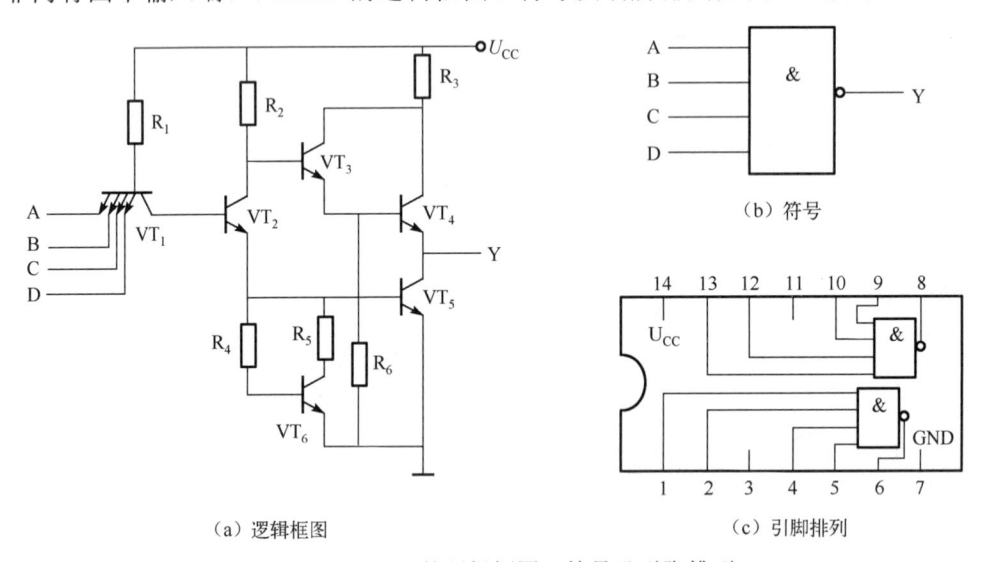

（a）逻辑框图　　　　　（b）符号　　　　　（c）引脚排列

图 3-1　74LS20 的逻辑框图、符号及引脚排列

1．与非门的逻辑功能

与非门的逻辑功能：当输入信号中有一个或一个以上为低电平时，输出端输出高电平；只有当输入信号全部为高电平时，输出端才输出低电平（有"0"得"1"，全"1"得"0"）。其逻辑表达式为 $Y = \overline{AB\cdots}$。

2. TTL 集成与非门的主要参数

（1）低电平输出电源电流 I_{CCL} 和高电平输出电源电流 I_{CCH}。

当 TTL 集成与非门处于不同的工作状态时，电源提供的电流是不同的。I_{CCL} 是指当 TTL 集成与非门的所有输入端悬空，输出端空载时，电源提供给 TTL 集成与非门的电流。I_{CCH} 是指当 TTL 集成与非门的所有输出端空载，每个门各有一个以上的输入端接地，其余输入端悬空时，电源提供给 TTL 集成与非门的电流。通常 $I_{CCL} > I_{CCH}$，I_{CCL} 的大小标志着 TTL 集成与非门静态功耗的大小。TTL 集成与非门的最大功耗 $P_{CCL} = U_{CC}I_{CCL}$。TTL 集成与非门的使用手册中提供的电源电流和功耗是指整个 TTL 集成与非门总的电源电流和总的功耗。I_{CCL} 与 I_{CCH} 的测试电路分别如图 3-2（a）、图 3-2（b）所示。

（2）低电平输入电流 I_{iL} 和高电平输入电流 I_{iH}。

I_{iL} 是指当 TTL 集成与非门的被测输入端接地，其余输入端悬空，输出端空载时，由被测输入端流出的电流值。在多级门中，I_{iL} 相当于前级门输出低电平时，后级门向前级门灌入的电流，因此它关系到前级门的灌电流负载能力，直接影响前级门带负载的个数，因此 I_{iL} 应小一些。

I_{iH} 是指当 TTL 集成与非门的被测输入端接高电平，其余输入端接地，输出端空载时，流入被测输入端的电流值。在多级门中，它相当于前级门输出高电平时，前级门的拉电流负载，其大小关系到前级门的拉电流负载能力，因此 I_{iH} 应小一些。由于 I_{iH} 较小，难以测量，所以一般不对其进行测试。

I_{iL} 和 I_{iH} 的测试电路分别如图 3-2（c）、图 3-2（d）所示。

（a）I_{CCL} 的测试电路　　（b）I_{CCH} 的测试电路　　（c）I_{iL} 的测试电路　　（d）I_{iH} 的测试电路

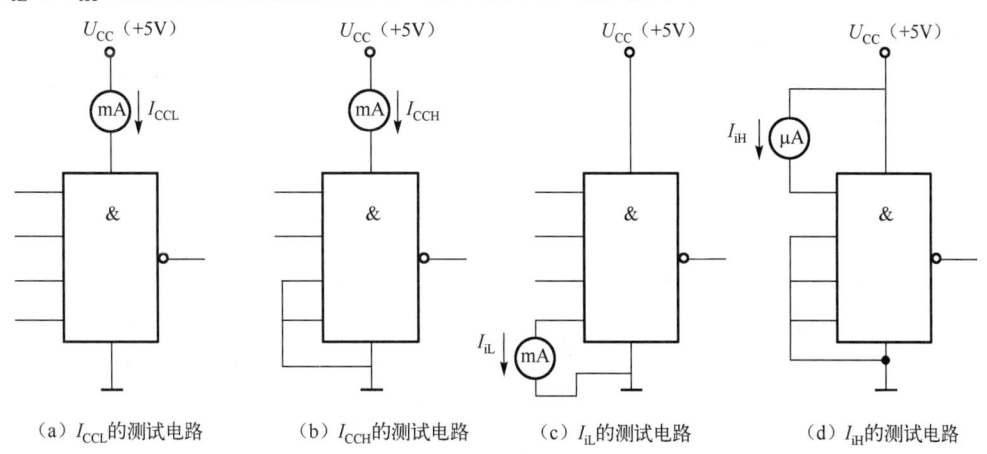

图 3-2　TTL 集成与非门的直流参数测试电路

注意：TTL 集成与非门对电源电压要求较严，电源电压 U_{CC} 只允许在 4.5～5.5V 的范围内，超过 5.5V 将损坏 TTL 集成与非门，低于 4.5V 会使 TTL 集成与非门的逻辑功能不正常。

（3）扇出系数 N_o。

扇出系数 N_o 是指门能驱动同类门的个数，它是一个衡量门负载能力的参数，TTL 集成与非门有两种不同性质的负载，即灌电流负载和拉电流负载，因此有两种扇出系数，即低

电平扇出系数 N_oL 和高电平扇出系数 N_oH，通常 $I_\text{iH}<I_\text{iL}$，$N_\text{oH}>N_\text{oL}$，故常以 N_oL 作为 TTL 集成与非门的扇出系数。

扇出系数测试电路如图 3-3 所示，TTL 集成与非门的输入端全部悬空，输出端接灌电流负载 R_L，调节 R_L 的阻值使 I_oL 增大，U_oL 随之增大，当 U_oL 达到 U_oLm（使用手册中低电平的规定值为 0.4V）时的 I_oL 就是允许灌入的最大负载电流，则

$$N_\text{oL} = \frac{I_\text{oL}}{I_\text{iL}} \quad (通常\ N_\text{oL} \geq 8)$$

（4）电压传输特性。

门的输出电压 U_o 随输入电压 U_i 变化的曲线 $U_\text{o}=f(U_\text{i})$ 称为门的电压传输特性曲线，通过它可获得门的一些重要参数，如输出高电平 U_oH、输出低电平 U_oL、关门电平 U_OFF、开门电平 U_ON、阈值电平 U_T 及抗干扰容限 U_L、U_H 等。电压传输特性测试电路如图 3-4 所示，对该测试电路采用逐点测试法，即调节 R_w 的阻值，逐点测量 U_i 及 U_o，然后绘成曲线。

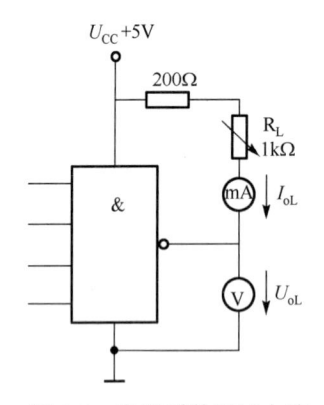

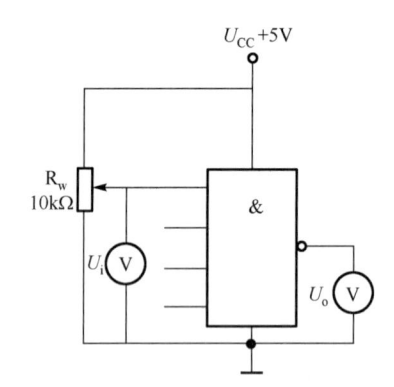

图 3-3　扇出系数测试电路　　图 3-4　电压传输特性测试电路

（5）平均传输延迟时间 t_pd。

t_pd 是衡量门开关速度的参数，它是指输出波形边沿的 $0.5U_\text{m}$ 点至输入波形对应边沿 $0.5U_\text{m}$ 点的时间间隔，如图 3-5（a）所示。

图 3-5（a）中所示的 t_pdL 为导通延迟时间，t_pdH 为截止延迟时间，平均传输延迟时间为 $t_\text{pd}=(t_\text{pdL}+t_\text{pdH})/2$。$t_\text{pd}$ 的测试电路如图 3-5（b）所示。由于 TTL 集成与非门的延迟时间较短，直接测量对信号发生电路和示波器的性能要求较高，故本实验通过测量由奇数个 TTL 集成与非门组成的环形振荡电路的振荡周期 T 来求得平均传输延迟时间。其工作原理：假设在电路接通电源后的某一瞬间，电路中 A 点的电平为逻辑"1"，经过三级门的延迟后，A 点的电平由原来的逻辑"1"变为逻辑"0"；再经过三级门的延迟后，A 点电平又重新回到逻辑"1"。电路中其他各点的电平也跟随变化。这说明使 A 点发生一个周期的振荡，必须经过六级门的延迟时间。因此，平均传输延迟时间为 $t_\text{pd}=T/6$。TTL 集成与非门的 t_pd 一般为 10～40ns。

(a) 传输延迟特性

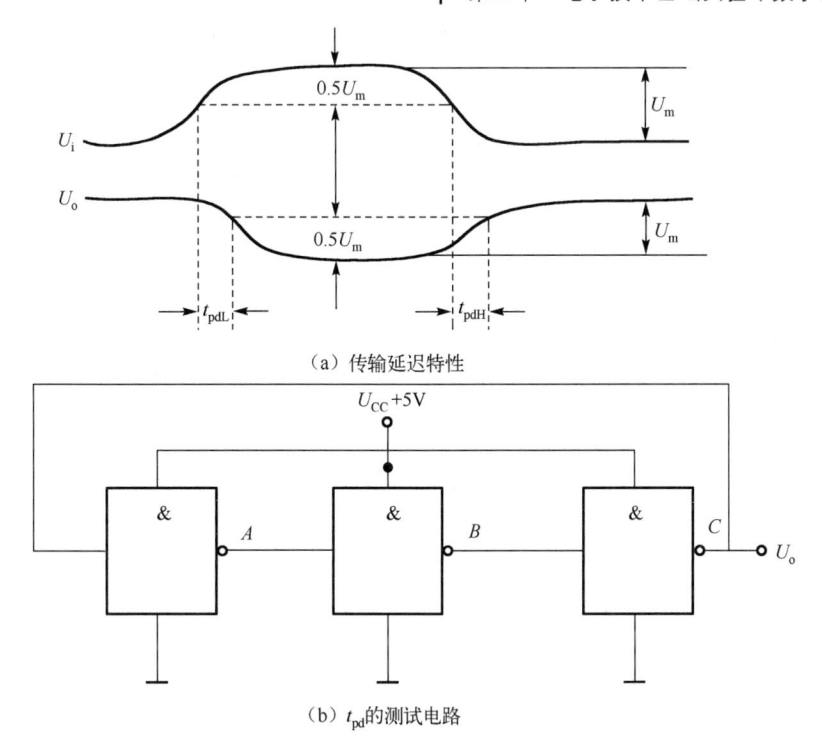

(b) t_{pd} 的测试电路

图 3-5 传输延迟特性及 t_{pd} 的测试电路

三、实验设备与电路元器件

（1）+5V 直流电源。　　　　　　　（2）逻辑电平开关。
（3）逻辑电平显示电路。　　　　　（4）直流数字电压表。
（5）直流毫安表。　　　　　　　　（6）直流微安表。
（7）TTL 集成与非门 74LS20×2，电位器、电阻（0.5W）若干。

四、实验内容及步骤

在合适的位置选取一个 14P 插座，按定位标记插好 74LS20 集成块。

1. 验证 TTL 集成与非门 74LS20 的逻辑功能

按图 3-6 连接电路，TTL 集成与非门的四个输入端接逻辑电平开关的输出插口，以提供逻辑电平信号"0"与"1"，开关向上，输出逻辑"1"，开关向下，输出逻辑"0"。TTL 集成与非门的输出端连接由发光二极管组成的逻辑电平显示电路（又称为 0-1 显示电路）的显示插口，发光二极管亮为逻辑"1"，不亮为逻辑"0"。按表 3-1 所示的真值表逐个测试 74LS20 中两个与非门的逻辑功能（8 引脚的输出为 Y_1，6 引脚的输出为 Y_2）。74LS20 有 4 个输入端，16 个最小项，在实际测试时，只要对输入 1111、0111、1011、1101、1110 五项进行检测就可判断出其逻辑功能是否正常。

2. 74LS20 主要参数的测试

（1）分别按图 3-2、图 3-3、图 3-5（b）连接电路并进行测试，将测试结果填入表 3-2。

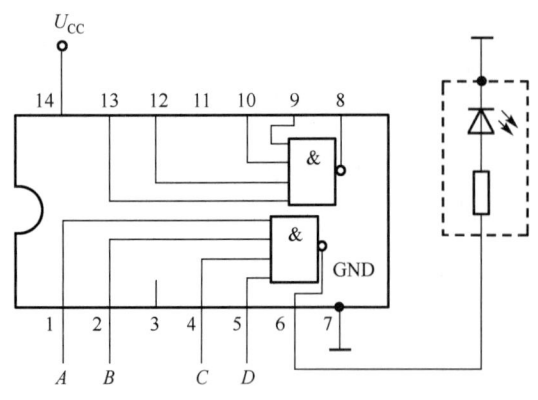

图 3-6 逻辑功能测试电路

表 3-1 真值表

输入				输出	
A	B	C	D	Y_1	Y_2
1	1	1	1		
0	1	1	1		
1	0	1	1		
1	1	0	1		
1	1	1	0		

表 3-2 测试结果（一）

I_{CCL}/mA	I_{CCH}/mA	I_{iL}/mA	I_{oL}/mA	$N_o=\dfrac{I_{oL}}{I_{iL}}$	$t_{pd}=T/6$/ns

（2）按图 3-4 连接电路，调节电位器 R_w 的阻值，使 U_i 从 0V 向高电平变化，逐点测量 U_i 和 U_o 的对应值，将结果填入表 3-3。

表 3-3 测试结果（二）

U_i/V	0	0.2	0.4	0.6	0.8	1.0	1.5	2.0	2.5	3.0	3.5	4.0
U_o/V												

五、实验报告撰写要求

1. 记录、整理实验结果，并对结果进行分析。
2. 画出实测的电压传输特性曲线，并从中读出各有关参数值。

六、注意事项

1. 集成电路简介

数字电路实验中所用的集成电路都是双列直插式的，其引脚排列如图 3-1（c）所示。识别方法：正对集成电路型号（如 74LS20）或看定位标记（左边的缺口或小圆点），从左下角开始沿逆时针方向依次为 1 引脚，2 引脚，3 引脚，…，最后一只引脚（在左上角）。在标准型 TTL 集成电路中，电源端 U_{CC} 一般位于左上端，接地端 GND 一般位于右下端。例如，74LS20 为 14 引脚集成电路，14 引脚为 U_{CC} 端，7 引脚为 GND 端。若集成电路引脚上的功能标注为 NC，则表示该引脚为空脚，与内部电路不连接。

2. TTL 集成门电路的使用规则

（1）接插 TTL 集成门电路时，要认清定位标记，不得插反。

（2）电源电压的范围为 +4.5～+5.5V，本实验要求 U_{CC}=+5V。切勿将电源极性接错。

(3) 闲置输入端的处理方法。

① 悬空，相当于接逻辑"1"，对于一般小规模 TTL 集成门电路的输入端，在实验时允许将其悬空处理，但其易受外界干扰，导致电路的逻辑功能不正常。因此，对于输入端接有长线的 TTL 集成门电路、中规模以上的 TTL 集成门电路和使用 TTL 集成门电路较多的复杂电路，所有输入端必须按逻辑要求接入电路，不允许悬空。

② 直接接电源电压 U_{CC}（也可以串入一只阻值为 1~10kΩ 的固定电阻）或接至某一固定电压（+2.4~+4.5V）的电源上，或与输入端未接地的多余与非门的输出端相接。

③ 若前级电路的驱动能力允许，则可以与使用的输入端并联。

(4) 若输入端通过电阻接地，则电阻阻值的大小将直接影响电路所处的状态。当 $R \leqslant 680\Omega$ 时，输入端相当于接逻辑"0"；当 $R \geqslant 4.7k\Omega$ 时，输入端相当于接逻辑"1"。对于不同系列的 TTL 集成门电路，要求的电阻阻值也不同。

(5) 输出端不允许并联使用（集电极开路门和三态输出门除外），否则不仅会使电路的逻辑功能混乱，还会导致器件损坏。

(6) 输出端不允许直接接地或直接接+5V 电源，否则将损坏器件。有时为了使后级电路获得较高的输出电平，允许输出端通过电阻 R 接 U_{CC}，一般取 $R=3\sim5.1k\Omega$。

实验二　CMOS 集成门电路的逻辑功能与参数测试

【实验预习】

1. 复习 CMOS 集成门电路的工作原理。
2. 熟悉实验用各 CMOS 集成门电路的引脚功能。
3. 画出各实验内容的测试电路图，制作数据记录表。
4. 列出实验用各 CMOS 集成门电路的真值表。

一、实验目的

1. 掌握 CMOS 集成门电路的逻辑功能和使用规则。
2. 掌握 CMOS 集成门电路主要参数的测试方法。

二、实验原理

1. CMOS 集成门电路

CMOS 集成门电路是指将 N 沟道 MOS 场效晶体管和 P 沟道 MOS 场效晶体管同时应用于一个集成电路中，组成具有两种沟道 MOS 场效晶体管性能的更优良的集成电路。

CMOS 集成门电路的主要优点如下。

(1) 功耗低，其静态工作电流的数量级为 10^{-9}，是目前所有数字集成电路中最低的，而 TTL 集成门电路的功耗则大得多。

(2) 输入阻抗高，通常大于 1010Ω，远高于 TTL 集成门电路的输入阻抗。

(3) 近乎理想的传输特性，输出的高电平可达电源电压的 99.9%以上，低电平可达电源电压的 0.1%以下，因此输出逻辑电平的摆幅很大，噪声容限很高。

（4）电源电压的范围广，可在+3～+18V 范围内正常运行。

（5）由于其具有很高的输入阻抗，所以该电路要求的驱动电流很小，约为 0.1μA，在+5V 电源电压下其输出电流约为 500μA，远小于 TTL 集成门电路，如果以此电流来驱动同类门，其扇出系数将非常大。在低频率工作时，无须考虑扇出系数，而在高频率工作时，后级门的输入电容成为其主要负载，使其扇出能力下降，因此在高频率工作时，CMOS 集成门电路的扇出系数一般取 10～20。

2. CMOS 集成门电路的逻辑功能

尽管 CMOS 集成门电路与 TTL 集成门电路的内部结构不同，但它们的逻辑功能完全一样。本实验将测定与门 CC4081、或门 CC4071、与非门 CC4011、或非门 CC4001 的逻辑功能。各集成门电路的逻辑功能与真值表请参阅教材及有关资料。

3. CMOS 集成与非门的主要参数

CMOS 集成与非门主要参数的定义及测试方法与 TTL 集成与非门相似，此处略。

4. CMOS 集成门电路的使用规则

CMOS 集成门电路有很高的输入阻抗，给用户带来了一定的麻烦，即外来的干扰信号很容易使一些悬空的输入端上感应出很高的电压，以致损坏 CMOS 集成门电路。CMOS 集成门电路的使用规则如下。

（1）V_{DD} 端接电源正极，V_{SS} 端接电源负极（通常接地），不得接反。CC4000 系列的电源电压允许在+3～+18V 范围内选择，在实验中一般要求使用+5～+15V 的电源电压。

（2）所有输入端一律不能悬空，闲置输入端的处理方法如下。

① 按照逻辑要求，闲置输入端直接接 V_{DD} 端（与非门）或 V_{SS} 端（或非门）。

② 在工作频率不高的电路中，允许输入端并联使用。

（3）输出端不允许直接与 V_{DD} 端或 V_{SS} 端连接，否则将导致 CMOS 集成门电路损坏。

（4）在装接电路，改变电路连接或插、拔电路时，均应先切断电源，严禁带电操作。

（5）在焊接、测试和储存时，应注意以下事项。

① 电路应存放在不导电的容器内，形成良好的静电屏蔽。

② 焊接时必须切断电源，电烙铁外壳必须良好接地或断开电烙铁的电源，利用其余热进行焊接。

③ 所有的测试电路必须良好接地。

三、实验设备与电路元器件

（1）+5V 直流电源。　　　　　　（2）双踪示波器。

（3）连续脉冲源。　　　　　　　（4）逻辑电平开关。

（5）逻辑电平显示电路。　　　　（6）直流数字电压表。

（7）直流毫安表。　　　　　　　（8）直流微安表。

（9）CC4011、CC4001、CC4071、CC4081、100kΩ电位器、1kΩ电阻。

四、实验内容及步骤

1. 与非门 CC4011 的参数测试（方法与 TTL 集成与非门相似）

（1）测试 CC4011 的 I_{CCL}、I_{CCH}、I_{iH}、I_{iL}。

（2）测试 CC4011 的传输特性（一个输入端用于信号输入，另一个输入端接高电平）。

（3）用 CC4011 串接成振荡电路，用双踪示波器观察输入、输出波形，并计算出 t_{pd} 值。

2. 验证各 CMOS 集成门电路的逻辑功能，判断其质量好坏

验证 CC4011、CC4081、CC4071 及 CC4001 的逻辑功能，其引脚排列请自行查阅相关资料。以 CC4011 为例，在测试时，选择某一个 14P 插座，插入被测电路，其输入端 A、B 接逻辑电平开关的输出插口，其输出端 Y 接逻辑电平显示电路的输入插口，CC4011 逻辑功能测试电路如图 3-7 所示。拨动逻辑电平开关，测试 CC4011 的逻辑功能，其余各电路的测试方法与之相同。测试完成后，将输出结果填入表 3-4（CC4011 的输出为 Y_1，CC4081 的输出为 Y_2，CC4071 的输出为 Y_3，CC4001 的输出为 Y_4）。

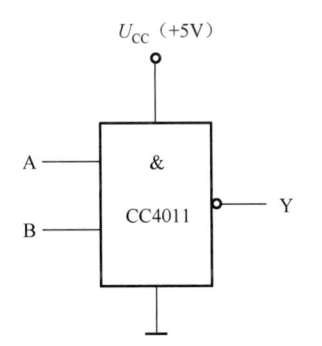

表 3-4　CMOS 集成门电路的逻辑功能测试表

输入		输出			
A	B	Y_1	Y_2	Y_3	Y_4
0	0				
0	1				
1	0				
1	1				

图 3-7　CC4011 逻辑功能测试电路

3. 测试 CC4011、CC4081、CC4071 对脉冲的控制作用

先测试 CC4011，按图 3-8 连接电路，将一个输入端接连续脉冲源（频率为 20kHz），另一个输入端接地或接+5V 电源，用双踪示波器分别观察两种电路的输出波形并记录。采用同样的方法测试 CC4081 和 CC4071 对脉冲的控制作用。

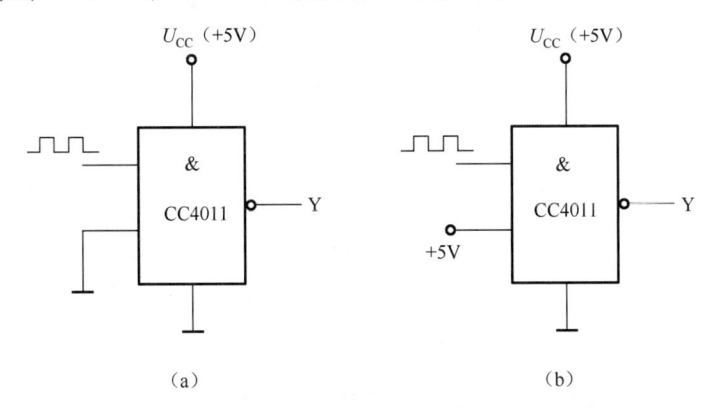

(a)　(b)

图 3-8　CC4011 对脉冲的控制作用测试电路

五、实验报告撰写要求

1. 整理实验结果，用坐标纸画出 CMOS 集成门电路的传输特性曲线。
2. 根据实验结果，写出各 CMOS 集成门电路的逻辑表达式，并判断被测电路的功能好坏。

六、思考题

各 CMOS 集成门电路的闲置输入端应如何处理？

实验三　集成电路的连接和驱动

【实验预习】

1. 预习所用集成门电路的引脚功能。
2. 自拟各实验数据记录表及逻辑电平记录表。

一、实验目的

1. 掌握 TTL、CMOS 集成电路输入电路与输出电路的性质。
2. 掌握集成电路相互连接时应遵守的规则和实际连接方法。

二、实验原理

1. TTL 集成电路的输入电路与输出电路的性质

当输入端为高电平时，输入电流是反向二极管的漏电流，其值极小，方向为从外部流入输入端。

当输入端为低电平时，电流由电源 U_{CC} 经内部电路流出输入端，电流较大。当与前级电路连接时，此电流将决定前级电路应具有的负载能力。在负载不大时，高电平输出电压为 3.5V 左右。输出低电平时，此电路允许后级电路灌入电流，随着灌入电流的增加，输出的低电平将升高，一般 LS 系列的 TTL 集成门电路允许灌入 8mA 电流，即可吸收后级 20 个 LS 系列标准门的灌入电流。最大允许低电平输出电压为 0.4V。

2. CMOS 集成电路的输入电路与输出电路的性质

一般 CC 系列电路的输入阻抗可达 $10^{10}\Omega$，输入电容在 5pF 以下，通常要求输入高电平在 3.5V 以上，输入低电平在 1.5V 以下。CMOS 集成门电路的输出结构具有对称性，因此 CMOS 集成门电路对高、低电平具有相同的输出能力，带负载能力较小，仅可驱动少量的 CMOS 集成门电路。当输出端负载很小时，输出的高电平将十分接近电源电压，输出的低电平将十分接近地电位。

高速 CMOS 集成门电路 54/74HC 系列中的一个子系列 54/74HCT，其输入电平与 TTL 集成门电路完全相同，因此在相互替代时，不需要考虑电平的匹配问题。

3. 集成电路的连接

在实际的数字电路系统中，总是将一定数量的集成电路按需要前后连接起来。这时，前级电路的输出将与后级电路的输入相连并驱动后级电路工作，这就存在电平的匹配和负载能力的要求两个需要妥善解决的问题。下面以集成门电路为例，进行说明。

可用下列几个表达式来说明连接电路时要满足的条件。

$$U_{oH}（前级）\geqslant U_{iH}（后级）$$

$$U_{oL}（前级）\geqslant U_{iL}（后级）$$

$$I_{oH}（前级）\geqslant n \times I_{iH}（后级) \qquad n 为后级电路的数量$$

$$I_{oL}（前级）\geqslant n \times I_{iL}（后级) \qquad n 为后级电路的数量$$

（1）TTL 集成门电路与 TTL 集成门电路的连接。

所有系列 TTL 集成门电路的结构形式相同，电平匹配比较方便，不需要外接元件即可连接，不足之处是在低电平时负载能力受限制。表 3-5 所示为 TTL（74 系列）集成门电路驱动 TTL（74 系列）集成门电路的扇出系数。

表 3-5 TTL（74 系列）集成门电路驱动 TTL（74 系列）集成门电路的扇出系数

TTL（74 系列）集成门电路	TTL（74 系列）集成门电路驱动 TTL（74 系列）集成门电路的扇出系数		
	74LS00	74ALS00	7400
74LS00	20	40	5
74ALS00	20	40	5
7400	40	80	10

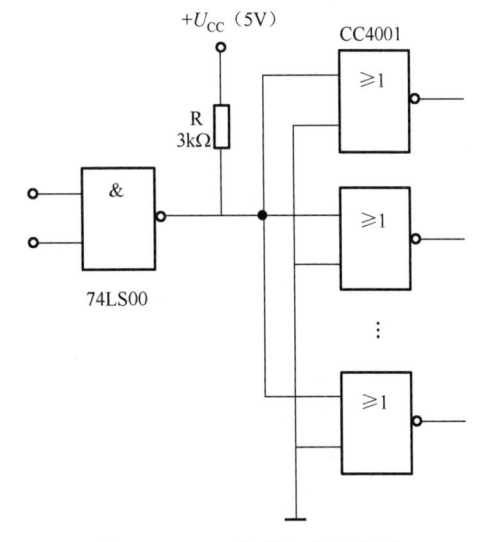

（2）TTL 集成门电路驱动 CMOS 集成门电路。

当 TTL 集成门电路驱动 CMOS 集成门电路时，由于 CMOS 集成门电路的输入阻抗高，故驱动电流一般不会受到限制，但是在电平匹配问题上，低电平时电平匹配较方便，高电平时电平匹配较困难，因为 TTL 集成门电路在满载时，输出的高电平通常低于 CMOS 集成门电路对输入高电平的需求，因此为保证在 TTL 集成门电路输出高电平时，后级的 CMOS 集成门电路能可靠工作，通常要外接一个上拉电阻 R，如图 3-9 所示，使 TTL 集成门电路输出的高电平达到 3.5V 以上，R 的阻值取 2～6.2kΩ 较合适，这时 TTL 集成门电路连接的后级 CMOS 集成门电路的数量实际上是不受限制的。

图 3-9 TTL 集成门电路驱动 CMOS 集成门电路

（3）CMOS 集成门电路驱动 TTL 集成门电路。

CMOS 集成门电路的输出电平虽然能满足 TTL 集成门电路对输入电平的要求，但驱动电流将受限制，主要是低电平时电路的负载能力受限制。表 3-6 所示为 CMOS 集成门电路驱动 TTL 集成门电路的扇出系数，由表可知，除 MM74HC 及 74HCT 系列外，其他 CMOS 集成门电路驱动 TTL 集成门电路的能力都较低。

表 3-6　CMOS 集成门电路驱动 TTL 集成门电路的扇出系数

CMOS 集成门电路	CMOS 集成门电路驱动 TTL 集成门电路的扇出系数			
	LS-TTL	L-TTL	TTL	ASL-TTL
CC4001B 系列	1	2	0	2
MC14001B 系列	1	2	0	2
MM74HC 及 74HCT 系列	10	20	2	20

若想提高 CMOS 集成门电路的驱动能力，可采用以下两种方法。

① 采用 CMOS 驱动电路，如 CC4049、CC4050，它们是专门为了给出较大驱动能力而设计的 CMOS 集成门电路。

② 将几个功能相同的 CMOS 集成门电路并联使用，即将其输入端并联，输出端并联（TTL 集成门电路是不允许并联的）。

（4）CMOS 集成门电路与 CMOS 集成门电路的连接。

CMOS 集成门电路之间的连接十分方便，不需要另加外接元件。对直流参数来讲，一个 CMOS 集成门电路可驱动的 CMOS 集成门电路的数量是不受限制的，但在实际使用时，应当考虑后级电路输入电容对前级电路的传输速度的影响，若输入电容太大，则传输速度会下降。因此，在高速使用时要从负载输入电容的角度来考虑。若传输速度为 10MHz 以上，则驱动 CMOS 集成门电路的个数应限制在 20 个以下。

三、实验设备与电路元器件

（1）+5V 直流电源。　　　　　（2）逻辑电平开关。
（3）逻辑电平显示电路。　　　（4）逻辑笔。
（5）直流数字电压表。　　　　（6）直流毫安表。
（7）74LS00×2、CC4001、74HC00，100Ω、470Ω、3kΩ 电阻，47kΩ、10kΩ、4.7kΩ 电位器。

四、实验内容及步骤

1. 测试 TTL 集成门电路 74LS00 及 CMOS 集成门电路 CC4001 的输出特性

图 3-10 所示为 TTL 集成门电路 74LS00 与 CMOS 集成门电路 CC4001 的引脚排列。图 3-11 所示为 74LS00 的输出特性测试电路，图中以 TTL 集成门电路 74LS00 为例画出了高、低电平两种输出状态下输出特性的测量方法。改变电位器 R_W 的阻值，从而获得输出特性曲线，R 为限流电阻。

（1）测试 TTL 集成门电路 74LS00 的输出特性。

在实验装置的合适位置选取一个 14P 插座，插入 74LS00，R 的阻值取 100Ω，在高电平输出时，R_W 的阻值取 47kΩ，在低电平输出时，R_W 的阻值取 10kΩ。高电平测试时应测量空载到最小允许高电平（2.7V）之间的一系列点；低电平测试时应测量空载到最大允许低电平（0.4V）之间的一系列点。

（2）测试 CMOS 集成门电路 CC4001 的输出特性。

测试时 R 的阻值取 470Ω，R_W 的阻值取 4.7kΩ，高电平测试时应测量从空载到输出电平降至 4.65V 过程中的一系列点；低电平测试时应测量从空载到输出电平升至 0.4V 过程中的一系列点。

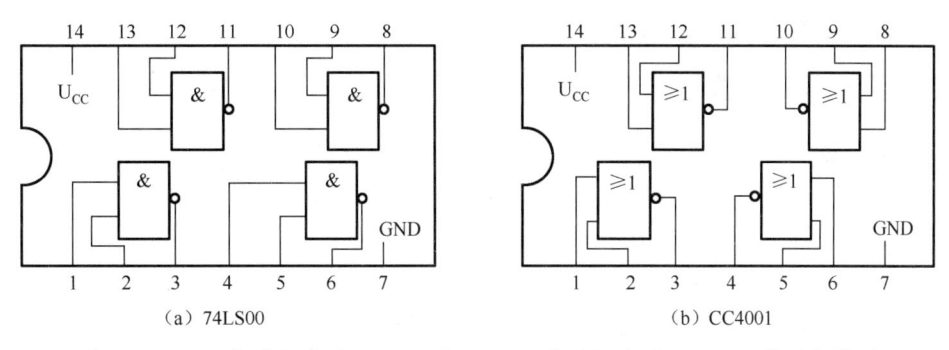

(a) 74LS00

(b) CC4001

图 3-10　TTL 集成门电路 74LS00 与 CMOS 集成门电路 CC4001 的引脚排列

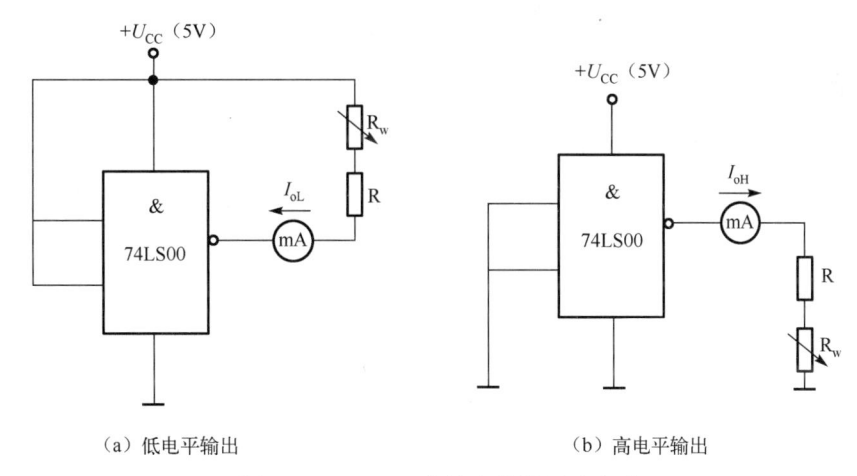

(a) 低电平输出

(b) 高电平输出

图 3-11　74LS00 的输出特性测试电路

2. TTL 集成门电路驱动 CMOS 集成门电路

用 74LS00 的一个门驱动 CC4001 的四个门，如图 3-9 所示，R 的阻值取 3kΩ。分别测试连接 R 与不连接 R 时 74LS00 的输出高、低电平及 CC4001 的逻辑功能。在测试 CC4001 逻辑功能时，可用实验装置上的逻辑笔进行测试，逻辑笔的 $+U_{CC}$ 端接 +5V 电源，其输入口 INPUT 通过一根导线接至测试点。

3. CMOS 集成门电路驱动 TTL 集成门电路

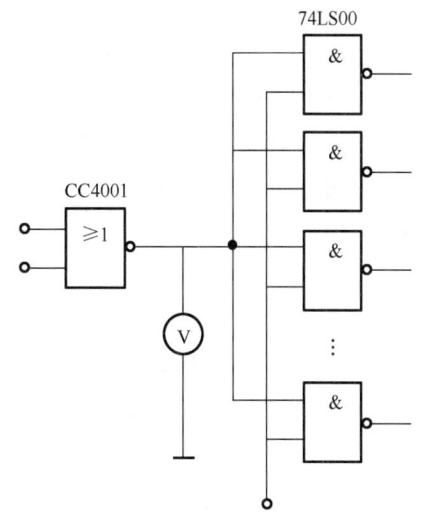

CMOS 集成门电路驱动 TTL 集成门电路的电路如图 3-12 所示，被驱动的电路用 74LS00 的八个与非门并联。电路的输入端接逻辑电平开关的输出插口，八个输出端分别接逻辑电平显示电路的输入插口，先用 CC4001 的一个门来驱动，观察 CC4001 的输出电平和 74LS00 的逻辑功能；再将 CC4001

图 3-12　CMOS 集成门电路驱动 TTL 集成门电路的电路

的其余三个门依次并联到第一个门上（输入端与输入端并联，输出端与输出端并联），分别观察 CC4001 的输出电平及 74LS00 的逻辑功能；最后用 1/4 74HC00 代替 1/4 CC4001，测试其输出电平及系统的逻辑功能。

五、实验报告撰写要求

1. 整理实验数据，画出输出特性曲线，并加以分析。
2. 通过本次实验，对于不同集成门电路的连接，你得出了什么结论？

六、思考题

思考 TTL 集成门电路与 CMOS 集成门电路的异同。

实验四　组合逻辑电路的设计与测试

【实验预习】

1. 复习常用与门、或门、非门、与非门等集成电路的内部结构、引脚功能。
2. 自拟实验数据记录表。

一、实验目的

1. 进一步熟悉集成电路的使用规则。
2. 掌握组合逻辑电路的设计与测试方法。

二、实验原理

1. 组合逻辑电路的设计步骤

使用中、小规模集成电路设计组合逻辑电路是最常见的逻辑电路设计方法。组合逻辑电路的设计流程如图 3-13 所示。

首先，根据设计任务的要求建立输入、输出变量，并列出真值表；其次，用逻辑代数或卡诺图化简法求出简化的逻辑表达式，并按实际可选用的集成电路类型修改逻辑表达式；再次，根据修改后的逻辑表达式画出逻辑图，用标准器件构成逻辑电路；最后，用实验验证设计的组合逻辑电路的正确性。

2. 组合逻辑电路设计举例

用与非门设计一个表决电路，即当四个输入中有三个或四个为"1"时，输出才为"1"。

设计步骤：根据要求列出真值表，如表 3-7 所示，再填入表 3-8。

表 3-7　真值表

输入	D	0	0	0	0	0	0	0	0	1	1	1	1	1	1	1	1
	A	0	0	0	0	1	1	1	1	0	0	0	0	1	1	1	1

输入	B	0	0	1	1	0	0	1	1	0	0	1	1	0	0	1	1
	C	0	1	0	1	0	1	0	1	0	1	0	1	0	1	0	1
输出	Z	0	0	0	0	0	0	0	1	0	0	0	1	0	1	1	1

表 3-8　卡诺图

BC	DA 00	01	11	10
00				
01			1	
11		1	1	1
10			1	

由卡诺图得出逻辑表达式，并转变成与非的形式。

$$Z = ABC + BCD + ACD + ABD$$
$$= \overline{\overline{ABC} \cdot \overline{BCD} \cdot \overline{ACD} \cdot \overline{ABD}}$$

根据逻辑表达式画出用与非门构成的表决电路逻辑图，如图 3-14 所示。

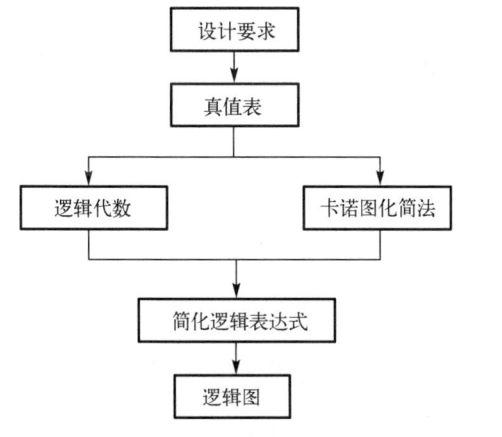

图 3-13　组合逻辑电路的设计流程

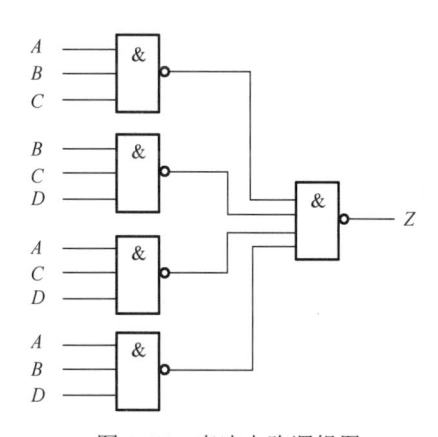

图 3-14　表决电路逻辑图

用实验验证该电路的逻辑功能。在实验装置的适当位置选定三个 14P 插座，按照集成电路定位标记插好集成电路 CD4012。

按图 3-14 连接电路，将输入端 A、B、C、D 接至逻辑电平开关的输出插口，将输出端 Z 接至逻辑电平显示电路的输入插口，根据真值表中的数据逐一改变输入变量，测量相应的输出值，验证组合逻辑电路的逻辑功能，与表 3-7 中的输出值进行比较，验证所设计的组合逻辑电路是否符合要求。

三、实验设备与电路元器件

（1）+5V 直流电源。　　　　　　　　（2）逻辑电平开关。
（3）逻辑电平显示电路。　　　　　　（4）万用表。
（5）CD4011（74LS00）×2、CD4012（74LS20）×3、CD4030（74LS86）×1、CD4081

（74LS08）×1、74LS54（CD4085）×2、CD4001（74LS02）×1。

四、实验内容及步骤

（1）设计用与非门、异或门及与门组成的半加电路。要求：按本书所述的设计步骤进行，直到电路的逻辑功能符合设计要求为止。

（2）设计一个一位全加电路。要求：用异或门、与门、或门实现。

（3）设计一个全加电路。要求：用与或非门实现。

（4）设计一个对两个两位无符号的二进制数进行比较的电路，根据第一个二进制数是否大于、等于、小于第二个二进制数，使相应三个输出端中的一个输出"1"。要求：用与门、与非门及或非门实现。

五、实验报告撰写要求

1. 写出实验任务的设计过程，画出设计的组合逻辑电路图。
2. 对设计的组合逻辑电路进行实验测试，记录测试结果。
3. 写出组合逻辑电路的设计体会。

六、思考题

1. 如何用最简单的方法验证与或非门的逻辑功能是否完好？
2. 在与或非门中，当某一组输入端不用时，应如何处理？
3. 了解四路 2-3-3-2 输入与或非门 74LS54 的结构和用法。其引脚排列和逻辑图如图 3-15 所示。

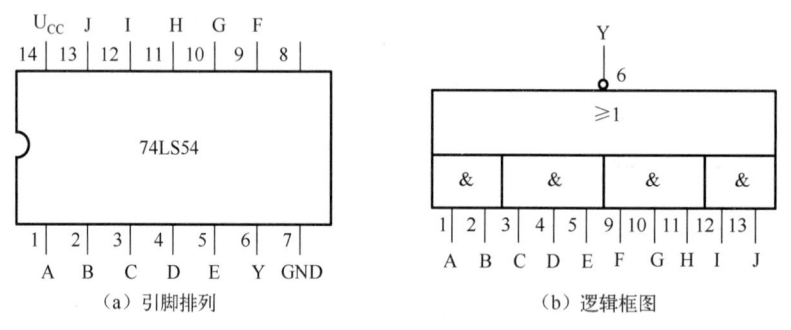

（a）引脚排列　　　　（b）逻辑框图

图 3-15　74LS54 的引脚排列和逻辑框图

74LS54 的逻辑表达式为

$$Y = \overline{A \cdot B + C \cdot D \cdot E + F \cdot G \cdot H + I \cdot J}$$

实验五　译码电路及其应用

【实验预习】

1. 复习译码电路和时钟脉冲分配电路的概念及作用。

2．自拟实验数据记录表。

一、实验目的

1．掌握中规模译码电路的逻辑功能和使用方法。
2．熟悉数码管的使用。

二、实验原理

译码电路是一个多输入、多输出的组合逻辑电路。它的作用是将给定的代码"翻译"成相应的状态，使输出通道中对应的一路有信号输出。译码电路在数字系统中有广泛的用途，不仅可用于代码的转换、终端的数字显示，还可用于数据分配、存储电路寻址和组合控制信号等。可根据不同的功能选用不同类型的译码电路。

译码电路可分为通用译码电路和显示译码电路两大类。前者又分为变量译码电路和代码变换译码电路。

1．变量译码电路

变量译码电路又称为二进制译码电路，用以表示输入变量的状态，如 2 线-4 线、3 线-8 线和 4 线-16 线译码电路。若有 n 个输入变量，则有 2^n 种不同的组合状态，就有 2^n 个输出供其使用。而每个输出端所代表的函数对应于 n 个输入变量的最小项。

以 3 线-8 线译码电路 74LS138 为例进行分析，其逻辑框图及引脚排列如图 3-16 所示。其中，A_2、A_1、A_0 为地址输入端；$\overline{Y_0} \sim \overline{Y_7}$ 为译码输出端；S_1、$\overline{S_2}$、$\overline{S_3}$ 为使能端。表 3-9 所示为 74LS138 的逻辑功能表。

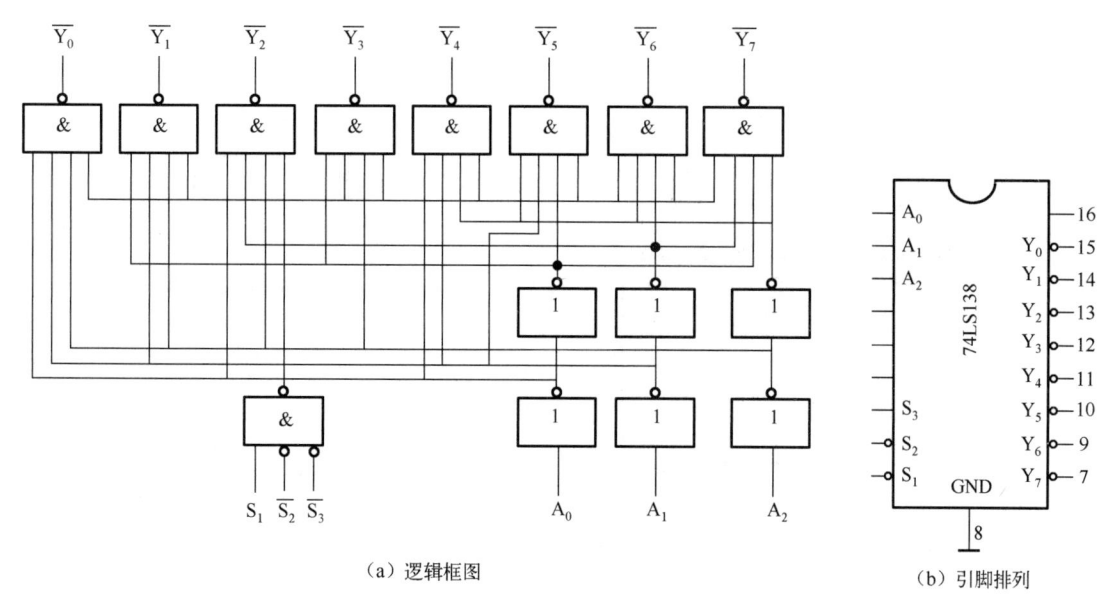

（a）逻辑框图　　　　　　　　　　　　　（b）引脚排列

图 3-16　3 线-8 线译码电路 74LS138 的逻辑框图及引脚排列

当 $S_1=1$、$\overline{S_2}+\overline{S_3}=0$ 时，译码电路使能，地址码所指定的输出端有信号（为 0）输出，其他所有输出端均无信号（全为 1）输出。当 $S_1=0$、$\overline{S_2}+\overline{S_3}=×$ 或 $S_1=×$、$\overline{S_2}+\overline{S_3}=1$ 时，译码电路被禁止，所有输出同时为 1。

表 3-9　74LS138 的逻辑功能表

使能		输入			输出							
S_1	$\overline{S_2}+\overline{S_3}$	A_2	A_1	A_0	$\overline{Y_0}$	$\overline{Y_1}$	$\overline{Y_2}$	$\overline{Y_3}$	$\overline{Y_4}$	$\overline{Y_5}$	$\overline{Y_6}$	$\overline{Y_7}$
1	0	0	0	0	0	1	1	1	1	1	1	1
1	0	0	0	1	1	0	1	1	1	1	1	1
1	0	0	1	0	1	1	0	1	1	1	1	1
1	0	0	1	1	1	1	1	0	1	1	1	1
1	0	1	0	0	1	1	1	1	0	1	1	1
1	0	1	0	1	1	1	1	1	1	0	1	1
1	0	1	1	0	1	1	1	1	1	1	0	1
1	0	1	1	1	1	1	1	1	1	1	1	0
0	×	×	×	×	1	1	1	1	1	1	1	1
×	1	×	×	×	1	1	1	1	1	1	1	1

　　二进制译码电路实际上也是负脉冲输出的脉冲分配电路。若利用使能端中的一个端输入数据信息，则译码电路就成为了一个数据分配电路（又称为多路分配电路），如图 3-17 所示。若从 S_1 端输入数据信息，$\overline{S_2}=\overline{S_3}=0$，地址码所对应的输出是 S_1 端数据信息的反码；若从 $\overline{S_2}$ 端输入数据信息，令 $S_1=1$，$\overline{S_3}=0$，地址码所对应的输出就是 $\overline{S_2}$ 端数据信息的原码。若数据信息是时钟脉冲，则数据分配电路便称为时钟脉冲分配电路。

　　二进制译码电路可根据输入地址的不同组合译出唯一地址，故其可用作地址译码电路。若将其接成数据分配电路，则可将一个信号源的数据信息传输到不同的地址。

　　二进制译码电路还能方便地实现逻辑函数，如图 3-18 所示，实现的逻辑函数为

$$Z = \overline{\overline{ABC}+\overline{AB}C+\overline{A}B\overline{C}+ABC}$$

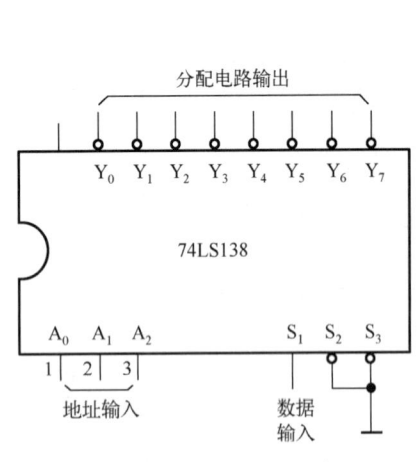

图 3-17　数据分配电路

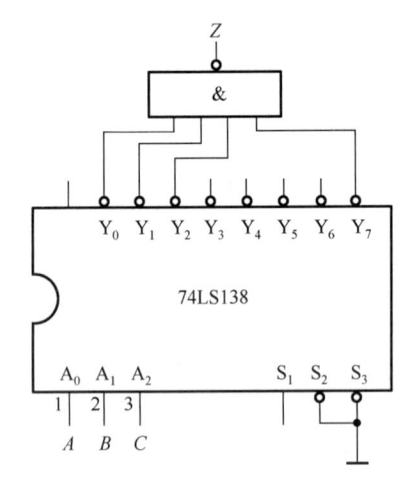

图 3-18　实现逻辑函数

　　利用使能端能方便地将两个 3 线-8 线译码电路组合成一个 4 线-16 线译码电路，如图 3-19 所示。

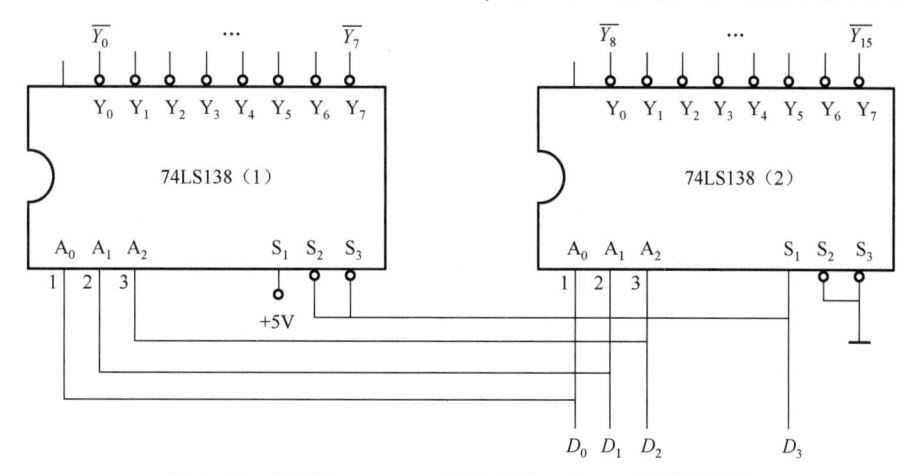

图 3-19　用两片 74LS138 组合成的 4 线-16 线译码电路

2. 数码显示译码电路

（1）7 段发光二极管（LED）数码管。

LED 数码管是目前最常用的数字显示电路，图 3-20（a）、（b）所示分别为共阴极和共阳极连接电路，图 3-20（c）所示为两种不同连接形式的 LED 数码管的引脚功能。

（a）共阴极连接电路（"1"电平驱动）

（b）共阳极连接电路（"0"电平驱动）

（c）两种不同连接形式的LED数码管的引脚功能

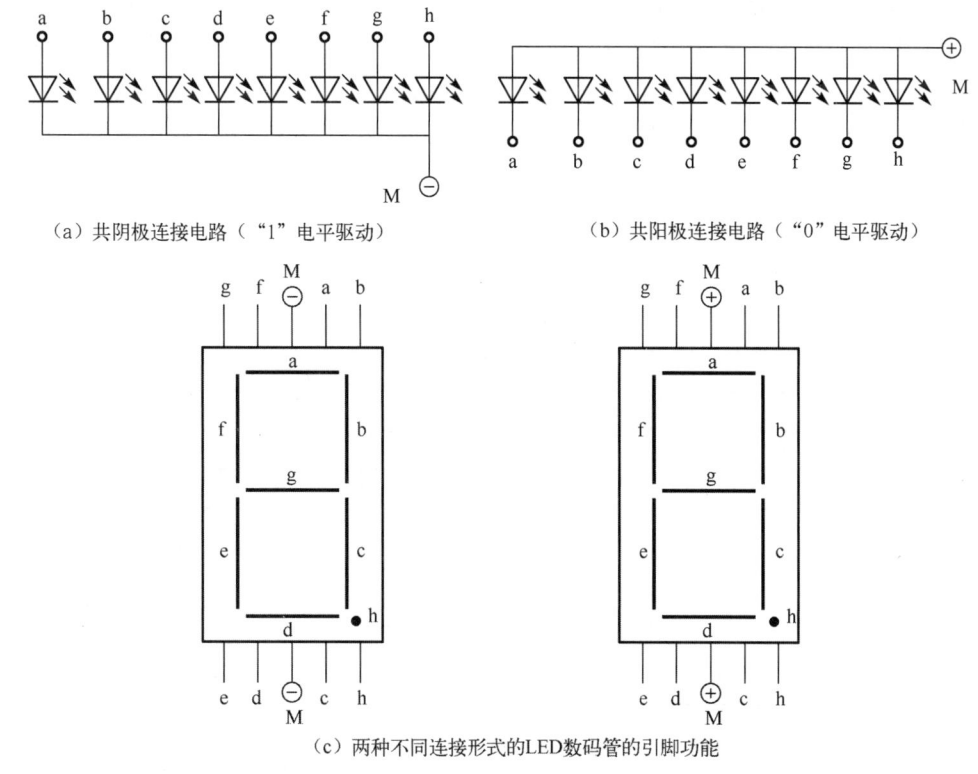

图 3-20　LED 数码管的连接方式及引脚功能

一个 LED 数码管可用来显示一位 0~9 十进制数和一个小数点。在小型数码管（0.5 寸[①]和 0.36 寸）中，每个 LED 的正向压降随显示光的颜色（通常为红、绿、黄、橙）不同

---

① 1 寸约等于 3.33cm。

而略有差别，通常为 2～2.5V，每个 LED 的点亮电流为 5～10mA。LED 数码管要显示 BCD 码所表示的十进制数字，就需要有一个专门的译码电路，该译码电路不仅要完成译码功能，还要有一定的驱动能力。

（2）BCD 码七段译码驱动电路。

此类译码电路的型号有 74LS47（共阳极）、74LS48（共阴极）、CC4511（共阴极）等，本实验采用七段译码/驱动电路 CC4511，图 3-21 所示为 CC4511 的引脚排列。

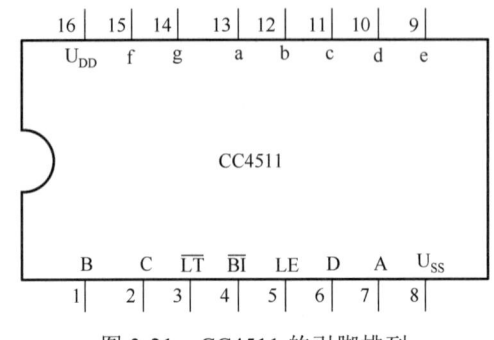

图 3-21 CC4511 的引脚排列

图中，A、B、C、D 为 BCD 码输入端；a、b、c、d、e、f、g 为译码输出端，译码输出 1 有效，用来驱动共阴极 LED 数码管。$\overline{LT}$ 为测试输入端，当 $\overline{LT}$ = 0 时，译码输出全为 1；$\overline{BI}$ 为消隐输入端，当 $\overline{BI}$ = 0 时，译码输出全为 0；LE 为锁定端，当 LE = 1 时，译码电路处于锁定（保持）状态，译码输出保持在 LE = 0 时的数值，若 LE = 0，则正常译码。

表 3-10 所示为 CC4511 的逻辑功能表。因为 CC4511 内接有上拉电阻，所以只需在输出端与 LED 数码管的笔段之间串入限流电阻即可工作。译码电路还有拒伪码功能，当输入码超过 1001 时，输出全为"0"，LED 数码管熄灭。

表 3-10 CC4511 的逻辑功能表

输入							输出							显示字形
LE	$\overline{BI}$	$\overline{LT}$	D	C	B	A	a	b	c	d	e	f	g	
×	×	0	×	×	×	×	1	1	1	1	1	1	1	8
×	0	1	×	×	×	×	0	0	0	0	0	0	0	消隐
0	1	1	0	0	0	0	1	1	1	1	1	1	0	0
0	1	1	0	0	0	1	0	1	1	0	0	0	0	1
0	1	1	0	0	1	0	1	1	0	1	1	0	1	2
0	1	1	0	0	1	1	1	1	1	1	0	0	1	3
0	1	1	0	1	0	0	0	1	1	0	0	1	1	4
0	1	1	0	1	0	1	1	0	1	1	0	1	1	5
0	1	1	0	1	1	0	0	0	1	1	1	1	1	6
0	1	1	0	1	1	1	1	1	1	0	0	0	0	7
0	1	1	1	0	0	0	1	1	1	1	1	1	1	8
0	1	1	1	0	0	1	1	1	1	1	0	1	1	9
0	1	1	1	0	1	0	0	0	0	0	0	0	0	消隐

续表

输入							输出							显示字形
LE	$\overline{BI}$	$\overline{LT}$	D	C	B	A	a	b	c	d	e	f	g	
0	1	1	1	0	1	1	0	0	0	0	0	0	0	消隐
0	1	1	1	1	0	0	0	0	0	0	0	0	0	消隐
0	1	1	1	1	0	1	0	0	0	0	0	0	0	消隐
0	1	1	1	1	1	0	0	0	0	0	0	0	0	消隐
0	1	1	1	1	1	1	0	0	0	0	0	0	0	消隐
1	1	1	×	×	×	×	锁存							锁存

在本数字电路实验装置上已完成了译码电路 CC4511 和 LED 数码管 BS202 之间的连接。在进行实验时，只需接通+5V 电源，并将十进制数的 BCD 码接至译码电路的相应输入端 A、B、C、D 即可显示数字 0~9。四位数码管可接受四组 BCD 码输入。CC4511 与 LED 数码管的连接如图 3-22 所示。

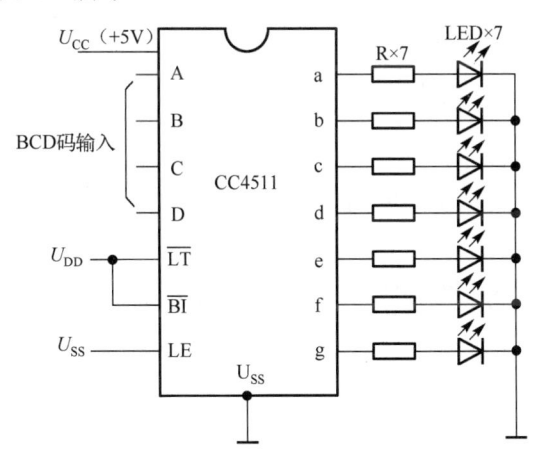

图 3-22 CC4511 与 LED 数码管的连接

三、实验设备与电路元器件

（1）+5V 直流电源。
（2）双踪示波器。
（3）连续脉冲源。
（4）逻辑电平开关。
（5）逻辑电平显示电路。
（6）拨码开关。
（7）译码显示电路。
（8）74LS138×2、CC4511×1。

四、实验内容及步骤

（1）拨码开关的使用。

将实验装置上四组拨码开关的输出端 A_i、B_i、C_i、D_i 分别接至四组七段译码/驱动电路 CC4511 的对应输入口，LE、$\overline{BI}$、$\overline{LT}$ 端分别接至三个逻辑电平开关的输出插口，接上逻辑电平显示电路的电源，按表 3-10 所示数据按动四个数码的增减键（"+"与"-"键），并操作与 LE、$\overline{BI}$、$\overline{LT}$ 端对应的三个逻辑电平开关，观察拨码盘上的四位数与 LED 数码管显示的对应数字是否一致，以及译码显示是否正常。

(2) 74LS138 的逻辑功能测试。

将 74LS138 使能端 S₁、$\overline{S_2}$、$\overline{S_3}$ 及地址端 A₂、A₁、A₀ 分别接至逻辑电平开关的输出插口，将八个输出端 $\overline{Y_7}$ ~ $\overline{Y_0}$ 依次连接在逻辑电平显示电路的八个输入插口上，拨动逻辑电平开关，按表 3-9 所示数据逐项测试 74LS138 的逻辑功能。

(3) 用 74LS138 构成时钟脉冲分配电路。

参照图 3-17 根据实验原理构成时钟脉冲分配电路，要求时钟脉冲 CP 的频率约为 10kHz，时钟脉冲分配电路输出端 $\overline{Y_0}$ ~ $\overline{Y_7}$ 的信号与时钟脉冲同相。

画出时钟脉冲分配电路的实验电路，用双踪示波器观察并记录在地址端 A₂、A₁、A₀ 分别输入 000~111 八种不同状态时 $\overline{Y_0}$ ~ $\overline{Y_7}$ 端的输出波形，注意输出波形与时钟脉冲波形之间的相位关系。

(4) 用两片 74LS138 构成一个 4 线-16 线译码电路，并进行实验。

五、实验报告撰写要求

1．画出实验电路，把观察到的波形画在坐标纸上，并标上对应的地址码。
2．对实验结果进行分析、讨论。

六、思考题

思考数字显示电路在实际生活中的应用。

实验六　触发器及其应用

【实验预习】

1．复习有关触发器类型、结构、逻辑功能的内容。
2．制作各触发器的逻辑功能测试表。

一、实验目的

1．掌握基本 RS 触发器、JK 触发器、D 触发器和 T 触发器的逻辑功能。
2．掌握触发器的逻辑功能及使用方法。
3．熟悉触发器之间相互转换的方法。

二、实验原理

触发器具有两个稳定状态，用以表示逻辑状态"1"和"0"，在一定的外界信号作用下，触发器可以从一个稳定状态翻转到另一个稳定状态，它是一个具有记忆功能的二进制信息存储电路，是构成各种时序电路的基本逻辑单元。

1．基本 RS 触发器

如图 3-23 所示，两个与非门交叉耦合构成基本 RS 触发器，它是无时钟控制、低电平直接触发的触发器。基本 RS 触发器具有置"0"、置"1"和"保持"三种功能。通常称 $\overline{S}$

端为置"1"端，因为当 $\overline{S}=0$（$\overline{R}=1$）时，触发器被置"1"；$\overline{R}$ 端为置"0"端，因为当 $\overline{R}=0$（$\overline{S}=1$）时，触发器被置"0"；当 $\overline{S}=\overline{R}=1$ 时，状态保持；当 $\overline{S}=\overline{R}=0$ 时，触发器状态不定，应避免此种情况发生。表 3-11 所示为基本 RS 触发器的逻辑功能表，表中的"φ"表示不定态。

图 3-23 基本 RS 触发器

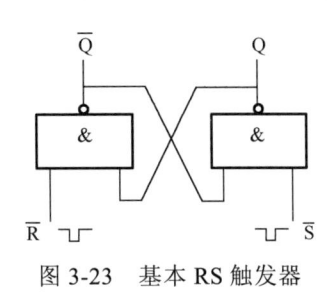

表 3-11 基本 RS 触发器的逻辑功能表

输入		输出
$\overline{S}$	$\overline{R}$	Q^{n+1}
0	1	1
1	0	0
1	1	Q^n
0	0	φ

基本 RS 触发器也可以由两个或非门组成，此时为高电平触发有效。

2. JK 触发器

在输入信号为双端的情况下，JK 触发器是功能完善、使用灵活且通用性较强的一种触发器。本实验采用双 JK 触发器 74LS112，它是下降沿触发的边沿触发器。双 JK 触发器 74LS112 的引脚排列及 JK 触发器的逻辑符号如图 3-24 所示。表 3-12 所示为 JK 触发器的逻辑功能表。

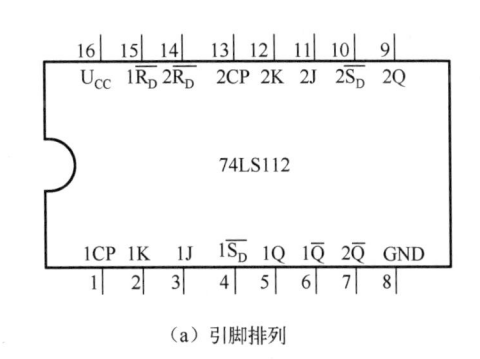

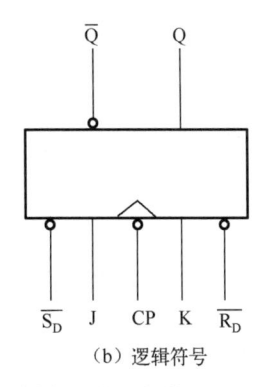

（a）引脚排列　　　（b）逻辑符号

图 3-24 双 JK 触发器 74LS112 的引脚排列及 JK 触发器的逻辑符号

表 3-12 JK 触发器的逻辑功能表

输入					输出	
$\overline{S_D}$	$\overline{R_D}$	CP	J	K	Q^{n+1}	$\overline{Q}^{n+1}$
0	1	×	×	×	1	0
1	0	×	×	×	0	1
0	0	↓	×	×	φ	φ
1	1	↓	0	0	Q^n	$\overline{Q}^n$
1	1	↓	1	0	1	0
1	1	↓	0	1	0	1

续表

输入					输出	
$\overline{S_D}$	$\overline{R_D}$	CP	J	K	Q^{n+1}	$\overline{Q}^{n+1}$
1	1	↓	1	1	$\overline{Q}^n$	Q^n
1	1	↑	×	×	Q^n	$\overline{Q}^n$

表中的"×"表示任意态;"↓"表示高电平到低电平跳变;"↑"表示低电平到高电平跳变;"Q^n""$\overline{Q}^n$"表示现态;"Q^{n+1}""$\overline{Q}^{n+1}$"表示次态。

JK 触发器的状态方程为

$$Q^{n+1} = J\overline{Q}^n + \overline{K}Q^n$$

J 端和 K 端是数据输入端,是触发器状态更新的依据,若 JK 触发器有两个或两个以上输入端,则构成"与"关系。Q 端与 $\overline{Q}$ 端为两个互补输出端。通常将 $Q=0$、$\overline{Q}=1$ 称为触发器的"0"状态,将 $Q=1$、$\overline{Q}=0$ 称为触发器的"1"状态。

JK 触发器常被用作缓冲存储电路、移位寄存电路和计数电路。

3. D 触发器

在输入信号为单端的情况下,D 触发器用起来最方便,其状态方程为 $Q^{n+1}=D$,其输出状态的更新发生在 CP 脉冲的上升沿,故又被称为上升沿触发的边沿触发器,D 触发器的状态只取决于 CP 脉冲到来前 D 端的状态。D 触发器的应用范围很广,可用于数字信号的寄存、移位寄存、分频和波形发生等。D 触发器有很多种型号,可满足各种用途的需要,如 74LS74、74LS175、六 D 触发器 74LS174 等。

图 3-25 所示为双 D 触发器 74LS74 的引脚排列及 D 触发器的逻辑符号,表 3-13 所示为双 D 触发器 74LS74 的逻辑功能表。

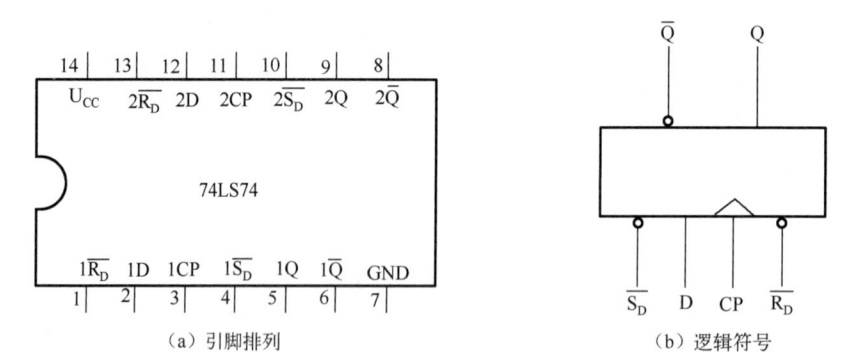

图 3-25 双 D 触发器 74LS74 的引脚排列及 D 触发器的逻辑符号

4. 触发器之间的相互转换

每种触发器都有自己固定的逻辑功能,它们之间可以相互转换。例如,将 JK 触发器的 J、K 两端连在一起,并将它作为 T 端,就得到了 T 触发器,如图 3-26(a)所示,其状态方程为 $Q^{n+1}=T\overline{Q}^n+\overline{T}Q^n$。

表 3-14 所示为 T 触发器的逻辑功能表。

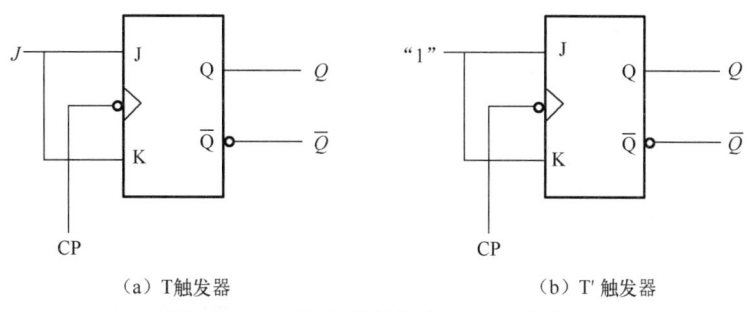

(a) T 触发器　　　　　　　　　　　　(b) T′ 触发器

图 3-26　JK 触发器转换为 T、T′ 触发器

表 3-13　双 D 触发器 74LS74 的逻辑功能表

输入				输出	
$\overline{S}_D$	$\overline{R}_D$	CP	D	Q^{n+1}	$\overline{Q}^{n+1}$
0	1	×	×	1	0
1	0	×	×	0	1
0	0	×	×	φ	φ
1	1	↑	1	1	0
1	1	↑	0	0	1
1	1	↓	×	Q^n	$\overline{Q}^n$

表 3-14　T 触发器的逻辑功能表

输入		输出
T	CP	Q^{n+1}
0	↓	Q^n
1	↓	$\overline{Q}^n$

由 T 触发器的功能表可知，当 $T=0$ 时，CP 脉冲作用后，其状态保持不变；当 $T=1$ 时，CP 脉冲作用后，触发器的状态翻转。因此，若将 T 触发器的 T 端置"1"，如图 3-26（b）所示，则可以得到 T′ 触发器。T′ 触发器的 CP 端每来一个 CP 脉冲信号，T′ 触发器的状态就翻转一次，故称之为翻转触发器，该电路被广泛应用于计数电路中。

同样，若将 D 触发器的 $\overline{Q}$ 端与 D 端相连，D 触发器就转换成了 T′ 触发器，如图 3-27 所示。JK 触发器也可以转换为 D 触发器，如图 3-28 所示。

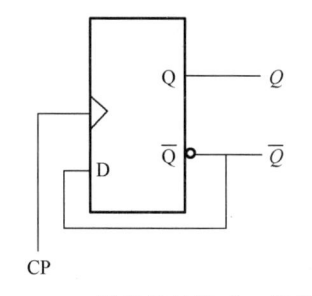

图 3-27　D 触发器转换成 T′ 触发器 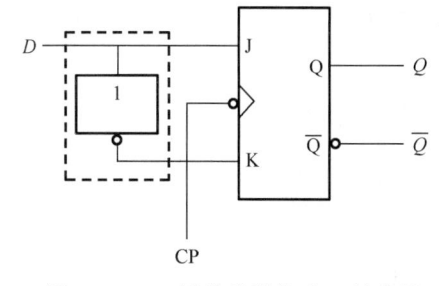　　　　图 3-28　JK 触发器转换成 D 触发器

5. CMOS 触发器

（1）CMOS 边沿型 D 触发器。

CC4013 是由 CMOS 传输门构成的边沿型 D 触发器，它是上升沿触发的双 D 触发器。表 3-15 所示为其逻辑功能表，图 3-29 所示为其引脚排列。

（2）CMOS 边沿型 JK 触发器。

CC4027 是由 CMOS 传输门构成的边沿型 JK 触发器，它是上升沿触发的双 JK 触发器。表 3-16 所示为其逻辑功能表，图 3-30 所示为其引脚排列。

表 3-15　CC4013 的逻辑功能表

输入				输出
S	R	CP	D	Q^{n+1}
1	0	×	×	1
0	1	×	×	0
1	1	×	×	φ
0	0	↑	1	1
0	0	↑	0	0
0	0	↓	×	Q^n

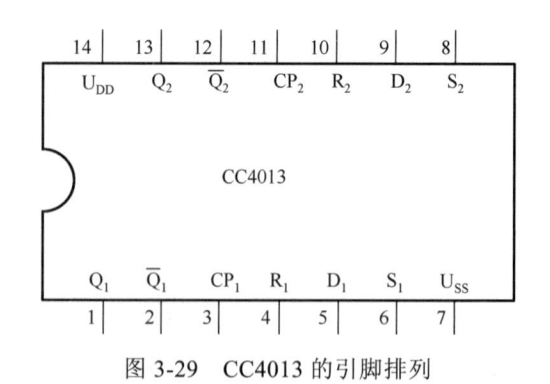

图 3-29　CC4013 的引脚排列

表 3-16　CC4027 的逻辑功能表

输　入					输出
S	R	CP	J	K	Q^{n+1}
1	0	×	×	×	1
0	1	×	×	×	0
1	1	×	×	×	φ
0	0	↑	0	0	Q^n
0	0	↑	1	0	1
0	0	↑	0	1	0
0	0	↑	1	1	$\overline{Q}^n$
0	0	↓	×	×	Q^n

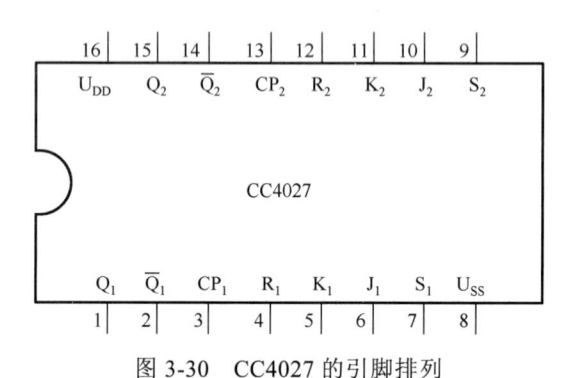

图 3-30　CC4027 的引脚排列

CMOS 触发器的直接置位输入端 S 和复位输入端 R 是高电平有效，当 S=1（或 R=1）时，触发器不受其他输入端状态的影响，直接置 1（或置 0）。但直接置位输入端 S、复位输入端 R 必须遵守 RS=0 的约束条件。CMOS 触发器在按照逻辑功能工作时，S 端和 R 端必须均置 0。

三、实验设备与电路元器件

（1）+5V 直流电源。　　　　　　　（2）双踪示波器。
（3）连续脉冲源。　　　　　　　　（4）单次脉冲源。
（5）逻辑电平开关。　　　　　　　（6）逻辑电平显示电路。
（7）74LS112（或 CC4027）×1、74LS00（或 CC4011）×1、74LS74（或 CC4013）×1。

四、实验内容及步骤

1. 测试基本 RS 触发器的逻辑功能

如图 3-23 所示，用两个与非门组成基本 RS 触发器，输入端 $\overline{R}$、$\overline{S}$ 接至逻辑电平开关的输出插口，输出端 Q、$\overline{Q}$ 接至逻辑电平显示电路的输入插口，按表 3-17 所示的要求进行测试并记录输出端的状态。

2. 测试双 JK 触发器 74LS112 的逻辑功能

（1）测试 $\overline{R_D}$、$\overline{S_D}$ 端的复位功能。

任取 74LS112 中的一个 JK 触发器，将 $\overline{R_D}$、$\overline{S_D}$、J、K 端接至逻辑电平开关的输出插口，CP 端接至单次脉冲源，Q、$\overline{Q}$ 端接至逻辑电平显示电路的输入插口。改变 $\overline{R_D}$、$\overline{S_D}$（J、K、CP 端处于任意状态），并在 $\overline{R_D}$=0（$\overline{S_D}$=1）或 $\overline{S_D}$=0（$\overline{R_D}$=1）作用期间任意改变 J、K 及 CP 端的状态，观察 Q、$\overline{Q}$ 端的状态，自拟表格并记录结果。

（2）测试 JK 触发器的逻辑功能。

按表 3-18 所示要求改变 J、K、CP 端的状态，观察 Q、$\overline{Q}$ 端的状态及 JK 触发器的状态更新是否发生在 CP 脉冲的下降沿（CP 由 1→0）并记录结果。

表 3-17 基本 RS 触发器的逻辑功能测试表

$\overline{R}$	$\overline{S}$	Q	$\overline{Q}$
1	1→0		
	0→1		
1→0	1		
0→1			
0	0		

表 3-18 JK 触发器的逻辑功能测试表

J	K	CP	Q^{n+1} ($Q^n=0$)	Q^{n+1} ($Q^n=1$)
0	0	0→1		
		1→0		
0	1	0→1		
		1→0		
1	0	0→1		
		1→0		
1	1	0→1		
		1→0		

（3）将 JK 触发器的 J、K 端连在一起，构成 T 触发器。

在 CP 端输入 1kHz 的连续脉冲，用双踪示波器观察 CP、Q、$\overline{Q}$ 端的波形，注意它们之间的相位关系，并对其进行描绘。

3. 测试双 D 触发器 74LS74 的逻辑功能

（1）分别测试 $\overline{R_D}$、$\overline{S_D}$ 端的复位、置位功能。

测试方法同实验内容 2，自拟表格并记录结果。

（2）测试 74LS74 中任意一个 D 触发器的逻辑功能。

按表 3-19 所示要求进行测试，并观察 D 触发器的状态更新是否发生在 CP 脉冲的上升沿（CP 由 0→1）并记录结果。

（3）将 D 触发器的 $\overline{Q}$ 端与 D 端相连接，构成 T′ 触发器。

在 CP 端输入 1kHz 的连续脉冲，用双踪示波器观察 CP、Q、$\overline{Q}$ 端的波形，注意它们之间的相位关系，并对其进行描绘。

4. 双相时钟脉冲电路

用 JK 触发器及非门构成双相时钟脉冲电路，如图 3-31 所示。此电路用来将时钟脉冲 CP 转换成双相时钟脉冲 CP_A 及 CP_B，它们频率相同、相位不同。

分析电路的工作原理，并按图 3-31 连接电路，用双踪示波器同时观察 CP、CP_A，CP、CP_B，以及 CP_A、CP_B 的波形，并对它们进行描绘。

表 3-19　D 触发器的逻辑功能测试表

| D | CP | Q^{n+1} ||
		$Q^n=0$	$Q^n=1$
0	0→1		
	1→0		
1	0→1		
	1→0		

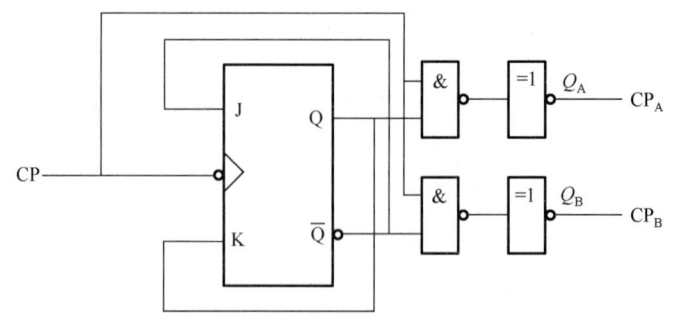

图 3-31　双相时钟脉冲电路

5. 乒乓球练习电路

电路功能要求：模拟两名运动员练球时乒乓球的往返运转。

提示：采用双 D 触发器 74LS74 设计实验电路，两个 CP 端的触发脉冲分别由两名运动员操作，两个触发器的输出状态用逻辑电平显示电路显示。

五、实验报告撰写要求

1．列出表格，整理各类触发器的逻辑功能。
2．总结观察到的波形，说明触发器的触发方式。
3．掌握触发器的应用。

六、思考题

1．根据实验内容 4、5 的要求设计实验电路，拟定实验方案。
2．普通机械开关组成的数据开关所产生的信号是否可作为触发器的时钟脉冲信号？为什么？该信号是否可以用作触发器其他输入端的信号？为什么？

实验七　计数电路及其应用

【实验预习】

1．复习有关计数电路的内容。
2．画出各实验内容所需的测试记录表。
3．查阅相关资料，熟悉实验所用各集成块的引脚排列及功能表，如四位二进制同步计数器 74LS161。

一、实验目的

1．学习用触发器构成计数电路的方法。
2．掌握中规模十进制计数电路的使用及功能测试方法。
3．运用集成计数电路构成 1/N 分频电路。

二、实验原理

计数电路是一个用来实现计数功能的时序部件，它不仅可用于计脉冲数，还常用作数字系统的定时、分频和执行数字运算及其他特定的逻辑功能。

计数电路的种类很多。根据构成计数电路的各触发器是否使用同一个时钟脉冲源，计数电路可分为同步计数电路和异步计数电路；根据进制的不同，计数电路可分为二进制计数电路、十进制计数电路和任意进制计数电路；根据计数的增减趋势，计数电路可分为加法计数电路、减法计数电路和可逆计数电路；另外，还有可预置数和可编程序功能计数电路，等等。目前，无论是 TTL 集成电路还是 CMOS 集成电路，都有品种较齐全的中规模集成计数电路。用户只要借助电路使用手册提供的功能表、工作波形图及引脚排列，就能正确地运用这些电路。

1. 用 D 触发器构成二进制异步加/减法计数电路

用四个 D 触发器构成四位二进制异步加法计数电路，如图 3-32 所示。它的连接特点是将每个 D 触发器接成 T′ 触发器，再将低位触发器的 $\overline{Q}$ 端和高一位触发器的 CP 端相连接。

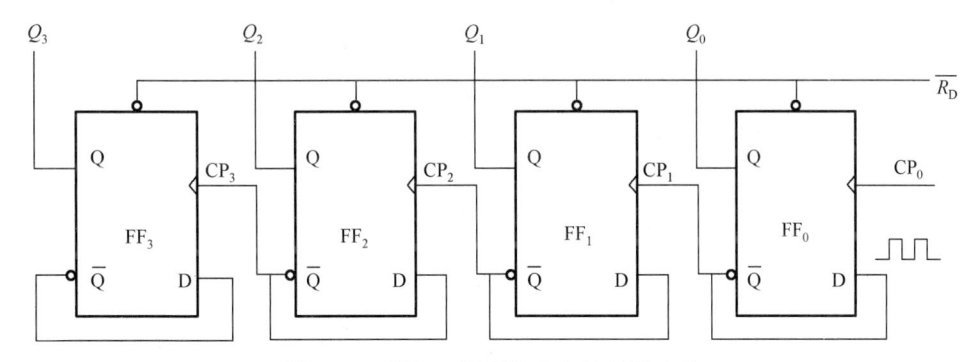

图 3-32 四位二进制异步加法计数电路

若将上述电路稍加改动，将低位触发器的 Q 端与高一位触发器的 CP 端相连接，便构成了一个四位二进制减法计数电路。

2. 中规模十进制计数电路

CC40192 是同步十进制可逆计数电路，具有双时钟输入、清除和置数等功能，其引脚排列及逻辑符号如图 3-33 所示。

在图 3-33（a）中，$\overline{LD}$ 为置数端；CP_U 为加法计数端；CP_D 为减法计数端；$\overline{CO}$ 为非同步进位输出端；$\overline{BO}$ 为非同步借位输出端；D_0、D_1、D_2、D_3 为计数电路输入端；Q_0、Q_1、Q_2、Q_3 为数据输出端；CR 为清除端。

CC40192（同 74LS192，二者可互换使用）的功能表如表 3-20 所示。

表 3-20 CC40192 的功能表

输入									输出			
CR	$\overline{LD}$	CP_U	CP_D	D_3	D_2	D_1	D_0	Q_3	Q_2	Q_1	Q_0
1	×	×	×	×	×	×	×	0	0	0	0
0	0	×	×	d	c	b	a	d	c	b	a

续表

输入								输出			
CR	$\overline{LD}$	CP_U	CP_D	D_3	D_2	D_1	D_0	Q_3	Q_2	Q_1	Q_0
0	1	↑	1	×	×	×	×	加法计数			
0	1	1	↑	×	×	×	×	减法计数			

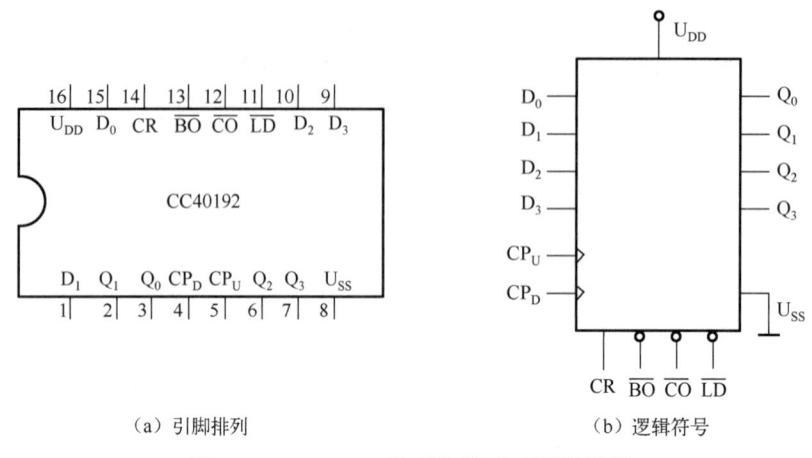

(a) 引脚排列　　　　　　　　　　(b) 逻辑符号

图 3-33　CC40192 的引脚排列及逻辑符号

当 CR 端为高电平时，计数电路直接清零；当 CR 端为低电平时，计数电路执行其他功能。

当 CR 端为低电平，$\overline{LD}$ 端也为低电平时，数据直接从置数端 D_0、D_1、D_2、D_3 置入计数电路；当 CR 端为低电平，$\overline{LD}$ 端为高电平时，计数电路执行计数功能；当执行加法计数时，减法计数端 CP_D 接高电平，计数脉冲由 CP_U 端输入，在计数脉冲的上升沿进行 8421BCD 码十进制加法计数；当执行减法计数时，加法计数端 CP_U 接高电平，计数脉冲由 CP_D 端输入。表 3-21 所示为 8421BCD 码十进制加、减法计数电路的状态转换表。

表 3-21　8421BCD 码十进制加、减法计数电路的状态转换表

加法计数 →

	输入脉冲	0	1	2	3	4	5	6	7	8	9
输出	Q_3	0	0	0	0	0	0	0	0	1	1
	Q_2	0	0	0	0	1	1	1	1	0	0
	Q_1	0	0	1	1	0	0	1	1	0	0
	Q_0	0	1	0	1	0	1	0	1	0	1

← 减法计数

3. 计数电路的级联使用

一个十进制计数电路只能表示 0～9 十个数，为了扩大计数电路的范围，常将多个十进制计数电路级联使用。同步计数电路往往设有进位（或借位）输出端，故可选用其进位（或借位）输出信号驱动下一级计数电路。

CC40192 利用进位输出端 $\overline{CO}$ 控制高一位计数电路的 CP_U 端构成加法计数级联电路，如图 3-34 所示。

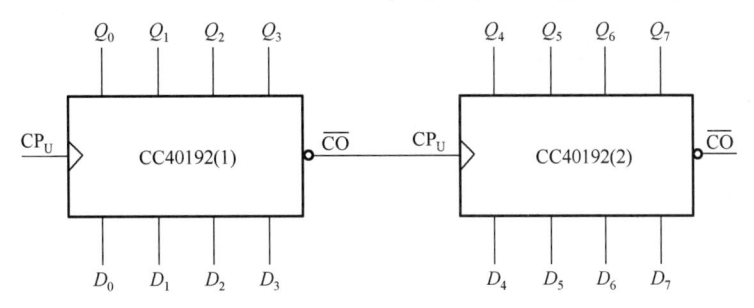

图 3-34 CC40192 加法计数级联电路

4. 实现任意进制计数

（1）用复位法获得任意进制计数电路。假定已有 N 进制计数电路，需要得到一个 M 进制计数电路，若 $M < N$，则用复位法使计数电路计数到 M 时置"0"，即可获得 M 进制计数电路。例如，用 CC40192 十进制计数电路构成六进制计数电路，如图 3-35 所示。

（2）利用预置功能获得 M 进制计数电路。图 3-36 所示为用三个 CC40192 组成的 421 进制计数电路。由与非门构成的锁存电路可以克服器件计数速度的离散性缺点，保证在置"0"信号作用下计数电路可靠置"0"。

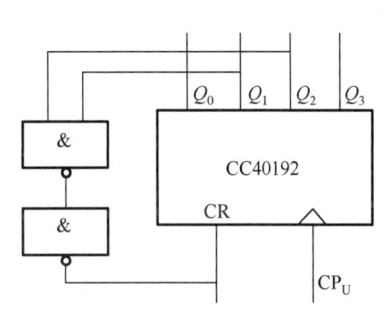

图 3-35 六进制计数电路

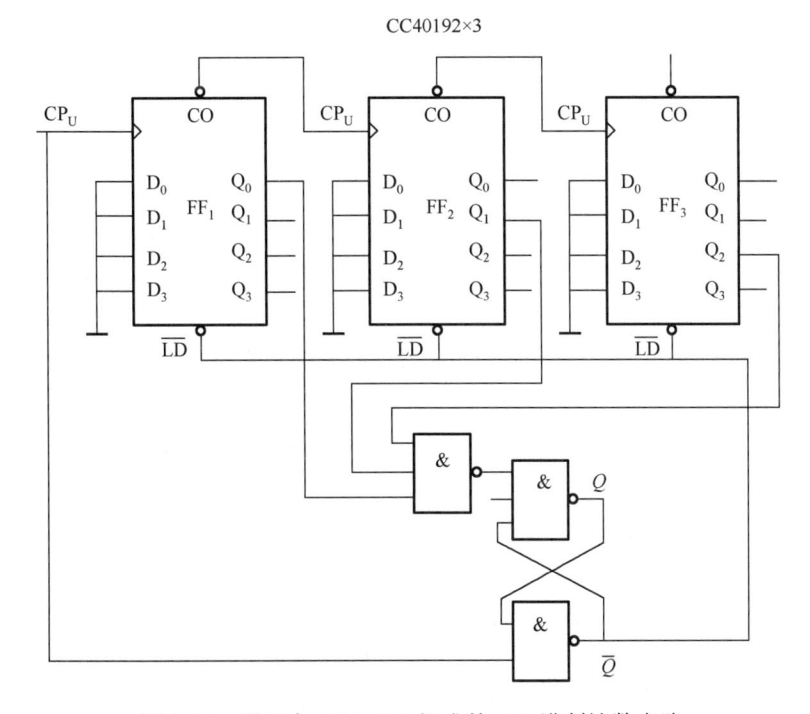

图 3-36 用三个 CC40192 组成的 421 进制计数电路

图 3-37 所示为特殊十二进制计数电路。在数字钟里，对时位的计数序列是 1、2、…、11、12，1、2、…、12 是十二进制的，且不存在 0。如图 3-37 所示，当计数到 13 时，计

数电路通过与非门产生一个复位符号，将 CC40192（2）（时十位）直接置成 0000，而 CC40192（1）直接置成 0001，从而实现了 1~12 计数。

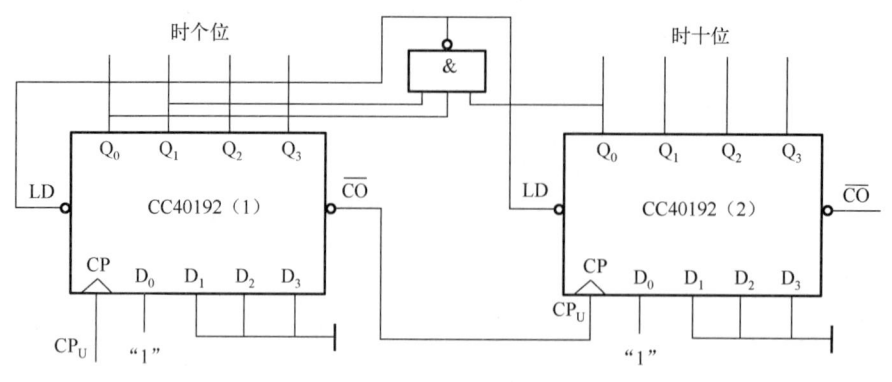

图 3-37　特殊十二进制计数电路

三、实验设备与电路元器件

（1）+5V 直流电源。　　　　　　　　（2）双踪示波器。
（3）连续脉冲源。　　　　　　　　　（4）单次脉冲源。
（5）逻辑电平开关。　　　　　　　　（6）逻辑电平显示电路。
（7）译码显示电路。
（8）CC4013（74LS74）×2、CC40192（74LS192）×3、CC4011（74LS00）×1、CC4012（74LS20）×1。

四、实验内容及步骤

（1）用 CC4013 或 74LS74 构成四位二进制异步加法计数电路。

① 按图 3-32 连接电路，将 $\overline{R_D}$ 端接至逻辑电平开关的输出插口，将低位触发器的 CP_0 端接至单次脉冲源，输出端 Q_3、Q_2、Q_1、Q_0 接至逻辑电平显示电路的输入插口，各 $\overline{S_D}$ 端接高电平"1"。

② 清零后，向输入端逐一送入单次脉冲，观察并记录 Q_3、Q_2、Q_1、Q_0 端的状态。

③ 将单次脉冲改为 1Hz 的连续脉冲，观察 Q_3、Q_2、Q_1、Q_0 端的状态。

④ 将 1Hz 的连续脉冲改为 1kHz 的连续脉冲，用双踪示波器观察 CP、Q_3、Q_2、Q_1、Q_0 端的波形，并进行描绘。

⑤ 将电路中低位触发器的 Q 端与高一位触发器的 CP 端相连接，构成减法计数电路，再次按步骤②~④进行实验，观察并记录 Q_3、Q_2、Q_1、Q_0 端的状态。

（2）测试同步十进制可逆计数电路 CC40192 或 74LS192 的逻辑功能。

计数脉冲由单次脉冲源提供，清除端 CR、置数端 $\overline{LD}$、数据输入端 D_3、D_2、D_1、D_0 分别接至逻辑电平开关，输出端 Q_3、Q_2、Q_1、Q_0 分别接至译码显示电路的相应插口 A、B、C、D；$\overline{CO}$ 和 $\overline{BO}$ 端接至逻辑电平显示电路的输入插口。按表 3-20 所示数据逐项测试并判断该电路的逻辑功能是否正常。

① 清零。令 CR=1，其他输入为任意状态，这时 $Q_3Q_2Q_1Q_0$=0000，译码数字显示 0。

清零功能完成后，置 CR=0。

② 置数。令 CR=0，CP_U、CP_D 为任意状态，数据输入端输入任意一组二进制数，令 $\overline{LD}$=0，观察预置功能是否正常，此后置 $\overline{LD}$=1。

③ 加法计数。令 CR=0，$\overline{LD}$=CP_D=1，CP_U 端接至单次脉冲源。清零后送入 10 个单次脉冲，观察译码数字显示是否按表 3-21 所示数据进行；输出状态变化是否发生在 CP_U 的上升沿。

④ 减法计数。令 CR=0，$\overline{LD}$=CP_U=1，CP_D 端接至单次脉冲源。参照步骤③进行实验。

（3）如图 3-34 所示，用两片 CC40192 组成两位十进制加法计数电路，输入 1Hz 的连续脉冲，进行 00～99 递增计数并记录实验结果。

（4）将两位十进制加法计数电路改为两位十进制减法计数电路，实现 99～00 递减计数并记录实验结果。

（5）按图 3-35 连接电路并进行实验，记录实验结果。

（6）按图 3-36 或图 3-37 所示连接电路并进行实验，记录实验结果。

（7）设计一个数字钟移位六十进制计数电路并进行实验。

五、实验报告撰写要求

1. 画出实验电路图，记录实验数据及实验所得的有关波形，并对实验结果进行分析。
2. 利用 74LS161 设计十进制计数器，并总结使用集成计数电路的体会。

六、思考题

结合本实验，思考万年历中年、月、日、时、分、秒的实现方法。

实验八　移位寄存电路及其应用

【实验预习】

1. 复习有关寄存电路及串行、并行转换电路的内容。
2. 查阅 CC40194、CC4011 及 CC4068 的逻辑电路，熟悉其逻辑功能及引脚排列。

一、实验目的

1. 掌握中规模四位双向移位寄存电路的逻辑功能及使用方法。
2. 熟悉移位寄存电路的应用，实现数据的串行、并行转换并构成环形计数电路。

二、实验原理

移位寄存电路是一个具有移位功能的寄存电路，是指寄存电路中所存的代码能够在移位脉冲的作用下依次左移或右移。既能左移又能右移的寄存电路称为双向移位寄存电路，只需要改变其左、右移的控制信号便可实现双向移位。根据移位寄存电路存取信息方式的不同，移位寄存电路可分为串入串出、串入并出、并入串出、并入并出四种形式。

本实验选用的四位双向移位寄存电路的型号为 CC40194 或 74LS194，二者功能相同，可互换使用。CC40194 的逻辑符号及引脚排列如图 3-38 所示。

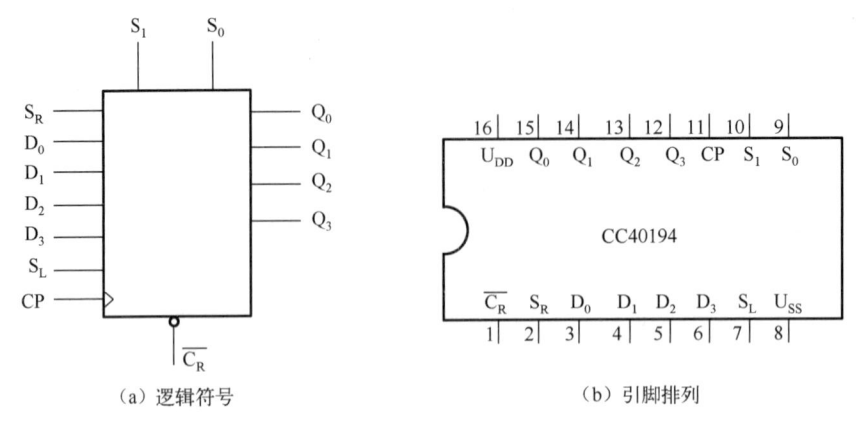

(a) 逻辑符号　　　(b) 引脚排列

图 3-38　CC40194 的逻辑符号及引脚排列

D_0、D_1、D_2、D_3 为并行输入端；Q_0、Q_1、Q_2、Q_3 为并行输出端；S_R 为右移串行输入端；S_L 为左移串行输入端；S_1、S_0 为操作模式控制端；$\overline{C_R}$ 为直接无条件清零端；CP 为时钟脉冲输入端。CC40194 有 5 种不同的操作模式：并行送数寄存、右移（方向由 Q_0 端→Q_3 端）、左移（方向由 Q_3 端→Q_0 端）、保持及清零。S_1、S_0 和 $\overline{C_R}$ 端的控制作用如表 3-22 所示。

表 3-22　S_1、S_0 和 $\overline{C_R}$ 端的控制作用

控制作用	输入									输出			
	CP	$\overline{C_R}$	S_1	S_0	S_R	S_L	D_0	D_1	D_2	D_3	Q_0	Q_1	Q_2	Q_3
清零	×	0	×	×	×	×	×	×	×	×	0	0	0	0
送数	↑	1	1	1	×	×	a	b	c	d	a	b	c	d
右移	↑	1	0	1	DSR	×	×	×	×	×	DSR	Q_0	Q_1	Q_2
左移	↑	1	1	0	×	DSL	×	×	×	×	Q_1	Q_2	Q_3	DSL
保持	↑	1	0	0	×	×	×	×	×	×	Q_0^n	Q_1^n	Q_2^n	Q_3^n
保持	↓	1	×	×	×	×	×	×	×	×	Q_0^n	Q_1^n	Q_2^n	Q_3^n

移位寄存电路的应用范围很广，可构成移位寄存器型计数电路、顺序脉冲发生电路、串行/并行转换电路。

串行/并行转换电路可以把串行数据转换为并行数据，或把并行数据转换为串行数据。本实验将移位寄存电路用作环形计数电路，用其实现数据的串行、并行转换。

1. 环形计数电路

把移位寄存电路的输出反馈到它的串行输入端，就可以进行循环移位，如图 3-39 所示。把输出端 Q_3 和右移串行输入端 S_R 相连接，设初始状态 $Q_0Q_1Q_2Q_3$=1000，则在时钟脉冲作用下，$Q_0Q_1Q_2Q_3$ 将依次变为 0100→0010→0001→1000……，如表 3-23 所示，可见它是一个具有四种有效状态的计数电路，这种类型的计数电路通常被称为环形计数电

路。环形计数电路各个输出端可以输出在时间上有先后顺序的脉冲，因此也可作为顺序脉冲发生电路使用。

表 3-23 状态变化（一）

CP	Q_0	Q_1	Q_2	Q_3
0	1	0	0	0
1	0	1	0	0
2	0	0	1	0
3	0	0	0	1

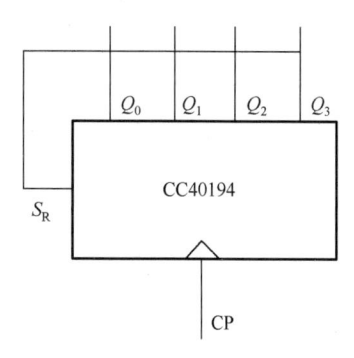

图 3-39 环形计数电路

如果将输出端 Q_0 与左移串行输入端 S_L 相连接，则可实现左移循环移位。

2. 实现数据的串行、并行转换

（1）串行/并行转换。

串行/并行转换是指串行输入的数据经转换电路之后变换成并行输出。用两片 CC40194（或 74LS194）组成七位串行/并行数据转换电路，如图 3-40 所示。

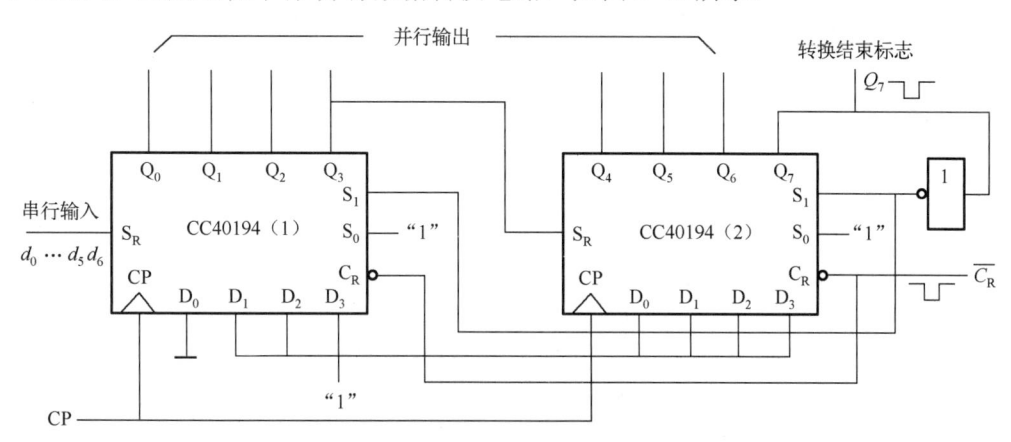

图 3-40 七位串行/并行数据转换电路

电路中 S_0 端接高电平"1"，S_1 端受 Q_7 控制，将两片移位寄存电路连接成串行输入右移工作模式。Q_7 是转换结束标志。当 $Q_7=1$ 时，S_1 为 0，$S_1S_0=01$，电路为串入右移工作方式；当 $Q_7=0$ 时，$S_1=1$，$S_1S_0=11$，串行送数结束，标志着串行输入的数据已经转换成并行输出。

串行/并行转换的具体过程：转换前，$\overline{C_R}$ 端加低电平，使两片移位寄存电路的内容清零，此时 $S_1S_0=11$，移位寄存电路执行串行输入操作。当第一个 CP 脉冲到来时，移位寄存电路的输出状态 $Q_0 \sim Q_7$ 为 01111111，与此同时 S_1S_0 变为 01，转换电路执行串入右移操作，串行输入数据由（1）片的 S_R 端输入。随着 CP 脉冲的依次加入，输入状态不断变化，如表 3-24 所示。

表 3-24 状态变化（二）

CP	Q_0	Q_1	Q_2	Q_3	Q_4	Q_5	Q_6	Q_7	说明
0	0	0	0	0	0	0	0	0	清零
1	0	1	1	1	1	1	1	1	送数
2	d_0	0	1	1	1	1	1	1	
3	d_1	d_0	0	1	1	1	1	1	
4	d_2	d_1	d_0	0	0	1	1	1	
5	d_3	d_2	d_1	d_0	0	0	1	1	右移七次
6	d_4	d_3	d_2	d_1	d_0	0	1	1	
7	d_5	d_4	d_3	d_2	d_1	d_0	0	1	
8	d_6	d_5	d_4	d_3	d_2	d_1	d_0	0	
9	0	1	1	1	1	1	1	1	送数

由表 3-24 可知，右移七次之后，Q_7 变为 0，S_1S_0 又变为 11，说明串行输入结束。此时，串行输入的数据已经转换成并行输出。当再加入一个 CP 脉冲时，移位寄存电路又重新执行一次串行输入操作，为第二组串行数据转换做好准备。

（2）并行/串行转换。

并行/串行转换电路是指并行输入的数据经转换电路之后变换成串行输出。用两片 CC40194（或 74LS194）组成七位并行/串行数据转换电路，如图 3-41 所示。它将图 3-40 所示电路的非门替换为两个与非门 G_1 和 G_2，电路同样为右移工作方式。

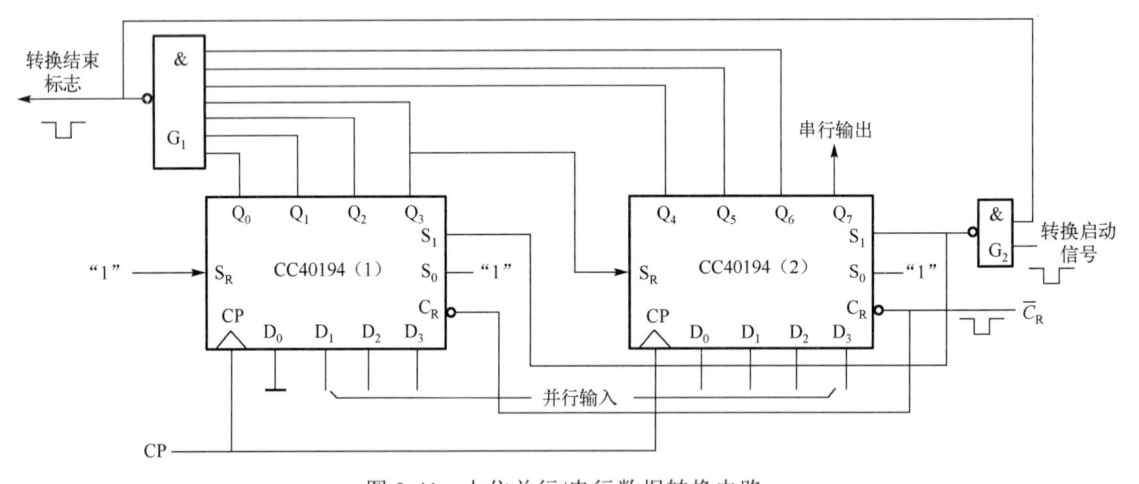

图 3-41 七位并行/串行数据转换电路

移位寄存电路清零后，加一个转换启动信号（负脉冲或低电平）。此时，由于 S_1S_0 为 11，转换电路执行并行输入操作。当第一个 CP 脉冲到来后，$Q_0Q_1Q_2Q_3Q_4Q_5Q_6$ 的状态为 $0D_1D_2D_3D_4D_5D_6$，并行输入的数码存入移位寄存电路，从而使得 G_1 输出 1，G_2 输出 0，S_1S_0 变为 01。CP 脉冲的加入使转换电路开始执行右移串行输出，随着 CP 脉冲的依次加入，输出状态依次右移，待右移七次后，$Q_0 \sim Q_6$ 的状态都为高电平 1，与非门 G_1 输出低电平，G_2 输出高电平，S_1S_0 又变为 11，表示并行/串行转换结束，且为第二次并行输入创造了条件。并行/串行转换过程如表 3-25 所示。

表 3-25 并行/串行转换过程

CP	Q_0	Q_1	Q_2	Q_3	Q_4	Q_5	Q_6	Q_7	串行输出						
0	0	0	0	0	0	0	0	0							
1	0	D_1	D_2	D_3	D_4	D_5	D_6	D_7							
2	1	0	D_1	D_2	D_3	D_4	D_5	D_6	D_7						
3	1	1	0	D_1	D_2	D_3	D_4	D_5	D_6	D_7					
4	1	1	1	0	D_1	D_2	D_3	D_4	D_5	D_6	D_7				
5	1	1	1	1	0	D_1	D_2	D_3	D_4	D_5	D_6	D_7			
6	1	1	1	1	1	0	D_1	D_2	D_3	D_4	D_5	D_6	D_7		
7	1	1	1	1	1	1	0	D_1	D_2	D_3	D_4	D_5	D_6	D_7	
8	1	1	1	1	1	1	1	0	D_1	D_2	D_3	D_4	D_5	D_6	D_7
9	0	D_1	D_2	D_3	D_4	D_5	D_6	D_7							

中规模集成移位寄存电路的位数以 4 位居多，当需要的位数多于 4 位时，可将几片移位寄存电路级联。

三、实验设备与电路元器件

（1）+5V 直流电源。　（2）单次脉冲源。
（3）逻辑电平开关。　（4）逻辑电平显示电路。
（5）CC40194（或 74LS194）×2、CC4011（或 74LS00）×1、CC4068（或 74LS30）×1。

四、实验内容及步骤

1. 测试 CC40194（或 74LS194）的逻辑功能

按图 3-42 所示连接电路，将 $\overline{C_R}$、S_1、S_2、S_L、S_R、D_0、D_1、D_2、D_3 端分别接至逻辑电路开关的输出插口，将 Q_0、Q_1、Q_2、Q_3 端分别接至逻辑电平显示电路的输入插口，CP 端接至单次脉冲源。根据表 3-26 所示的输入状态，逐项进行测试。

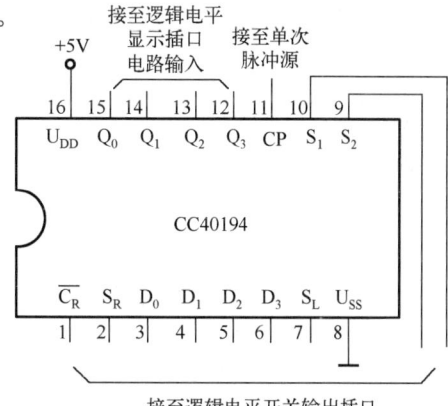

图 3-42 CC40194 的逻辑功能测试图

表 3-26 输入状态

清零	模式		时钟	串行		输入	输出	功能
$\overline{C_R}$	S_1	S_0	CP	S_L	S_R	$D_0D_1D_2D_3$	$Q_0Q_1Q_2Q_3$	
0	×	×	×	×	×	××××		
1	1	1	↑	×	×	$abcd$		
1	0	1	↑	×	0	××××		
1	0	1	↑	×	1	××××		
1	0	1	↑	×	0	××××		
1	0	1	↑	×	0	××××		
1	1	0	↑	1	×	××××		

续表

清零	模式		时钟	串行		输入	输出	功能
$\overline{C_R}$	S_1	S_0	CP	S_L	S_R	$D_0D_1D_2D_3$	$Q_0Q_1Q_2Q_3$	
1	1	0	↑	1	×	××××		
1	1	0	↑	1	×	××××		
1	1	0	↑	1	×	××××		
1	0	0	↑	×	×	××××		

（1）清零：令 $\overline{C_R}$ = 0，其他输入均为任意状态，此时移位寄存电路的输出 Q_0、Q_1、Q_2、Q_3 应均为 0。清零后，置 $\overline{C_R}$ = 1。

（2）送数：令 $\overline{C_R}$ =S_1=S_0=1，送入任意四位二进制数，如 $D_0D_1D_2D_3$ = $abcd$，加入 CP 脉冲，观察 CP=0、CP 由 0→1 及 CP 由 1→0 三种情况下移位寄存电路输出状态的变化，以及移位寄存电路输出状态的变化是否发生在 CP 脉冲的上升沿。

（3）右移：清零后，令 $\overline{C_R}$ = 1，S_1=0，S_0=1，由右移串行输入端 S_R 送入二进制数码，如 0100，由 CP 端连续加入四个脉冲，观察输出端的输出情况，并记录。

（4）左移：先清零或预置，再令 $\overline{C_R}$ =1，S_1=1，S_0=0，由左移串行输入端 S_L 送入二进制数码，如 1111，连续加入四个脉冲，观察输出端的输出情况，并记录。

（5）保持：移位寄存电路预置任意四位二进制数码 $abcd$，令 $\overline{C_R}$ =1，S_1=S_0=0，加入 CP 脉冲，观察移位寄存电路的输出状态，并记录。

2. 环形计数电路

自拟实验电路，先用并行送数法预置移位寄存电路为某二进制数码（如 0100），再进行右移循环，观察移位寄存电路输出状态的变化，将结果填入表 3-27。

表 3-27 输出状态记录表

CP	Q_0	Q_1	Q_2	Q_3
0	0	1	0	0
1				
2				
3				
4				

（1）串入并出。

按图 3-40 连接电路，进行右移串入并出实验，串入数码自定；改接电路，用左移方式实现并行输出。自拟表格，并记录实验结果。

（2）并入串出。

按图 3-41 连接电路，进行右移并入串出实验，并入数码自定；改接电路，用左移方式实现串行输出。自拟表格，并记录实验结果。

五、实验报告撰写要求

1. 分析表 3-24 所示的状态变化，总结移位寄存电路 CC40194 的逻辑功能并写入表 3-26

2. 根据实验内容 2 的结果，画出四位环形计数电路的状态转换图及波形图。
3. 画出用两片 CC40194 构成的七位左移串行/并行转换电路，分析串行/并行、并行/串行转换电路所得的结果。

六、思考题

1. 在对 CC40194 进行送数后，若要使输出端输出另外的数码，是否一定要使移位寄存电路清零？
2. 要使移位寄存电路清零，除采用在 $\overline{C_R}$ 端输入低电平外，可否采用右移或左移的方法？若可行，应如何操作？

实验九　脉冲信号产生电路——自激多谐振荡电路

【实验预习】

1. 复习自激多谐振荡电路的工作原理。
2. 制作记录实验数据的表格。

一、实验目的

1. 掌握使用门电路构成脉冲信号产生电路的基本方法。
2. 掌握影响输出脉冲波形的元件参数的选取方法。
3. 学习晶振稳频原理和使用晶振构成振荡电路的方法。

二、实验原理

与非门作为一个开关倒相器件，可以用来构成各种脉冲波形的产生电路。电路的基本工作原理是利用电容的充放电特性，当输入电压达到与非门的阈值电压 V_T 时，与非门的输出状态发生变化。因此，电路输出的脉冲波形直接取决于电路中阻容元件的参数。

1. 非对称型多谐振荡电路

非对称型多谐振荡电路如图 3-43 所示，非门 G_3 用于输出波形的整形。非对称型多谐振荡电路的输出波形是不对称的，当用 TTL 与非门组成这种电路时，输出脉冲的宽度 $t_{w1} = RC$、$t_{w2} = 1.2RC$，输出脉冲的振荡周期 $T = 2.2RC$，调节 R 的阻值和 C 的容量，可改变输出信号的振荡频率，通常通过改变 C 的容量实现输出频率的粗调，改变 R 的阻值实现输出频率的细调。

2. 对称型多谐振荡电路

对称型多谐振荡电路如图 3-44 所示，由于电路完全对称，电容的充放电时间常数相同，故输出为对称的方波。改变 R 和 C，可以改变输出的振荡频率。非门 G_3 用于输出波形的整形。

一般取 $R \leqslant 1\text{k}\Omega$，当 $R=1\text{k}\Omega$，$C = 100\text{pF} \sim 100\mu\text{F}$ 时，$f = n\text{Hz} \sim n\text{MHz}$，脉冲宽度 $t_{w1} = t_{w2} = 0.7RC$，$T = 1.4RC$。

3. 带 RC 电路的环形振荡电路

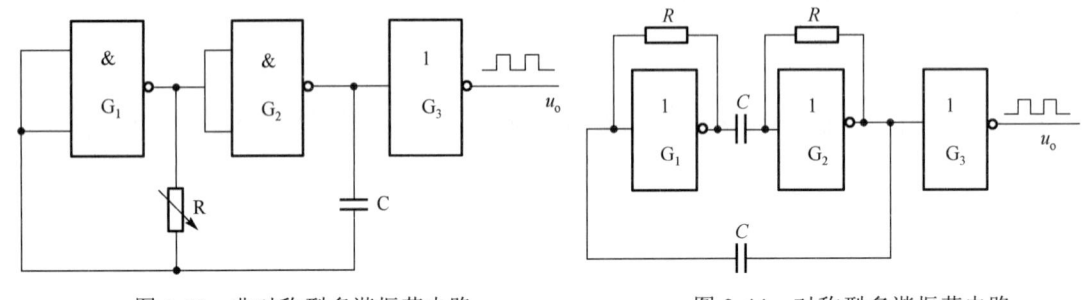

带 RC 电路的环形振荡电路如图 3-45 所示。非门 G_4 用于输出波形的整形，R 为限流电阻，阻值一般取 100Ω，要求 $R_w \leqslant 1\text{k}\Omega$。电路利用电容 C 的充放电过程，控制 D 点电压 V_D，从而控制非门的自动启闭，形成多谐振荡，输出脉冲的宽度 t_{w1}、t_{w2} 和振荡周期 T 分别为 $t_{w1} \approx 0.9RC$，$t_{w2} \approx 1.26RC$，$T \approx 2.2RC$。调节 R 的阻值和 C 的容量可改变电路输出的振荡频率。

图 3-43 非对称型多谐振荡电路　　　图 3-44 对称型多谐振荡电路

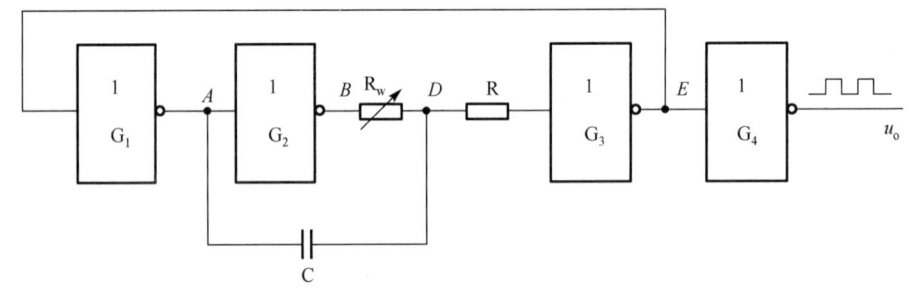

图 3-45 带 RC 电路的环形振荡电路

以上电路的状态转换都发生在非门输入电压达到门的阈值电压 V_T 的时刻。在 V_T 附近，电容的充放电速度已经缓慢，而且 V_T 本身不够稳定，易受温度、电源电压变化等因素的影响，因此电路输出频率的稳定性较差。

4. 石英晶振稳频的多谐振荡电路

当要求多谐振荡电路的工作频率稳定性很高时，上述几种多谐振荡电路的精度已不能满足要求。为此，常用晶振作为信号频率的基准。由晶振与门电路构成的多谐振荡电路常用来给计算机等提供时钟信号。

图 3-46 所示为常用的晶振稳频多谐振荡电路。图 3-46（a）、图 3-46（b）所示为由 TTL 集成门电路组成的多谐振荡电路；图 3-46（c）、图 3-46（d）所示为由 CMOS 集成门电路组成的多谐振荡电路，该电路一般用于电子表中，其中晶振的 $f_0=32768\text{Hz}$。在图 3-46（c）中，G_1 用于振荡，G_2 用于缓冲整形。R_f 是反馈电阻，阻值通常为几十兆欧，一般取 $22\text{M}\Omega$。R 起稳定振荡作用，阻值通常取十至几百千欧。C_1 是频率微调电容，C_2 用于温度特性校正。

(a) f_0 为几兆赫兹~几十兆赫兹

(b) $f_0 = 100\text{kHz}$（5kHz~30MHz）

(c) $f_0 = 32768\text{Hz} = 2^{15}\text{Hz}$

(d) $f_0 = 32768\text{Hz} = 2^{15}\text{Hz}$

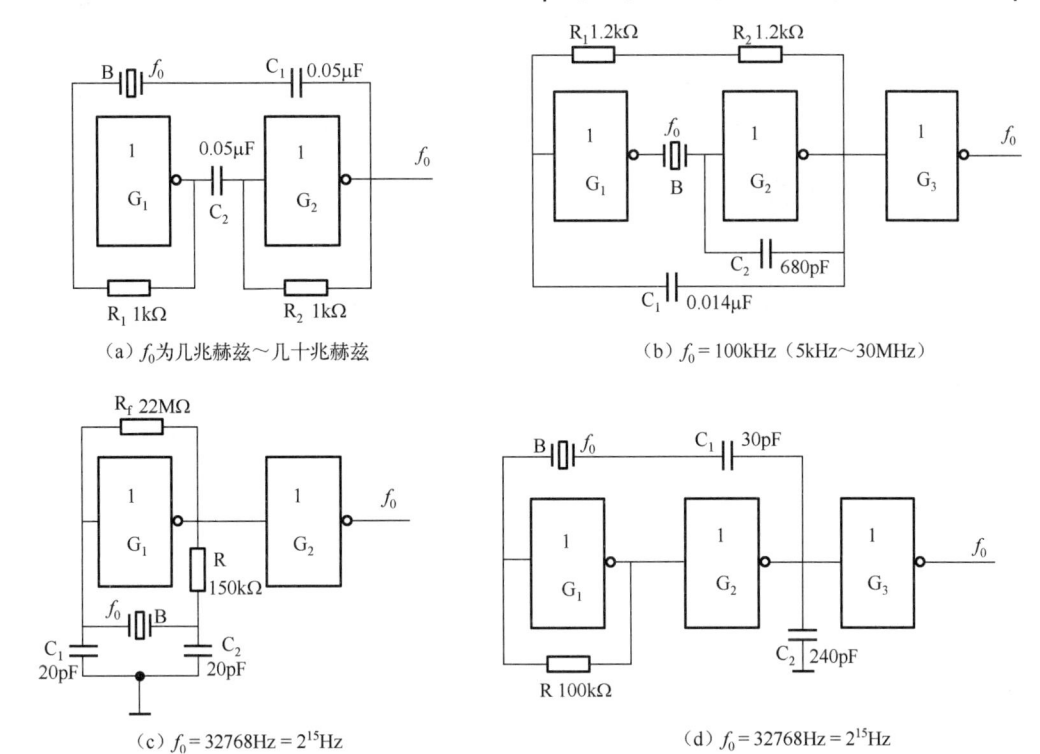

图 3-46　常用的晶振稳频多谐振荡电路

三、实验设备与电路元器件

（1）+5V 直流电源。　　　　　　　（2）双踪示波器。

（3）数字频率计。

（4）74LS00（或 CC4011）×1、晶振（频率为 32768Hz）×1、电位器、电阻、电容若干。

四、实验内容及步骤

（1）用与非门 74LS00 按图 3-43 构成多谐振荡电路，其中 R 为阻值为 10kΩ 的电位器，C 为容量为 0.01μF 的电容。

① 用双踪示波器观察输出波形及电容 C 两端的电压波形，列出表格并记录。

② 调节电位器的阻值，观察输出波形的变化，测出上、下限频率。

③ 用一只容量为 100μF 的电容跨接在 74LS00 的 14 引脚与 7 引脚之间，观察输出波形的变化及电源上纹波信号的变化，并做好记录。

（2）用 74LS00 按图 3-44 连接电路，取 $R = 1\text{k}\Omega$，$C = 0.047\mu\text{F}$，用双踪示波器观察输出波形，并做好记录。

（3）用 74LS00 按图 3-45 连接电路，其中定时电阻 R_w 用一个 510Ω 电阻与一个 1kΩ 的电位器串联来替代，取 $R = 100\Omega$，$C = 0.1\mu\text{F}$。

① 将 R_w 的阻值调到最大，观察并记录 A、B、D、E 各点的电压及 u_o 的波形，测出 u_o 的周期 T 和负脉冲宽度（电容 C 的充电时间），并与理论值进行比较。

② 改变 R_W 的阻值，观察输出波形的变化情况。

（4）按图 3-46（c）连接电路，晶振选用电子表晶振，其频率为 32768Hz，非门选用 CD4069，用双踪示波器观察输出波形，用频率计测量输出信号的频率，并做好记录。

五、实验报告撰写要求

1．画出实验电路，整理实验数据，并与理论值进行比较。
2．用方格纸画出实验观察到的工作波形，对实验结果进行分析。

六、思考题

结合本实验，与第二章实验中的波形产生电路进行对比，分析两类电路的异同点。

实验十　555 电路及其应用

【实验预习】

1．复习有关 555 电路工作原理及应用的内容。
2．预习实验的步骤、方法，画出所需的数据表格等。

一、实验目的

1．熟悉 555 电路的结构、工作原理及其特点。
2．掌握 555 电路的基本应用。

二、实验原理

集成时基电路又称为集成定时电路或 555 电路，是一种数字、模拟混合型的中规模集成电路，应用十分广泛。它是一种能产生时间延迟和多种脉冲信号的电路，由于内部电压标准使用了三个 5kΩ 电阻，故取名为 555 电路。其电路类型有双极型和 CMOS 型两大类，二者的结构与工作原理类似。几乎所有的双极型电路型号的最后三位数码都是 555 或 556；所有的 CMOS 型电路型号的最后四位数码都是 7555 或 7556，二者的逻辑功能和引脚排列完全相同，便于互换。555 电路和 7555 电路是单定时电路，556 电路和 7556 电路是双定时电路。双极型电路的电源电压为+5～+15V，输出的最大电流可达 200mA；CMOS 型电路的电源电压为+3～+18V。

1．555 电路的工作原理

555 电路的内部电路及引脚排列如图 3-47 所示。它含有两个电压比较电路，一个是基本 RS 触发器，另一个是放电开关管 VT，电压比较电路的参考电压由三只 5kΩ 的电阻构成的分压电路提供。它们分别使高电平比较电路 A_1 的同相输入端和低电平比较电路 A_2 的反相输入端的参考电平为 $2U_{CC}/3$ 和 $U_{CC}/3$。A_1 与 A_2 的输出端控制基本 RS 触发器的状态和放电开关管的状态。当输入信号自 6 引脚输入，即高电平触发输入并超过参考电平 $2U_{CC}/3$

时，基本 RS 触发器复位，555 电路的输出端 3 引脚输出低电平，同时放电开关管导通；当输入信号自 2 引脚输入并低于 $U_{CC}/3$ 时，基本 RS 触发器置位，555 电路的输出端 3 引脚输出高电平，同时放电开关管截止。

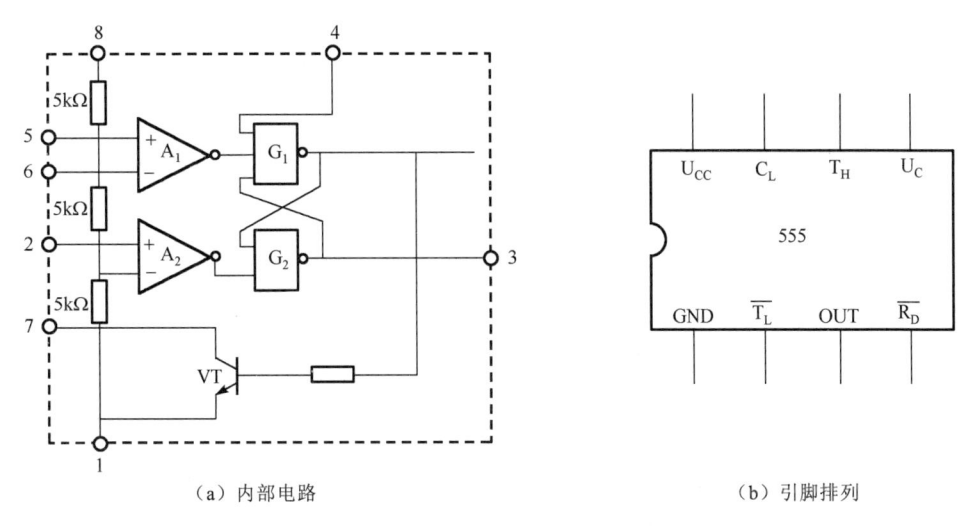

(a) 内部电路　　　　　　　　　　　(b) 引脚排列

图 3-47　555 电路的内部电路及引脚排列

$\overline{R_D}$ 是复位端（4 引脚），当 $\overline{R_D}$ =0 时，555 电路输出低电平。平时 $\overline{R_D}$ 端开路或接 U_{CC}。

U_{CC} 是控制电压端（5 引脚），平时输出 $2U_{CC}/3$ 作为高电平比较电路 A_1 的参考电平，5 引脚外接一个输入电压，即改变了高电平比较电路的参考电平，从而实现对输出的另一种控制。当不接外加电压时，通常通过一个 0.01μF 的电容接地，起滤波作用，以消除外来的干扰，确保参考电平的稳定。VT 为放电开关管，当 VT 导通时，它将给接于 7 引脚的电容提供低阻放电通路。

555 电路主要是由电阻、电容构成的充放电电路，并通过两个电平比较电路来检测电容两端的电压，以确定输出电平的高低和放电开关管的通断。这就很方便地构成了从微秒到数十分钟的延时电路，555 电路可构成单稳态触发器、多谐振荡电路、施密特触发器等脉冲产生或波形变换电路。

2. 555 电路的典型应用

（1）构成单稳态触发器。

利用 555 电路和外接定时元件 R、C 构成单稳态触发器，如图 3-48（a）所示。触发电路由 C_1、R_1、VD 构成，其中 VD 为钳位二极管，稳态时 555 电路的输入端处于电源电平，内部放电开关管 VT 导通，输出端 3 引脚输出低电平，当有一个外部负脉冲触发信号经 C_1 加到 2 端，并使 2 端电位瞬时低于 $U_{CC}/3$ 时，低电平比较电路动作，单稳态触发器即开始一个暂态过程，电容 C 开始充电，U_C 按指数规律增长。当 U_C 增大至 $2U_{CC}/3$ 时，高电平比较电路动作，高电平比较电路 A_1 翻转，输出 U_o 从高电平返回低电平，放电开关管 VT 重新导通，电容 C 上的电荷很快经放电开关管放电，暂态结束，恢复稳态，为下一个触发脉冲的到来做好准备。此过程中的波形如图 3-48（b）所示。

暂稳态的持续时间 T_w（延时时间）取决于外接电阻、电容的大小。

T_w = 1.1 RC，通过改变 R、C 的大小，可使延时时间在几微秒到几十分钟之间变化。

当这种单稳态触发器作为计时电路时，可直接驱动小型继电电路，并可以使用复位端（4引脚）接地的方法来中止暂态，重新计时。此外，还需将一个续流二极管与继电电路的线圈并接，以防止继电电路线圈的反电动势损坏内部功率管。

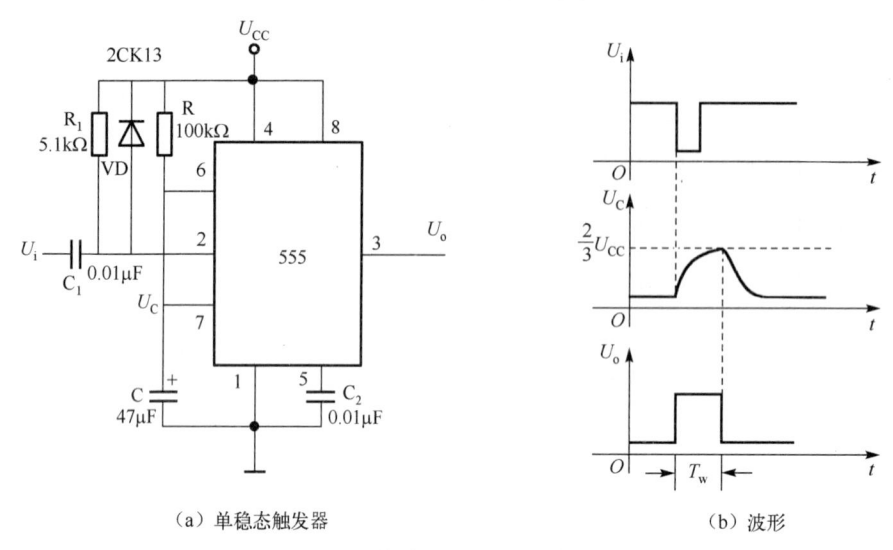

（a）单稳态触发器

（b）波形

图 3-48　单稳态触发器及其波形

（2）构成多谐振荡电路。

如图 3-49（a）所示，由 555 电路和外接元件 R_1、R_2、C_1 构成多谐振荡电路，2 引脚与 6 引脚直接相连。电路没有稳态，仅存在两个暂稳态，电路亦不需要外加触发信号，电源通过 R_1、R_2 向 C_1 充电，C_1 通过 R_2 向放电端（7 引脚）放电，使电路产生振荡。电容 C_1 在 $U_{CC}/3$ 和 $2U_{CC}/3$ 之间充电和放电，其电压的波形如图 3-49（b）所示。输出信号的时间参数为 $T = T_{w1}+T_{w2}$，$T_{w1}=0.7(R_1+R_2)C_1$，$T_{w2} = 0.7R_2C_1$。

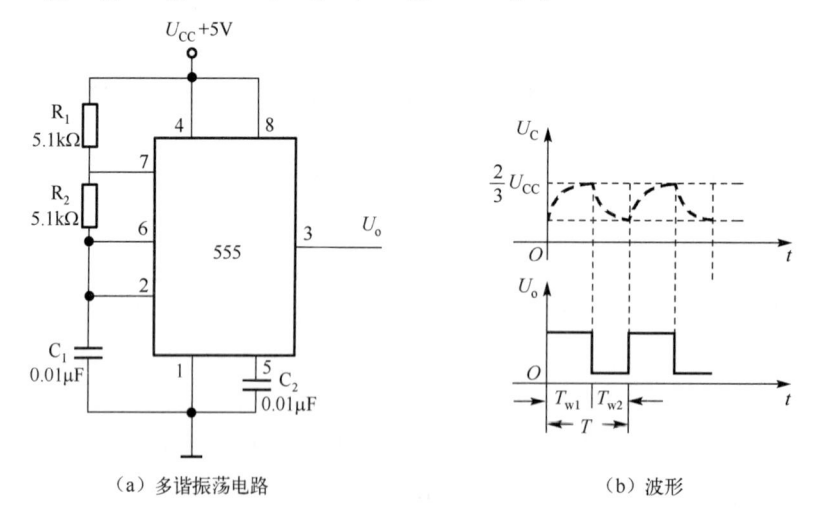

（a）多谐振荡电路

（b）波形

图 3-49　多谐振荡电路及其波形

555 电路要求 R_1 与 R_2 的阻值均应大于或等于 1kΩ，但 R_1 和 R_2 的阻值之和应小于或等于 3.8MΩ。外部元件的稳定性决定了多谐振荡电路的稳定性，555 电路配以少量的元件即可获得较高精度的振荡频率和较强的功率输出能力。因此，这种形式的多谐振荡电路应用很广。

（3）组成占空比可调的多谐振荡电路。

占空比可调的多谐振荡电路如图 3-50 所示，它相较于图 3-49（a）所示的电路增加了一个电位器和两只二极管。VD_1、VD_2 用来决定电容充、放电电流流经电阻的途径（充电时 VD_1 导通，VD_2 截止；放电时 VD_2 导通，VD_1 截止）。占空比为

$$P = \frac{T_{w1}}{T_{w2}+T_{w1}} \approx \frac{0.7R_A C}{0.7(R_A+R_B)C} = \frac{R_A}{R_A+R_B}$$

可见，若取 $R_A=R_B$，电路即可输出占空比为 50%的方波信号。

（4）组成占空比连续可调并能调节振荡频率的多谐振荡电路。

占空比与频率均可调的多谐振荡电路如图 3-51 所示。对 C_1 充电时，充电电流通过 R_1、VD_1、R_{w2} 和 R_{w1}；放电时，电流通过 R_{w1}、R_{w2}、VD_2、R_2。当 $R_1=R_2$ 时，R_{w2} 的滑动触点调至中心点，因充、放电时间基本相等，其占空比约为 50%，此时调节 R_{w1} 的阻值仅改变频率，占空比不变。若先将 R_{w2} 的滑动触点调至偏离中心点的位置，再调节 R_{w1} 的阻值，则不仅会使振荡频率改变，而且对占空比也有影响。若保持 R_{w1} 的阻值不变，调节 R_{w2} 的阻值，则仅改变占空比，对频率无影响。因此，当接通电源后，应先调节 R_{w1} 的阻值使频率至规定值，再调节 R_{w2} 的阻值，以获得需要的占空比。若频率的调节范围比较大，则还可以用波段开关改变 C_1 的容量。

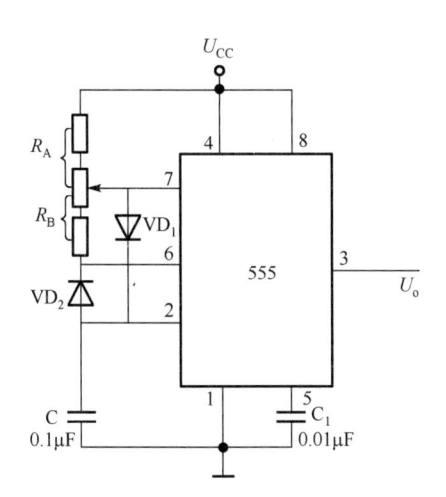

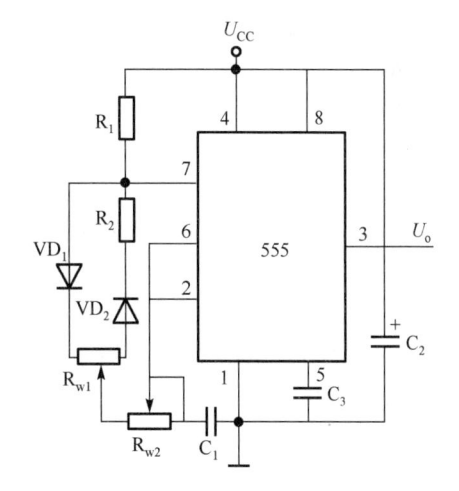

图 3-50　占空比可调的多谐振荡电路　　图 3-51　占空比与频率均可调的多谐振荡电路

（5）组成施密特触发器。

施密特触发器如图 3-52 所示，只要将 555 电路的 2 引脚、6 引脚连在一起作为信号输入端，即可得到施密特触发器，图 3-53 所示为其波形变换图。假设被整形变换的电压为正弦电压 U_s，其正半波通过二极管 VD 同时加到 555 电路的 2 引脚和 6 引脚，得到的 U_i 为半波整流波形。当 U_i 上升到 $2U_{CC}/3$ 时，U_o 从高电平翻转为低电平；当 U_i 下降到 $U_{CC}/3$ 时，U_o 又从低电平翻转为高电平。施密特触发器的电压传输特性曲线如图 3-54 所示，回差电压 $\Delta U = 2U_{CC}/3 - U_{CC}/3 = U_{CC}/3$。

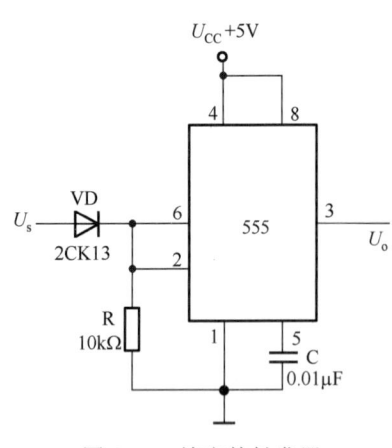

图 3-52 施密特触发器

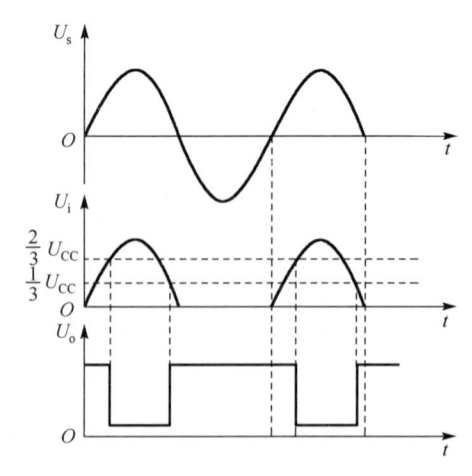

图 3-53 施密特触发器的波形变换图

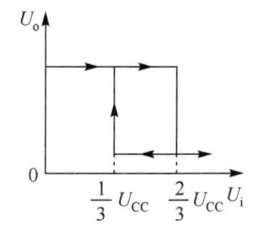

图 3-54 施密特触发器的电压传输特性曲线

三、实验设备与电路元器件

（1）+5V 直流电源。　（2）双踪示波器。
（3）连续脉冲源。　　（4）单次脉冲源。
（5）音频信号源。　　（6）数字频率计。
（7）逻辑电平显示电路。
（8）555 电路×2，二极管 2CK13×2，电位器、电阻、电容若干。

四、实验内容及步骤

1. 单稳态触发器

（1）按图 3-48 连接电路，取 $R=100\text{k}\Omega$，$C=47\mu\text{F}$，输入信号 U_i 由单次脉冲源提供，用双踪示波器观察 U_C、U_i 和 U_o 的波形，测量电压幅度与电路的暂稳态时间。

（2）将 R 的阻值改为 $1\text{k}\Omega$，C 的容量改为 $0.1\mu\text{F}$，输入端加入 1kHz 的连续脉冲，观察 U_i、U_C 和 U_o 的波形，测量电压的幅度及电路的暂稳态时间。

2. 多谐振荡电路

（1）按图 3-49 连接电路，用双踪示波器观察 U_o 与 U_C 的波形，测量其频率。

（2）按图 3-50 连接电路，组成占空比为 50%的方波信号发生电路，观察 U_C、U_o 的波形，测量波形参数。

（3）按图 3-51 连接电路，调节 R_{w1} 和 R_{w2} 的阻值，观察输出波形。

3. 施密特触发器

按图 3-52 连接电路，输入信号由音频信号源提供，预先将 U_s 的频率调为 1kHz，接通电源，逐渐加大 U_s 的幅度，观察输出波形，画出电压传输特性曲线，计算回差电压 ΔU。

4. 模拟声响电路

按图 3-55 连接电路，组成两个多谐振荡电路，调节定时元件，使左边的 555 电路输出较低频率，右边的 555 电路输出较高频率，接通电源，试听音响效果。调换外接阻容元件，再次试听音响效果。

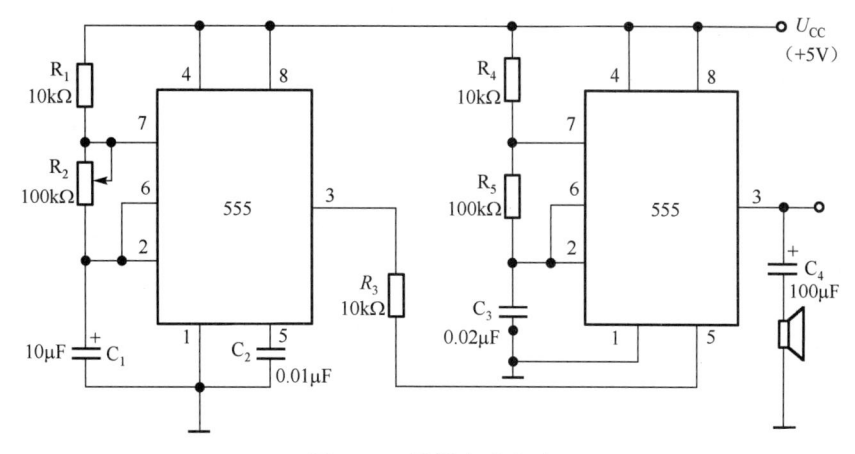

图 3-55 模拟声响电路

五、实验报告撰写要求

1. 画出详细的实验电路图，描绘观察到的波形。
2. 分析、总结实验结果。

六、思考题

结合本实验，思考如何用双踪示波器测定施密特触发器的电压传输特性曲线。

实验十一 D/A、A/D 转换电路

【实验预习】

1. 复习 A/D、D/A 转换电路的工作原理。
2. 熟悉 ADC0809、DAC0832 的各引脚功能及使用方法。
3. 绘制所需的实验数据记录表，初步拟定各个实验内容的具体实验方案。

一、实验目的

1. 了解 D/A 和 A/D 转换电路的基本工作原理和基本结构。
2. 掌握大规模集成 D/A 和 A/D 转换电路的功能及其典型应用。

二、实验原理

数字电子技术的很多应用场合往往需要把模拟量转换为数字量，这种电路被称为模/数转换电路（A/D 转换电路，简称 ADC）；或把数字量转换成模拟量，这种电路被称为数/模转换电路（D/A 转换电路，简称 DAC）。完成这种转换的电路有多种，特别是单片大规

模集成 A/D、D/A 转换电路的问世为实现上述转换带来了极大的方便。用户可借助使用手册提供的电路性能指标及典型应用电路，正确使用这些电路。本实验将采用大规模集成电路 DAC0832 实现 D/A 转换，采用 ADC0809 实现 A/D 转换。

1. D/A 转换电路 DAC0832

DAC0832 是采用 CMOS 工艺制成的单片电流输出型 8 位 D/A 转换电路。图 3-56 所示为 DAC0832 的逻辑框图和引脚排列。

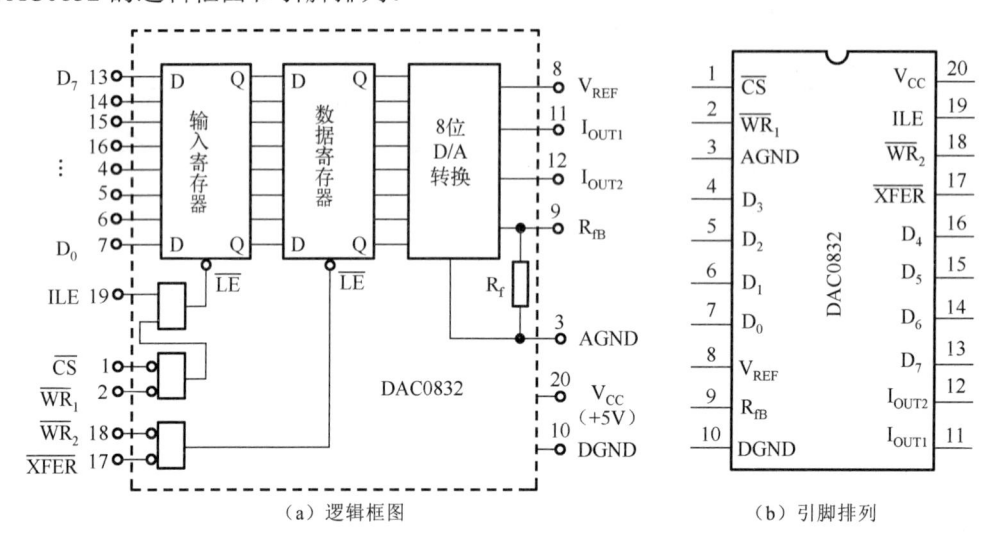

（a）逻辑框图　　　　（b）引脚排列

图 3-56　DAC0832 的逻辑框图和引脚排列

电路的核心部分采用倒 T 型电阻网络 8 位 D/A 转换电路，如图 3-57 所示。它是由倒 T 型 R-2R 电阻网络、模拟开关、运算放大电路和参考电压 V_{REF} 四部分组成的。

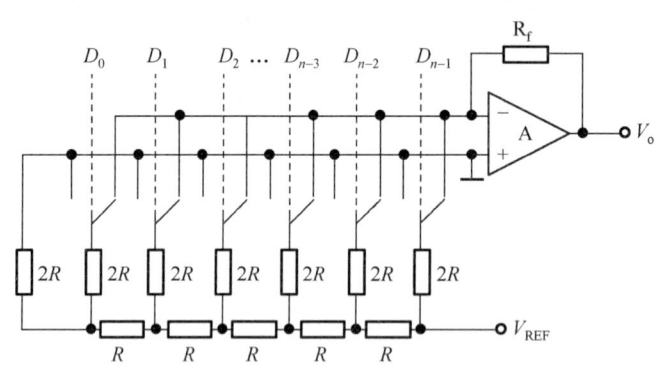

图 3-57　倒 T 型电阻网络 D/A 转换电路

运算放大电路的输出电压为

$$V_o = \frac{V_{REF} \cdot R_f}{2^n R}(D_{n-1} \cdot 2^{n-1} + D_{n-2} \cdot 2^{n-2} + \cdots + D_0 \cdot 2^0)$$

由上式可知，输出电压 V_o 与输入的数字量成正比，这就实现了从数字量到模拟量的转换。一个 8 位的 D/A 转换电路有 8 个输入端，1 个模拟输出端。每个输入端输入 8 位二进制中的 1 位，输入可有 $2^8=256$ 种不同的二进制组态，输出为 256 个电压之一，即输出电压不是整个电压范围内的任意值，而只能是 256 个可能值。

DAC0832 的引脚功能说明如下：$D_0 \sim D_7$——数字信号输入端；ILE——输入寄存器允许信号，高电平有效；$\overline{CS}$——片选信号，低电平有效；$\overline{WR_1}$——写选通信号 1，低电平有效；$\overline{XFER}$——传送控制信号，低电平有效；$\overline{WR_2}$——写选通信号 2，低电平有效；I_{OUT1}、I_{OUT2}——D/A 转换电路的电流输出端；R_{fB}——反馈电阻，它是集成在片内的外接运算放大电路的反馈电阻；V_{REF}——基准电压端，其范围为 –10～+10V；V_{CC}——电源电压端，其范围为 +5～+15V。

DAC0832 输出的是电流，要转换为电压，还必须接入一个外接的运算放大电路，D/A 转换电路的实验电路如图 3-58 所示。

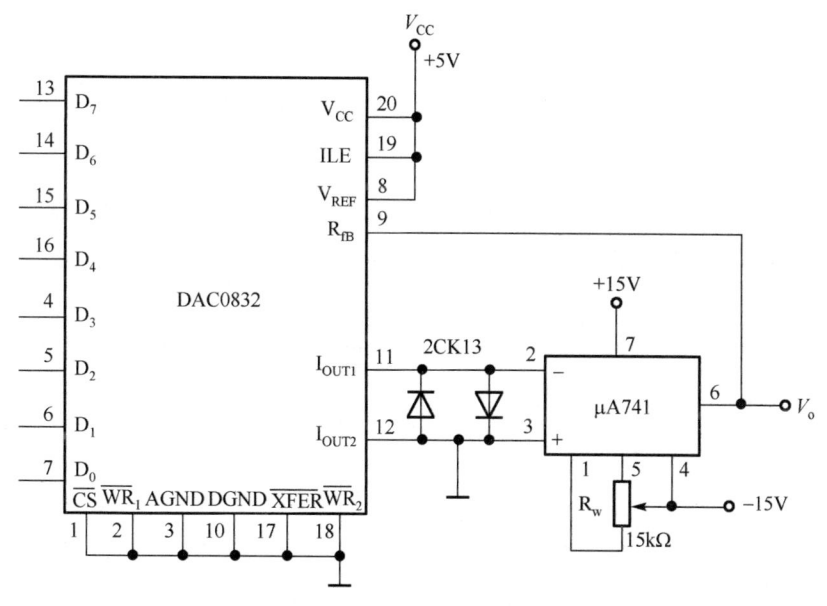

图 3-58　D/A 转换电路的实验电路

2．A/D 转换电路 ADC0809

ADC0809 是采用 CMOS 工艺制成的单片 8 位 8 通道逐次逼近型 A/D 转换电路，其逻辑框图及引脚排列如图 3-59 所示。电路的核心部分是 8 位 A/D 转换电路，它由比较电路、逐次逼近寄存电路、A/D 转换电路、控制电路和定时电路五部分组成。

ADC0809 的引脚功能说明如下：$IN_0 \sim IN_7$——8 路模拟信号输入端；A_2、A_1、A_0——地址输入端；ALE——地址锁存允许输入信号，应在此引脚施加正脉冲，上升沿有效，此时锁存地址码，从而选通相应的模拟信号通道，以便进行 A/D 转换；START——启动信号输入端，应在此引脚施加正脉冲，当上升沿到来时，逐次逼近寄存电路复位，在下降沿到来后，开始 A/D 转换过程；EOC——转换结束输出信号（转换结束标志），高电平有效；OE——输出允许信号，高电平有效；CLOCK（CP）——时钟信号输入端，外接时钟信号的频率一般为 100～640kHz；V_{CC}——+5V 电源端，单电源供电；$V_{REF(+)}$、$V_{REF(-)}$——参考电压的正极、负极，一般 $V_{REF(+)}$ 接 +5V 电源，$V_{REF(-)}$ 接地；$D_7 \sim D_0$——数字信号输出端。

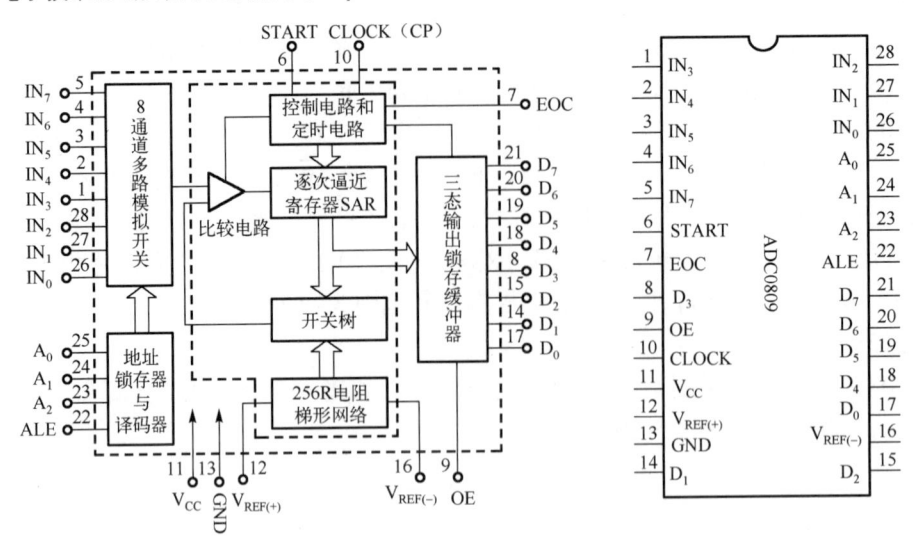

图 3-59 ADC0809 的逻辑框图及引脚排列

（1）模拟量输入通道选择。

由 A_2、A_1、A_0 三个地址输入端选通 8 路模拟信号中的任意一路进行 A/D 转换，地址输入端与模拟信号输入端的选通关系如表 3-28 所示。

表 3-28 地址输入端与模拟信号输入端的选通关系

地址输入端	模拟信号输入端							
	IN_0	IN_1	IN_2	IN_3	IN_4	IN_5	IN_6	IN_7
A_2	0	0	0	0	1	1	1	1
A_1	0	0	1	1	0	0	1	1
A_0	0	1	0	1	0	1	0	1

（2）A/D 转换过程。

在启动信号输入端（START）加入启动脉冲（正脉冲），A/D 转换即开始。若将启动信号输入端（START）与转换结束端（EOC）直接相连，则 A/D 转换将是连续的，在使用这种转换方式时，开始应在外部加入启动脉冲。

三、实验设备与电路元器件

（1）+5V、±15V 直流电源。　　（2）双踪示波器。

（3）计数脉冲源。　　　　　　　（4）逻辑电平开关。

（5）逻辑电平显示电路。　　　　（6）万用表。

（7）DAC0832、ADC0809、μA741、电位器、电阻、电容若干（或 A/D、D/A 固定线路板×1）。

四、实验内容及步骤

1. D/A 转换电路——DAC0832

（1）按图 3-58 连接电路，电路接成直通方式，即 $\overline{CS}$、$\overline{WR_1}$、$\overline{WR_2}$、$\overline{XFER}$ 端接地；

ILE、V_{CC}、V_{REF} 端接+5V 电源；运算放大电路接±15V 电源；$D_0 \sim D_7$ 端接至逻辑电平开关的输出插口，输出端 V_o 接万用表。

（2）调零，$D_0 \sim D_7$ 端全置零，调节运算放大电路中的电位器使μA741 输出零。

（3）按表 3-29 所示要求输入数字信号，用数字电压表测量运算放大电路的输出电压 V_o，将测量结果填入表 3-29，并与理论值进行比较。

表 3-29 DAC0832 的输出电压记录表

输入数字量								输出电压 V_o/V
D_7	D_6	D_5	D_4	D_3	D_2	D_1	D_0	V_{CC}=+5V
0	0	0	0	0	0	0	0	
0	0	0	0	0	0	0	1	
0	0	0	0	0	0	1	0	
0	0	0	0	0	1	0	0	
0	0	0	0	1	0	0	0	
0	0	0	1	0	0	0	0	
0	0	1	0	0	0	0	0	
0	1	0	0	0	0	0	0	
1	0	0	0	0	0	0	0	
1	1	1	1	1	1	1	1	

2. A/D 转换电路——ADC0809

按图 3-60 连接电路。

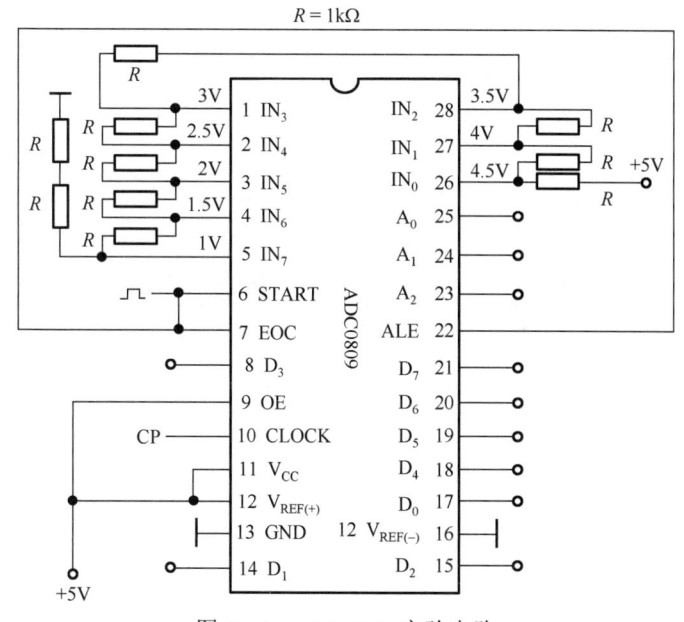

图 3-60 ADC0809 实验电路

（1）8 路输入模拟信号为 1～4.5V，由+5V 电源经电阻 R 分压组成；$D_0 \sim D_7$ 端接至逻辑电平显示电路的输入插口；CP 脉冲由计数脉冲源提供，取 f = 100kHz；$A_0 \sim A_2$ 地址输入端接至逻辑电平开关的输出插口。

（2）接通电源后，在启动信号输入端（START）加一正单次脉冲，当其下降沿到来时，开始 A/D 转换。

（3）按表 3-30 所示要求输入模拟量，记录 $IN_0 \sim IN_7$ 8 路模拟量的转换结果，将转换结果换算成十进制数表示的电压值，并与数字电压表实测的各路输入电压值进行比较，分析误差产生的原因。

表 3-30 ADC0809 输入模拟量的 A/D 转换记录表

被选模拟通道 IN	输入模拟量 V_i/V	地址 A_2	地址 A_1	地址 A_0	D_7	D_6	D_5	D_4	D_3	D_2	D_1	D_0	十进制数
IN_0	4.5	0	0	0									
IN_1	4.0	0	0	1									
IN_2	3.5	0	1	0									
IN_3	3.0	0	1	1									
IN_4	2.5	1	0	0									
IN_5	2.0	1	0	1									
IN_6	1.5	1	1	0									
IN_7	1.0	1	1	1									

五、实验报告撰写要求

1．整理实验数据，分析实验结果。

2．利用公式 $D = 256v_1 / V_{REF}$（A/D 转换电路可以实现模拟量的除法运算），求出对应于各个 v_1 的数值 D，列出表格，将其与读得的数值进行比较（注意：读得的数值为十六进制数，可以将其转换为十进制数）；将 v_1 作为横轴，D 作为纵轴，绘制 v_1 与 D 的关系曲线。

六、思考题

通过本实验，说明 A/D、D/A 转换电路的用途，自己列举一些实例，写在实验报告上。

实验十二 智力竞赛抢答装置

【实验预习】

1．查阅相关资料，熟悉 74LS175 的引脚结构和功能。
2．预习智力竞赛抢答装置的功能及实现方法。

一、实验目的

1．学会数字电路中 D 触发器、分频电路、多谐振荡电路、CP 脉冲源等单元电路的综合运用。
2．熟悉智力竞赛抢答电路的工作原理。
3．了解简单的数字系统实验、调试及故障排除方法。

二、实验原理

图 3-61 所示为四人用智力竞赛抢答装置的原理,该装置用以判断优先抢答权。

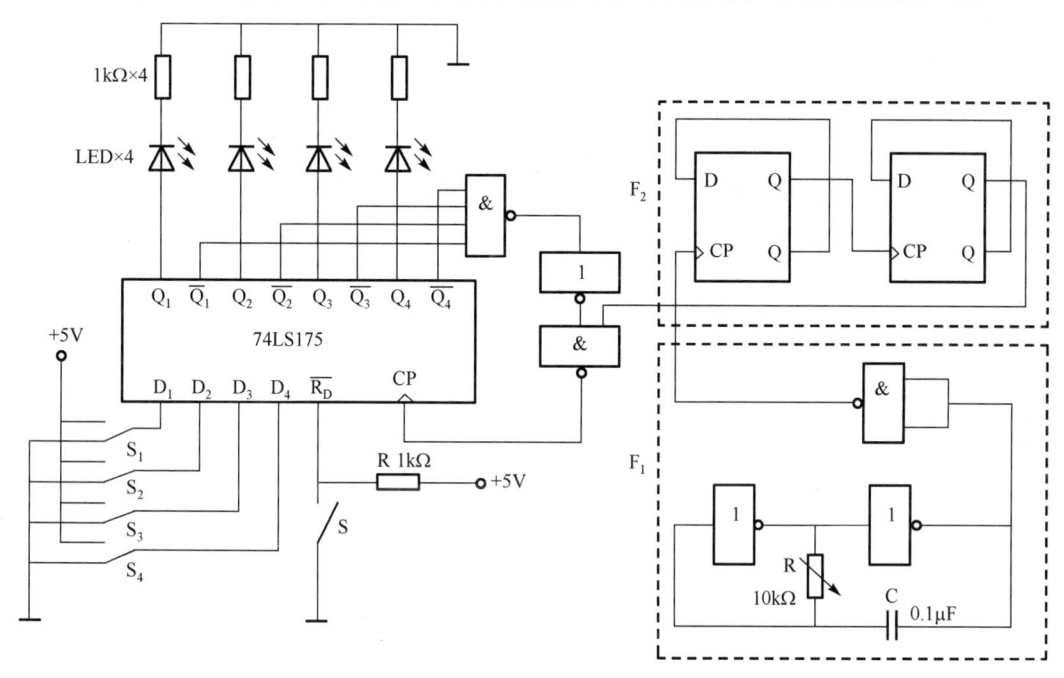

图 3-61　四人用智力竞赛抢答装置的原理

图中,74LS175 为四 D 触发器,它具有公共置 0 端和公共 CP 端,四输入与非门使用 74LS20,F_1 是由 74LS00 组成的多谐振荡电路,F_2 是由 74LS74 组成的四分频电路,F_1、F_2 组成抢答电路中的 CP 脉冲源。当抢答开始时,由主持人清除信号,按下复位开关 S,74LS175 的输出 $Q_1 \sim Q_4$ 全为 0,所有发光二极管均熄灭,当主持人宣布"抢答开始"后,首先做出判断的参赛者立即按下开关,对应的发光二极管点亮,同时,通过与非门送出信号锁住其余三个抢答者的电路,不再接收其他信号,直到主持人再次清除信号为止。

三、实验设备与电路元器件

（1）+5V 直流电源。　　　　　　　（2）逻辑电平开关。
（3）逻辑电平显示电路。　　　　　（4）双踪示波器。
（5）数字频率计。　　　　　　　　（6）直流数字电压表。
（7）74LS175、74LS20、74LS74、74LS00 各一个。

四、实验内容及步骤

（1）测试各触发器及各逻辑门的逻辑功能。
测试方法参照实验二及实验七的有关内容,判断电路元器件的质量好坏。
（2）按图 3-61 连接电路,将四人用智力竞赛抢答装置的五个开关接至实验装置上的逻辑电平开关,发光二极管接至逻辑电平显示电路。
（3）断开四人用智力竞赛抢答装置中的 CP 脉冲源。单独对多谐振荡电路 F_1 及四分频

电路 F_2 进行调试，调节多谐振荡电路中的 10kΩ 电位器，使输出脉冲的频率约为 4kHz，观察 F_1 及 F_2 的输出波形，并测量其频率。

（4）测试四人用智力竞赛抢答装置的电路功能。接通+5V 电源，CP 端接至实验装置上的连续脉冲源，使重复频率约为 1kHz。

① 抢答开始前，将开关 S_1、S_2、S_3、S_4 均置"0"，准备抢答，将开关 S 置"0"，发光二极管全部熄灭，再将 S 置"1"。抢答开始后，先将 S_1、S_2、S_3、S_4 中的某一开关置"1"，观察发光二极管的亮、灭情况；再将其他三个开关中的任意一个置"1"，观察发光二极管的亮、灭情况；最后将其他两个开关中的任意一个置"1"，观察发光二极管的亮、灭情况。

② 重复步骤①的内容，改变 S_1、S_2、S_3、S_4 中任意一个开关的状态，观察四人用智力竞赛抢答装置的工作情况。

③ 整体测试。断开实验装置上的连续脉冲源，接入 F_1 及 F_2，再次进行实验。

五、实验报告撰写要求

1. 分析四人用智力竞赛抢答装置各部分的功能及工作原理。
2. 总结数字系统的设计、调试方法。
3. 分析实验中出现的故障及解决方法。

六、思考题

在图 3-61 所示的电路中加一个计时功能，要求计时电路的显示时间精确到秒，限时 2 分钟，如果超出限时，则取消抢答权，电路应如何改进？

实验十三　电子秒表

【实验预习】

1. 复习数字电路中有关基本 RS 触发器、单稳态触发器、时钟发生电路、计数及译码显示电路的内容。
2. 画出电子秒表各单元电路的测试表。

一、实验目的

1. 学会数字电路中基本 RS 触发器、单稳态触发器、时钟发生电路及计数、译码显示等单元电路的综合应用。
2. 学会电子秒表的调试方法。

二、实验原理

图 3-62 所示为电子秒表电路。将电路按功能分成四个单元电路进行分析。

1. 基本 RS 触发器

图 3-62 单元 I 所示为用集成与非门构成的基本 RS 触发器，它属于低电平直接触发的

触发器，有直接置位、复位的功能。它的一路输出 $\overline{Q}$ 作为单稳态触发器的输入，另一路输出 Q 作为与非门 G_3 的输入控制信号。按动按钮开关 S_2（接地），则 G_1 输出 $\overline{Q}=1$；G_2 输出 $Q=0$，S_2 复位后，Q、$\overline{Q}$ 的状态保持不变。再按动按钮开关 S_1，则 Q 由 0 变为 1，G_4 开启，为计数电路的启动做好准备。$\overline{Q}$ 由 1 变为 0，输出负脉冲，启动单稳态触发器。

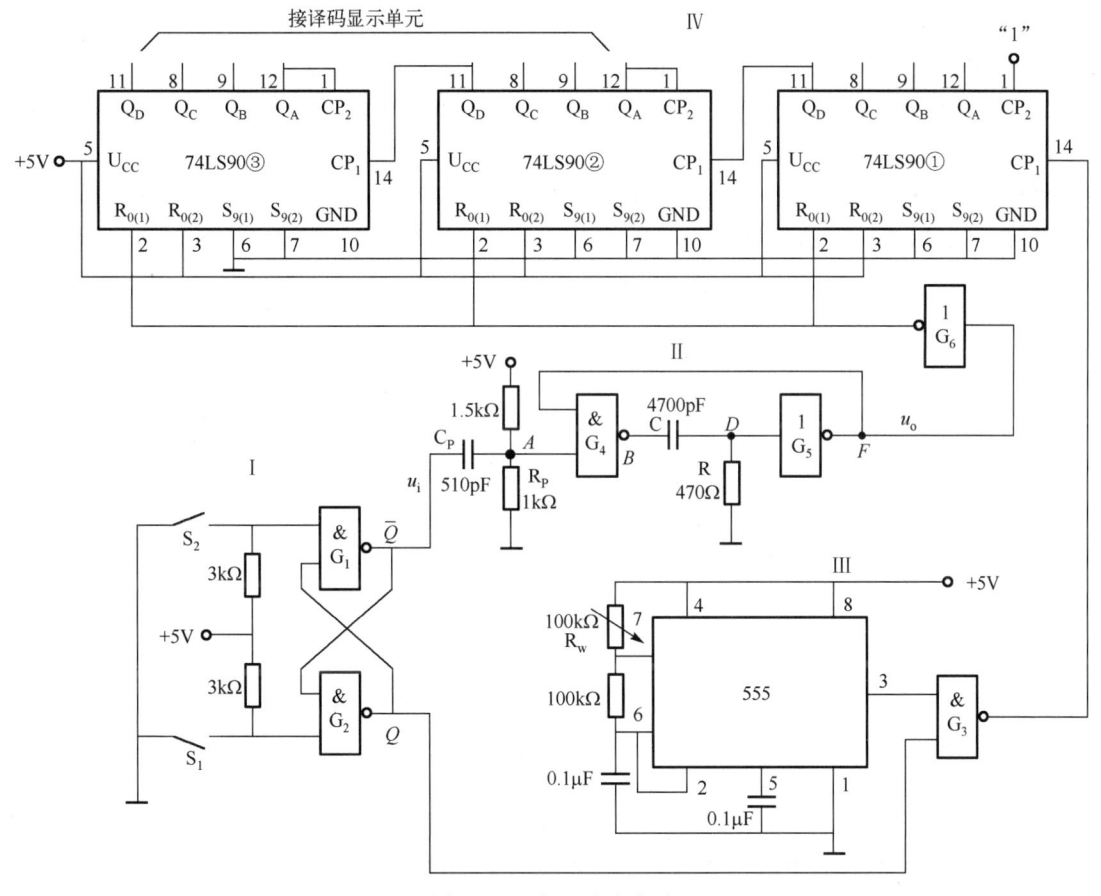

图 3-62 电子秒表电路

基本 RS 触发器在电子秒表电路中的职能是启动和停止电子秒表。

2. 单稳态触发器

图 3-62 单元 II 所示为用集成与非门构成的微分型单稳态触发器，图 3-63 所示为单稳态触发器的波形。单稳态触发器的输入触发负脉冲信号 u_i 由基本 RS 触发器 $\overline{Q}$ 端提供，输出负脉冲 u_o 通过 G_6 加到计数电路的清零端 $R_{0(1)}$。静态时，G_5 应处于截止状态，故电阻 R 的阻值必须小于 G_5 的关门电阻 R_{OFF}。定时元件 R、C 的参数取值不同，输出的脉冲宽度也不同。当触发脉冲宽度小于输出脉冲宽度时，可以省去微分电路中的 R_p 和 C_p。

单稳态触发器在电子秒表电路中的功能是为计数电路提供清零信号。

3. 时钟发生电路

图 3-62 单元 III 所示为用 555 电路构成的多谐振荡电路，它是一种性能较好的时钟源。调节电位器 R_w，使其输出端 3 引脚获得频率为 50Hz 的矩形波信号，当基本 RS 触发器的

$Q=1$ 时，G_3 开启，此时 50Hz 的脉冲信号通过 G_3 作为计数脉冲加于计数电路 74LS90①的计数输入端 CP_1。

4. 计数及译码显示电路

利用 74LS90 构成电子秒表电路的计数单元，如图 3-62 单元Ⅳ所示。将计数电路 74LS90①接成五进制形式，对频率为 50Hz 的时钟脉冲进行五分频，其输出端 Q_D 获得周期为 0.1s 的矩形脉冲，并作为计数电路 74LS90②的时钟脉冲输入。将计数电路 74LS90②及计数电路 74LS90③接成 8421BCD 码十进制形式，其输出端与实验装置上译码显示单元的相应输入端连接，可显示 0.1～0.9s、1～9.9s 计时。

74LS90 是异步二-五-十进制加法计数电路，它既可以制作成二进制加法计数电路，又可以制作成五进制和十进制加法计数电路。图 3-64 所示为 74LS90 的引脚排列，表 3-31 所示为 74LS90 的功能表。

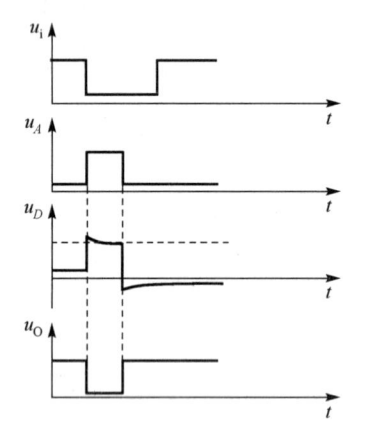

图 3-63　单稳态触发器的波形

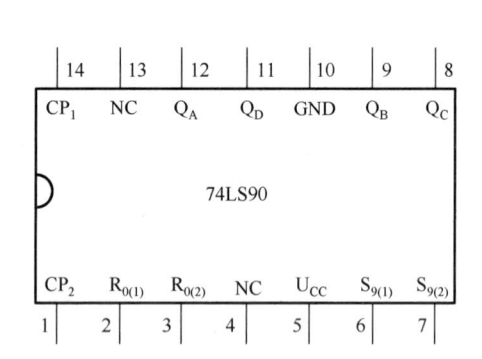

图 3-64　74LS90 的引脚排列

表 3-31　74LS90 的功能表

输入						输出				功能
清零		置"9"		时钟		Q_D	Q_C	Q_B	Q_A	
$R_{0(1)}$	$R_{0(2)}$	$S_{9(1)}$	$S_{9(2)}$	CP_1	CP_2					
1	1	0 ×	× 0	×	×	0	0	0	0	清零
0 ×	× 0	1	1	×	×	1	0	0	1	置"9"
0 ×	× 0	0 ×	× 0	↓	1	Q_A 输出				二进制计数
				1	↓	Q_D、Q_C、Q_B 输出				五进制计数
				↓	Q_A	Q_D、Q_C、Q_B 输出 8421BCD 码				十进制计数
				Q_D	↓	Q_A、Q_D、Q_C、Q_B 输出 5421BCD 码				十进制计数
				1	1	不变				保持

采用不同的连接方式，74LS90 可以实现四种不同的逻辑功能；还可借助 $R_{0(1)}$、$R_{0(2)}$

对计数电路清零，借助 $S_{9(1)}$、$S_{9(2)}$ 将计数电路置"9"。其具体功能如下。

（1）若计数脉冲从 CP_1 端输入，Q_A 作为输出端，则此种电路为二进制计数电路。

（2）若计数脉冲从 CP_2 端输入，Q_D、Q_C、Q_B 作为输出端，则此种电路为异步五进制加法计数电路。

（3）若将 CP_2 端和 Q_A 端相连，计数脉冲由 CP_1 端输入，Q_D、Q_C、Q_B、Q_A 作为输出端，则构成异步 8421BCD 码十进制加法计数电路。

（4）若将 CP_1 端与 Q_D 端相连，计数脉冲由 CP_2 端输入，Q_A、Q_D、Q_C、Q_B 作为输出端，则构成异步 5421BCD 码十进制加法计数电路。

（5）清零、置"9"功能。

① 异步清零。当 $R_{0(1)}$、$R_{0(2)}$ 均为"1"，$S_{9(1)}$、$S_{9(2)}$ 中有"0"时，实现异步清零功能，即 $Q_D Q_C Q_B Q_A = 0000$。

② 置"9"功能。当 $S_{9(1)}$、$S_{9(2)}$ 均为"1"，$R_{0(1)}$、$R_{0(2)}$ 中有"0"时，实现置"9"功能，即 $Q_D Q_C Q_B Q_A = 1001$。

三、实验设备与电路元器件

（1）+5V 直流电源。　　　　　（2）双踪示波器。
（3）直流数字电压表。　　　　（4）数字频率计。
（5）单次脉冲源。　　　　　　（6）连续脉冲源。
（7）逻辑电平开关。　　　　　（8）逻辑电平显示电路。
（9）译码显示电路。
（10）74LS00×2，555 电路×1，74LS90×2，电位器、电阻、电容若干。

四、实验内容及步骤

由于实验电路使用的电路元器件较多，实验前必须合理安排各电路元器件在实验装置上的位置，使电路逻辑清楚，接线较短。在实验时，应按照实验任务的顺序，对各单元电路逐个进行接线和调试，即分别测试基本 RS 触发器、单稳态触发器、时钟发生电路、计数及译码显示电路的逻辑功能，待各单元电路工作正常后，再将各单元电路逐级连接起来进行测试，直到测试完整个电子秒表电路的功能。这样的测试方法有利于电路检查和排除故障，保证实验顺利进行。

1. **基本 RS 触发器的测试**

测试方法参考实验六。

2. **单稳态触发器的测试**

（1）静态测试。用直流数字电压表测量 A、B、D、F 各点的电位值，并做好记录。

（2）动态测试。输入端接频率为 1kHz 的连续脉冲源，用双踪示波器观察并描绘 D 点、F 点的波形，若单稳态触发器输出脉冲的持续时间太短，难以观察，可适当加大微分电容 C 的容量（如改为 0.1μF），待测试完毕，再恢复至 4700pF。

3. **时钟发生电路的测试**

测试方法参考实验十一，用双踪示波器观察输出电压的波形并测量其频率，调节 R_w

的阻值，使输出矩形波的频率为 50Hz。

4. 计数及译码显示电路的测试

（1）将计数电路 74LS90①接成五进制形式，$R_{0(1)}$、$R_{0(2)}$、$S_{9(1)}$、$S_{9(2)}$端接至逻辑电平开关的输出插口，CP_2端接至单次脉冲源，CP_1端接高电平"1"，$Q_D \sim Q_A$端接实验装置上译码显示输入端 D、C、B、A，按表 3-31 所示数据测试其逻辑功能，并做好记录。

（2）将计数电路 74LS90②及计数电路 74LS90③接成 8421BCD 码十进制形式，参照步骤（1）进行逻辑功能测试，并做好记录。将计数电路 74LS90①、74LS90②、74LS90③级联，进行逻辑功能测试，并做好记录。

5. 电子秒表电路的整体测试

各单元电路测试正常后，按图 3-61 把几个单元电路连接起来，进行电子秒表电路的整体测试。先按一下按钮开关 S_2，此时电子秒表电路不工作，再按一下按钮开关 S_1，则计数电路清零后便开始计时，观察数码管显示的计数情况是否正常，若不需要计时或暂停计时，按一下开关 S_2，计时立即停止，但数码管仍保留当前计时值。

6. 电子秒表的校准

利用电子钟或手表的秒计时对电子秒表电路进行校准。

五、实验报告撰写要求

1. 总结电子秒表电路的整个测试过程。
2. 分析测试过程中发现的问题及故障排除方法。
3. 记录各个环节的数据。

六、思考题

结合本实验设计方案，思考影响电子秒表准确度、精确度的因素有哪些。

实验十四　　$3\frac{1}{2}$ 位万用表

【实验预习】

1. 自行查阅 CC14433（MC14433）的结构和功能。
2. 预习并分析图 3-67 中各部分电路的连接及其工作原理。

一、实验目的

1. 了解双积分 A/D 转换电路的工作原理。
2. 熟悉 $3\frac{1}{2}$ 位 A/D 转换电路 CC14433（MC14433）的性能及其引脚功能。
3. 掌握用 CC14433 构成万用表的方法。

二、实验原理

万用表的核心电路是一个间接型 A/D 转换电路，它先将输入的模拟电压信号转换成易于准确测量的时间量，然后在这个时间宽度里用计数电路计时，计数结果就是正比于输入模拟电压信号的数字量。

1. *V-T* 变换型双积分 A/D 转换电路

图 3-65 所示为双积分 A/D 转换电路。它由积分电路（包括运算放大电路 A_1 和 RC 积分网络）、过零比较电路 A_2、N 位二进制计数电路、开关控制电路、门控电路、参考电压 V_R 及时钟脉冲源 CP 组成。

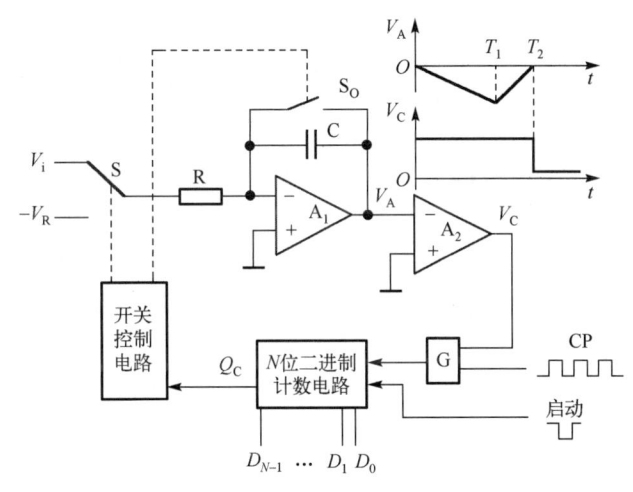

图 3-65 双积分 A/D 转换电路

转换开始前，先将 N 位二进制计数电路清零，并通过开关控制电路使开关 S_O 接通，电容 C 充分放电。由于 N 位二进制计数电路的进位输出 $Q_C=0$，开关控制电路使开关 S 接通 V_i，模拟电压与积分电路接通，同时，门 G 被封锁，N 位二进制计数电路不工作。积分电路输出 V_A 线性下降，经过零比较电路 A_2 后，获得一方波 V_C，打开门 G，N 位二进制计数电路开始计数，当输入 $2n$ 个时钟脉冲后 $t=T_1$，N 位二进制计数电路输出 $D_{N-1}\sim D_0$ 由 111…1 回到 000…0，其进位输出 $Q_C=1$，作为定时控制信号，通过开关控制电路使开关 S 接通基准电压 $-V_R$，积分电路向相反方向积分，V_A 开始线性上升，N 位二进制计数电路重新从 0 开始计数，直到 $t=T_2$，V_A 上升到 0，过零比较电路输出的方波结束，此时 N 位二进制计数电路中暂存的二进制数字就是 V_i 相对应的二进制数码。

2. $3\frac{1}{2}$ 位双积分 A/D 转换电路 CC14433 的性能特点

CC14433 是 CMOS 双积分 $3\frac{1}{2}$ 位 A/D 转换电路，它将构成数字和模拟电路的 7700 多个 MOS 场效晶体管集成在一个硅芯片上，芯片有 24 只引脚，采用双列直插式，其引脚排列如图 3-66 所示。

CC14433 的引脚功能说明如下：

V_{AG}（1 引脚）：被测电压 V_X 和基准电压 V_R 的公共地端。

V_R（2 引脚）：外接基准电压（2V 或 200mV）输入端。

V_X（3 引脚）：被测电压输入端。

R_1（4 引脚）、R_1/C_1（5 引脚）、C_1（6 引脚）：外接积分阻容元件端。

$C_1=0.1\mu F$（聚酯薄膜电容），$R_1=470k\Omega$（2V 量程），$R_1=27k\Omega$（200mV 量程）。

C_{01}（7 引脚）、C_{02}（8 引脚）：外接失调补偿电容端，典型值为 $0.1\mu F$。

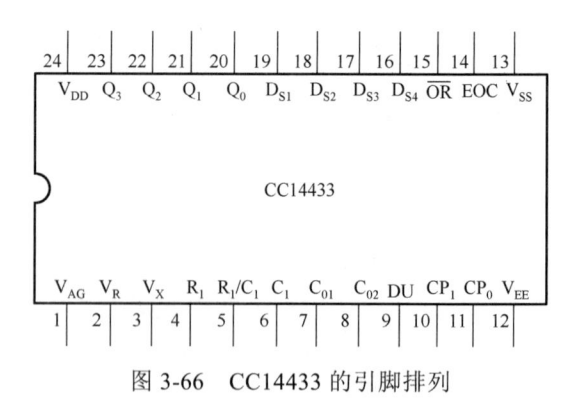

DU（9 引脚）：实时显示控制输入端。若将 DU 端与 EOC 端（14 引脚）连接，则每次 A/D 转换均显示。

CP_1（10 引脚）、CP_0（11 引脚）：时钟振荡外接电阻端，典型值为 $470k\Omega$。

V_{EE}（12 引脚）：电路的负电源端，接-5V 电源。

V_{SS}（13 引脚）：除 CP_1 端、CP_0 端外的所有输入端的低电平基准（通常与 1 引脚连接）。

EOC（14 引脚）：转换周期结束标记输出端，每次 A/D 转换周期结束，EOC 端输出一个正脉冲，宽度为时钟周期的二分之一。

$\overline{OR}$（15 引脚）：过量程标志输出端，当 $|V_X|>V_R$ 时，$\overline{OR}$ 端输出低电平。

$D_{S4}\sim D_{S1}$（16～19 引脚）：多路选通脉冲输入端，D_{S1} 对应千位，D_{S2} 对应百位，D_{S3} 对应十位，D_{S4} 对应个位。

$Q_0\sim Q_3$（20～23 引脚）：BCD 码数据输出端，在 D_{S2}、D_{S3}、D_{S4} 选通脉冲期间，输出三位完整的十进制数，在 D_{S1} 选通脉冲期间，输出千位 0 或 1 及过量程、欠量程和被测电压极性标志信号。

V_{DD}（24 引脚）：电路的正电源端，接+5V 电源。

图 3-66 CC14433 的引脚排列

CC14433 具有自动调零、自动转换极性等功能，可测量正电压或负电压。当 CP_1、CP_0 端接入 $470k\Omega$ 电阻时，时钟频率约为 66kHz，每秒钟可进行 4 次 A/D 转换。它的使用及调试简便，能与微处理机或其他数字系统兼容，CC14433 被广泛用于数字面板表、数字万用表、数字温度计、数字量具及遥测、遥控系统。

3. $3\frac{1}{2}$ 位万用表的组成（实验电路）

$3\frac{1}{2}$ 位万用表的电路如图 3-67 所示。被测直流电压 V_X 经 A/D 转换后以动态扫描形式输出，数字量输出端 Q_0、Q_1、Q_2、Q_3 上的数字信号（8421BCD 码）按照时间先后顺序输出。位选信号 D_{S1}、D_{S2}、D_{S3}、D_{S4} 通过位选开关 MC1413（ULN2003）分别控制着千位、百位、十位和个位上的四只 LED 共阴极数码管的公共阴极。注：在 CC14433 的 Q_2 端和 $3k\Omega$ 电阻右端串入一级反相电路。

图 3-67 $3\frac{1}{2}$ 位万用表的电路

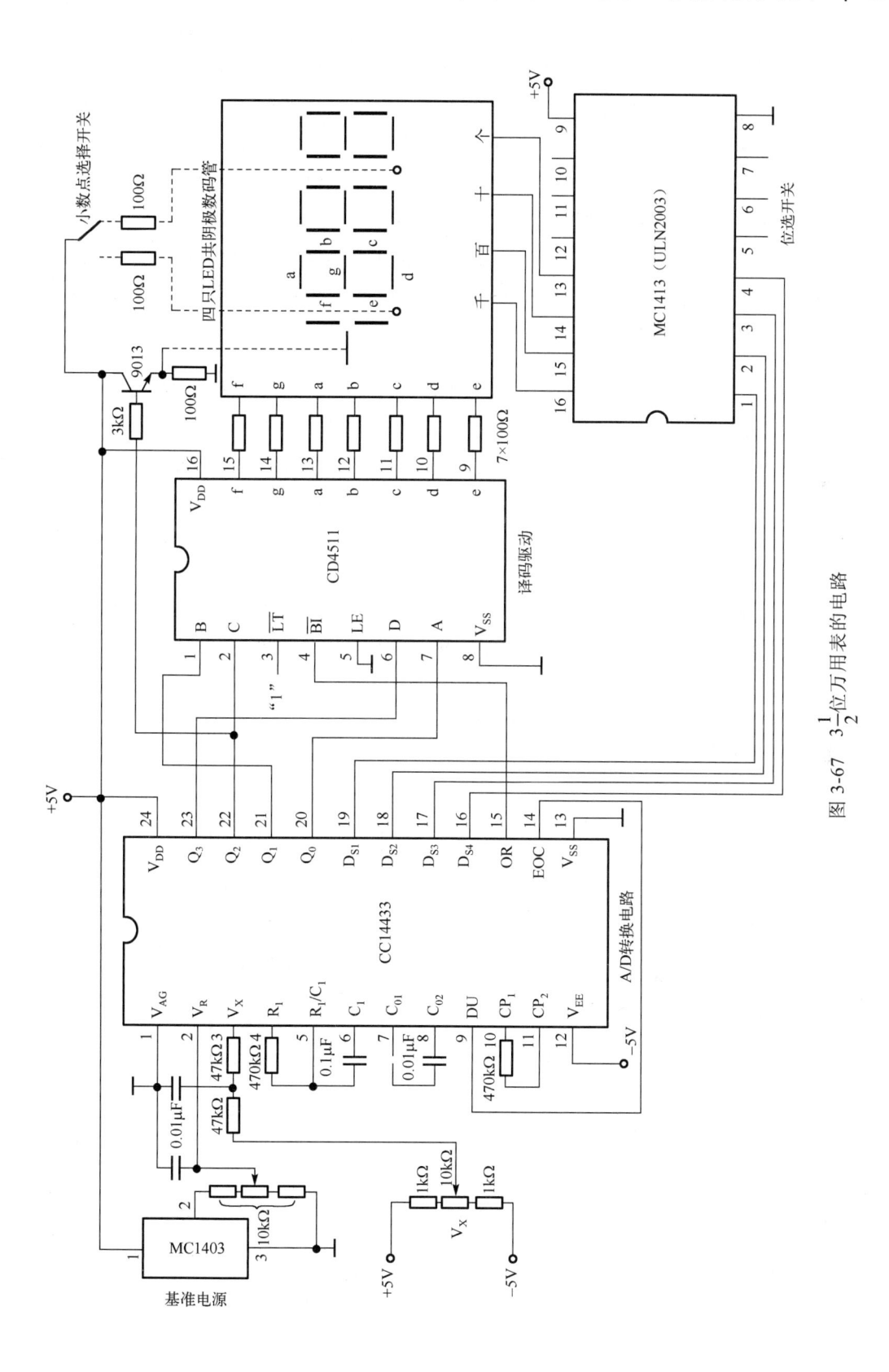

工作原理：数字信号经七段译码/驱动电路 CD4511 译码后，驱动四只 LED 共阴极数码管的各段阳极，这样就把 A/D 转换电路按时间顺序输出的数据以扫描形式在四只 LED 共阴极数码管上依次显示出来，由于选通重复频率较高，工作时从高位到低位以每位每次约 300μs 的速率循环显示，即一个四位数的显示周期是 1.2ms，所以人的肉眼就能清晰地看到四只 LED 共阴极数码管同时显示三位半十进制数字量。当参考电压 V_R=2V 时，满量程显示 1.999V；当 V_R=200mV 时，满量程为 199.9mV。可以通过选择开关来控制千位和十位数码管的小数点控制段 h，通过限流电阻实现对相应的小数点显示的控制。最高位（千位）显示时只有 b、c 两笔段与四只 LED 共阴极数码管的 b、c 引脚相接，所以千位只显示 1 或不显示，用千位的 g 笔段来显示模拟量的负值（正值不显示），即由 CC14433 的 Q_2 端通过 NPN 型三极管 9013 来控制 g 笔段。

A/D 转换需要外接标准电压源作为参考电压。标准电压源的精度应当高于 A/D 转换电路的精度。本实验采用 MC1403 集成精密稳压源作为标准电压源，MC1403 的输出电压为 2.5V，当输入电压在 4.5～15V 范围内变化时，输出电压的变化不超过 3mV，一般只有 0.6mV 左右，输出的最大电流为 10mA。MC1403 的引脚排列如图 3-68 所示。

本实验使用 CMOS BCD 七段译码/驱动电路 CD4511（其功能和引脚排列与 CC4511 完全一样），相关内容参考实验五。

七路达林顿晶体管列阵 MC1413（ULN2003）采用 NPN 达林顿复合晶体管结构，因此有很高的电流增益和输入阻抗，可直接接收 MOS 或 CMOS 集成电路的输出信号，并把电压信号转换成足够大的电流信号，从而驱动各种负载。该电路含有 7 个集电极开路反相电路（也称为 OC 门）。MC1413（ULN2003）的引脚排列和电路结构如图 3-69 所示，它采用 16 引脚的双列直插式封装。

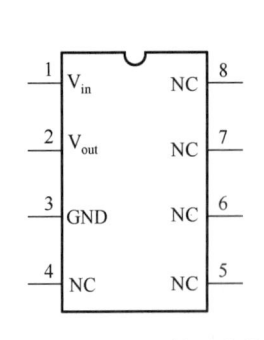

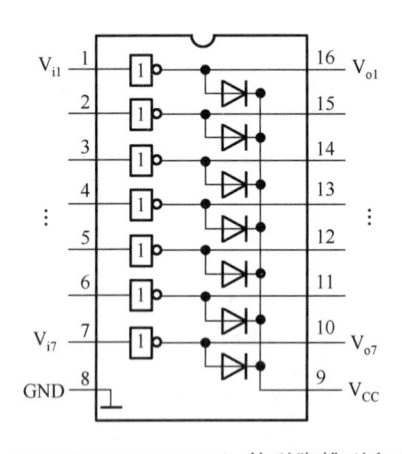

图 3-68　MC1403 的引脚排列　　图 3-69　MC1413（ULN2003）的引脚排列和电路结构

三、实验设备与电路元器件

（1）±5V 直流电源。　　　　　　　　（2）双踪示波器。
（3）万用表。　　　　　　　　　　　　（4）图 3-67 所示的电路元器件。

四、实验内容及步骤

按图 3-67 连接电路，并调试好一台 $3\frac{1}{2}$ 位万用表，实验时应按步骤进行。

（1）数码显示部分的组装与调试。

① 建议将四只 LED 共阴极数码管插到 40P 集成电路插座上，将四只 LED 共阴极数码管的同名笔段与显示译码电路的相应输出端连在一起，其中最高位只需将 b、c、g 三笔段接入电路，按图 3-67 连接电路，但暂不插入所有的电路。

② 插好电路 CD4511 与 MC1413（ULN2003），并将 CD4511 的输入端 A、B、C、D 接至拨码开关对应的 A、B、C、D 四个插口处；将 MC1413（ULN2003）的 1、2、3、4 引脚接至逻辑电平开关的输出插口上。

③ 将 MC1413（ULN2003）的 2 引脚置"1"，1、3、4 引脚置"0"，接通电源，拨动码盘（按"+"或"–"键）自 0 至 9 变化，检查四只 LED 共阴极数码管是否按码盘的指示值变化。

④ 根据实验原理中关于译码显示电路的说明，检查译码显示是否正常。

⑤ 分别将 MC1413（ULN2003）的 3、4、1 引脚单独置"1"，重复步骤③的内容。

如果四只 LED 共阴极数码管均显示正常，则去掉数字译码显示部分的电源，备用。

（2）标准电压源的连接和调整。

插上 MC1403 集成精密稳压源，用标准数字电压表检查输出是否为 2.5V，然后调整 10kΩ 电位器，使其输出电压为 2V，调整结束后去掉电源线，待总装时使用。

（3）总装总调。

① 插好电路 CC14433，按图 3-67 接好全部电路。

② 将输入端接地，接通+5V、–5V 电源（先接好地线），此时显示电路将显示"000"，如果不是，则应检测电源的正、负电压。用双踪示波器观察 $D_{S1} \sim D_{S4}$、$Q_0 \sim Q_3$ 端的波形，判断故障位置。

③ 用电阻、电位器构成一个简单的输入电压 V_X 调节电路，调节电位器，四位数码将相应变化，然后进入下一步精调。

④ 用标准数字电压表（或数字万用表）测量输入电压，调节电位器，使 V_X=1.000V，这时 $3\frac{1}{2}$ 位万用表的电压指示值不一定显示"1.000"，应调整 MC1403，使 $3\frac{1}{2}$ 位万用表的电压指示值与标准数字电压表显示值的误差在 0.005 之内。

⑤ 改变输入电压 V_X 的极性，使 V_i=–1.000V，检查"–"是否显示，并按步骤④的方法校准显示值。

⑥ 在+1.999V～–1.999V 量程内再次仔细调整 MC1403，使全部量程内的误差在 0.005 之内。

至此，一个测量范围为–1.999～+1.999V 的 $3\frac{1}{2}$ 位万用表调试成功。

（4）列出表格，记录输入电压（标准数字电压表的读数）为±1.999V、±1.500V、±1.000V、±0.500V、0.000V 时，$3\frac{1}{2}$ 位万用表的电压指示值。

（5）用自制的 $3\frac{1}{2}$ 位万用表测量正、负电源电压。试设计扩程测量电路。

*（6）将积分电容 C_1、C_{02}（0.1μF）换成普通金属化纸介电容，观察测量精度的变化。

五、实验报告撰写要求

1. 画出 $3\frac{1}{2}$ 位万用表的电路图。
2. 说明组装、调试步骤。
3. 说明你在调试过程中遇到的问题及其解决方法。
4. 总结组装、调试 $3\frac{1}{2}$ 万用表的心得体会。

六、思考题

1. 若基准电压 V_R 上升，则显示值增大还是减少？
2. 要使四只 LED 共阴极数码管的显示值保持某一时刻的读数，应如何改动电路？

实验十五　数字频率计的设计与实现

【实验预习】

1. 预习数字频率计的工作原理。
2. 预习图 3-75 中涉及的单元电路和各类集成电路之间的信号处理过程。

一、工作原理

数字频率计是用于测量信号（方波、正弦波或其他脉冲）的频率，并用十进制数显示的仪器，它具有精度高、测量迅速、读数方便等优点。

脉冲的频率指在单位时间内产生的脉冲个数，其表达式为 $f=N/T$，其中，f 为被测脉冲的频率；N 为计数电路累计的脉冲个数；T 为产生 N 个脉冲所需的时间。计数电路单位时间内记录的结果就是被测信号的频率。若计数电路在 1s 内记录了 1000 个脉冲，则被测信号的频率为 1000Hz。本实验讨论一种简单易制的数字频率计，其原理如图 3-70 所示。

基本分析：晶振产生较高的标准频率，经分频电路后可获得各种周期（如 1ms、10ms、0.1s、1s 等）的时基信号，时基信号的选择由开关 S_{21} 控制。被测信号经放大整形后变成矩形脉冲被加到主控门的输入端，如果被测信号为方波，则可以不经放大整形，直接被加到主控门的输入端。时基信号经控制电路产生闸门信号并加至主控门，只有在闸门信号采样期间（时基信号的一个周期），被测信号才通过主控门。若时基信号的周期为 T，进入四位十进制计数器的输入信号数为 N，则被测信号的频率 $f=N/T$，改变时基信号的周期 T，即可得到不同的频率。当主控门关闭时，四位十进制计数器停止计数，译码/驱动器显示记录结果。此时，控制电路输出一个置零信号，经微分整形电路、延时电路的延时，当达到所调节的延时时间时，延时电路输出一个复位信号，使四位十进制计数器和所有的触发器置零，为后续新的取样做好准备，即锁住一次显示的时间，保留到接收新的取样为止。

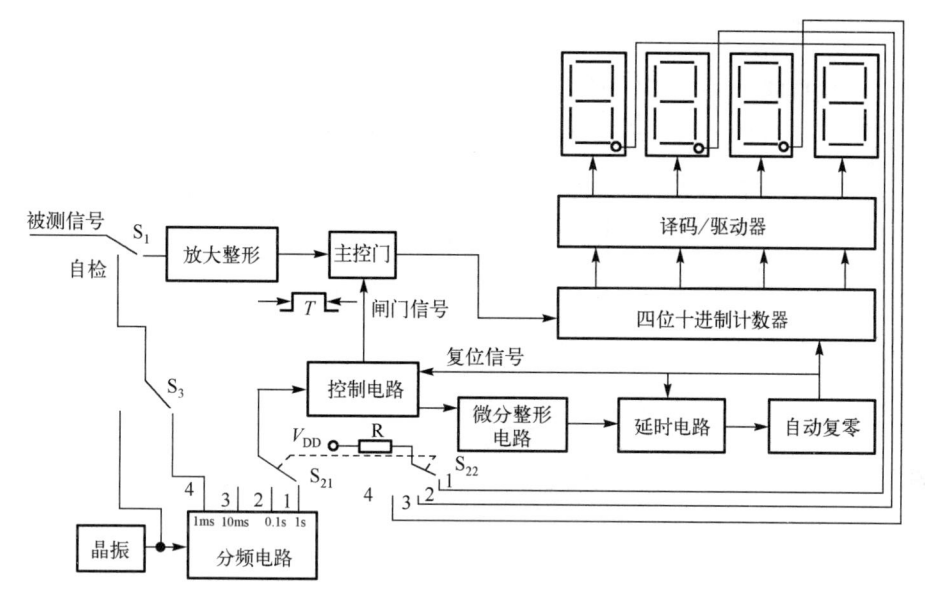

图 3-70 数字频率计的原理

当改变开关 S_{22} 的连接时，小数点能自动移位。若开关 S_1、S_3 配合使用，可将测试状态转为"自检"工作状态（用时基信号作为被测信号输入）。

二、单元电路的设计思路及工作原理

1. 控制电路

控制电路及主控门如图 3-71 所示。控制电路由双 D 触发器 CC4013 及与非门 CD4011 构成。CC4013（a）的任务是输出闸门信号，以控制主控门 G_2 的开启与关闭。如果通过开关 S_{21} 选择一个时基信号，当给与非门 G_1 输入一个时基信号的下降沿时，G_1 就输出一个上升沿，则 CC4013（a）的 Q_1 端就由低电平变为高电平，将主控门 G_2 开启，允许被测信号通过该主控门并送至计数器输入端进行计数。相隔 1s（或 0.1s、10ms、1ms）后，又给 G_1 输入一个时基信号的下降沿，G_1 输出端又产生一个上升沿，使 CC4013（a）的 Q_1 端变为低电平，将主控门关闭，使计数器停止计数，同时 $\overline{Q_1}$ 端产生一个上升沿，使 CC4013（b）翻转成 $Q_2=1$，$\overline{Q_2}=0$，由于 $\overline{Q_2}=0$，所以它立即封锁 G_1，不再让时基信号进入 CC4013（a），保证在显示读数的时间内 Q_1 端始终保持低电平，使计数器停止计数。

利用 Q_2 端，将上升沿送到下一级的微分整形电路、延时电路。当到达所调节的延时时间时，延时电路输出端立即输出一个正脉冲，将计数器和所有双 D 触发器全部置零。复位后，$Q_1=0$，$\overline{Q_1}=1$，为下一次测量做好准备。当时基信号又产生下降沿时，重复上述过程。

2. 微分整形电路

微分整形电路如图 3-72 所示。CC4013（b）Q_2 端产生的上升沿经微分电路后，送到由与非门 CD4011 组成的施密特整形电路的输入端，在其输出端可得到一个边沿十分陡峭且具有一定脉冲宽度的负脉冲，然后送至下一级的延时电路。

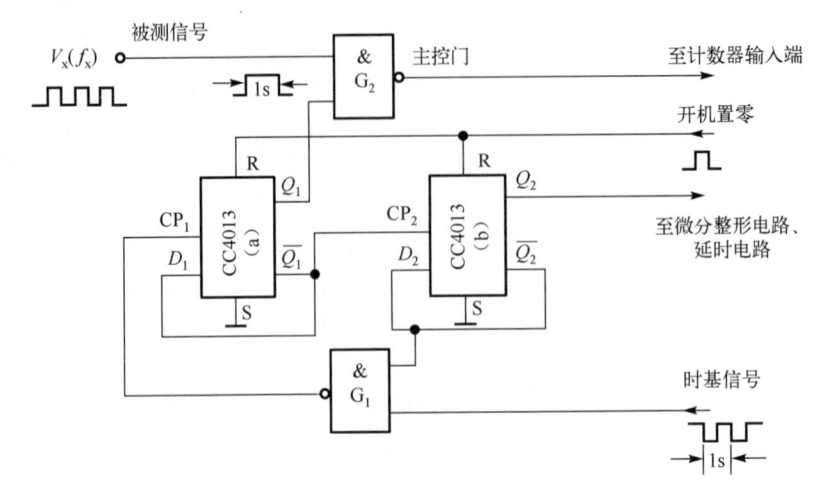

图 3-71 控制电路及主控门

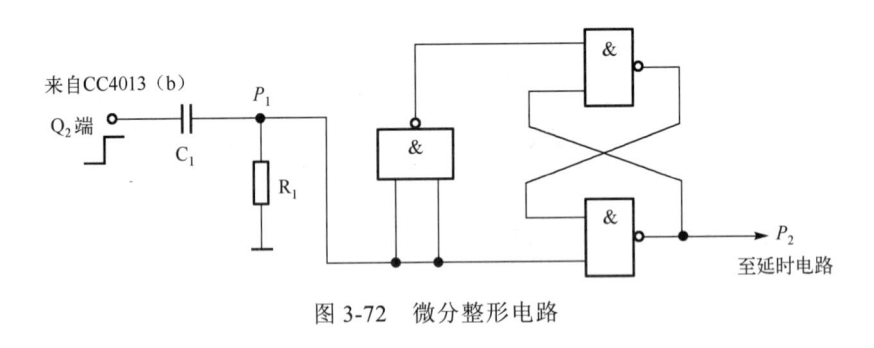

图 3-72 微分整形电路

3. 延时电路

延时电路由双 D 触发器 CC4013（c）、积分电路（由电位器 R_{w1} 和电容 C_2 组成）、非门 G_3 及单稳态电路组成，如图 3-73 所示。由于 CC4013（c）的 D_3 端接 V_{DD}，因此，在 P_2 点产生的上升沿作用下，CC4013（c）翻转，翻转后 $\overline{Q}_3=0$，由于开机置"0"时或 G_1 输出的正脉冲将 CC4013（c）的 Q_3 端置"0"，因此 $\overline{Q}_3=1$，经二极管 2AP9 迅速给电容 C_2 充电，使 C_2 两端的电压达到高电平，而此时 $\overline{Q}_3=0$，电容 C_2 经电位器 R_{w1} 缓慢放电。当电容 C_2 上的电压降至非门 G_3 的阈值电平 V_T 时，非门 G_3 的输出端立即产生一个上升沿，触发下一级单稳态电路。此时，P_3 点输出一个正脉冲，该脉冲宽度主要取决于时间常数 R_tC_t 的值，延时时间为上一级电路的延时时间与这一级电路的延时时间之和。

由实验求得，如果电位器 R_{w1} 用 510Ω 的电阻代替，C_2 取 3μF，则总的延迟时间（显示电路显示的时间）为 3s 左右。如果电位器 R_{w1} 用 2MΩ 的电阻代替，C_2 取 22μF，则显示时间可达 10s 左右。可见，调节电位器 R_{w1} 的阻值可以改变显示时间。

4. 自动复零电路

将 P_3 点产生的正脉冲送到图 3-74 所示的由或门组成的自动复零电路，将各计数器及所有触发器置零。在复位信号的作用下，$Q_3=0$，$\overline{Q}_3=1$，于是 $\overline{Q}_3$ 端的高电平经二极管

2AP9 再次对电容 C_2 充电,补上刚才放掉的电荷,使 C_2 两端的电压恢复为高电平,又因为 CC4013(b)复位后使 Q_2 端再次变为高电平,所以与非门 G_1 又被开启,电路重复上述变化过程。

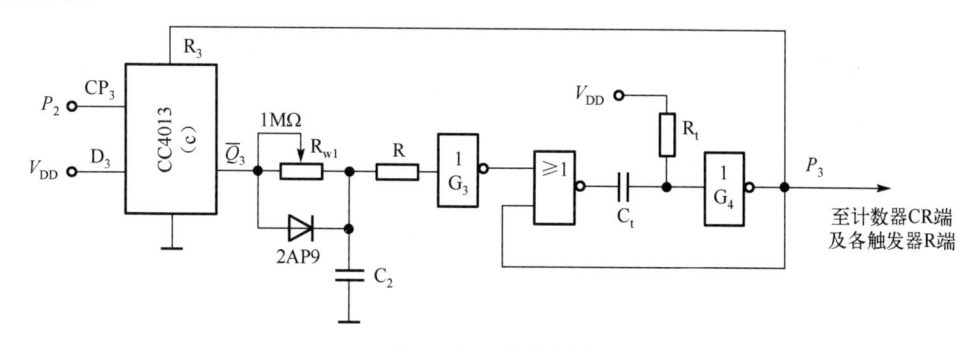

图 3-73　延时电路

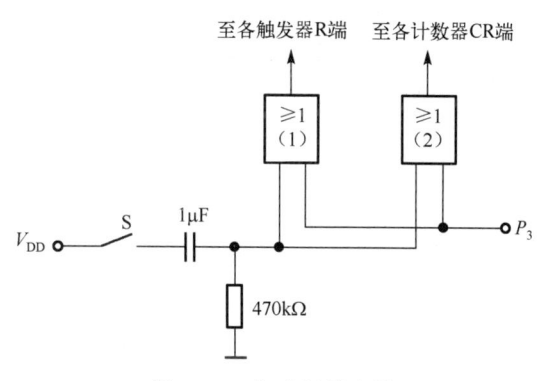

图 3-74　自动复零电路

三、设计任务和要求

参考以上设计思路及各单元电路的功能,自行选择合适的中、小规模集成电路设计一台简易的数字频率计,实现基本的频率测量功能,具体设计要求如下。

1. 位数

设计四位十进制数,计数位数主要取决于被测信号频率的高低,如果被测信号频率较高,精度也较高,则可相应增加显示位数。

2. 量程

第一挡:最小量程挡,最大读数是 9.999kHz,闸门信号的采样时间为 1s。
第二挡:最大读数为 99.99kHz,闸门信号的采样时间为 0.1s。
第三挡:最大读数为 999.9kHz,闸门信号的采样时间为 10ms。
第四挡:最大读数为 9999kHz,闸门信号的采样时间为 1ms。

3. 显示方式

(1)用七段 LED 数码管显示读数,做到显示稳定、不跳变。
(2)小数点的位置随着量程的变更而自动移位。

（3）为了便于读数，要求数据显示的时间在 0.5s～5s 内连续可调。

4．功能

要求数字频率计具有"自检"功能。

5．被测信号类型

要求被测信号为方波信号。

四、实验设备与电路元器件

（1）+5V 直流电源。　　　　　　　（2）双踪示波器。
（3）连续脉冲源。　　　　　　　　（4）逻辑电平显示电路。
（5）万用表。　　　　　　　　　　（6）数字频率计（自备）。
（7）主要元器件（供参考）：CD4518（二、十进制同步计数电路）×4、CD4553（三位十进制计数电路）×2、CD4013（双 D 型触发电路）×2、CD4011（四 2 输入与非门）×2、CD4069（六反相电路）×1、CD4001（四 2 输入或非门）×1、CD4071（四 2 输入或门）×1、2AP9（二极管）×1、电位器（1MΩ）×1、电阻、电容若干。

五、实验报告撰写要求

实验报告的格式及内容要求如下。

1．设计方案。根据设计要求，参考数字频率计的工作原理，制定设计方案，画出方案框图并进行论证。

2．绘制数字频率计的电路总图。根据设计方案，分别给出单元电路图并汇总，画出数字频率计的电路总图，可参考图 3-75 所示的 0～999 999Hz 数字频率计电路。

3．组装和调试。根据数字频率计的电路总图，组装单元电路、总电路，进行分模块调试、系统联调，记录过程数据。

注意事项：

（1）时基信号通常由晶振输出的标准频率信号经分频电路获得。为了方便调试电路，时基信号也可由实验设备上脉冲信号源输出的 1kHz 方波信号经 3 次 10 分频获得。

（2）按设计的数字频率计电路在实验装置上布线。

（3）将 1kHz 方波信号送入分频电路的 CP 端，用数字频率计检查各分频电路的工作是否正常。用周期为 1s 的信号作为控制电路的时基信号输入，用周期为 1ms 的信号作为被测信号，用双踪示波器观察控制电路的输入、输出波形并做好记录，检查控制电路产生的各控制信号能否按正确的时序要求控制各单元电路。将周期为 1s 的信号送入计数器的 CP 端，用发光二极管检查计数器的工作是否正常。用周期为 1s 的信号作为微分整形电路、延时电路的输入，用两只发光二极管作为指示灯，检查微分整形电路、延时电路的输入，以及微分整形电路、延时电路的工作是否正常。若各单元电路的工作都正常，再将各单元电路连接起来统调。调试成功后，将过程数据记入实验报告中。

4．设计总结。

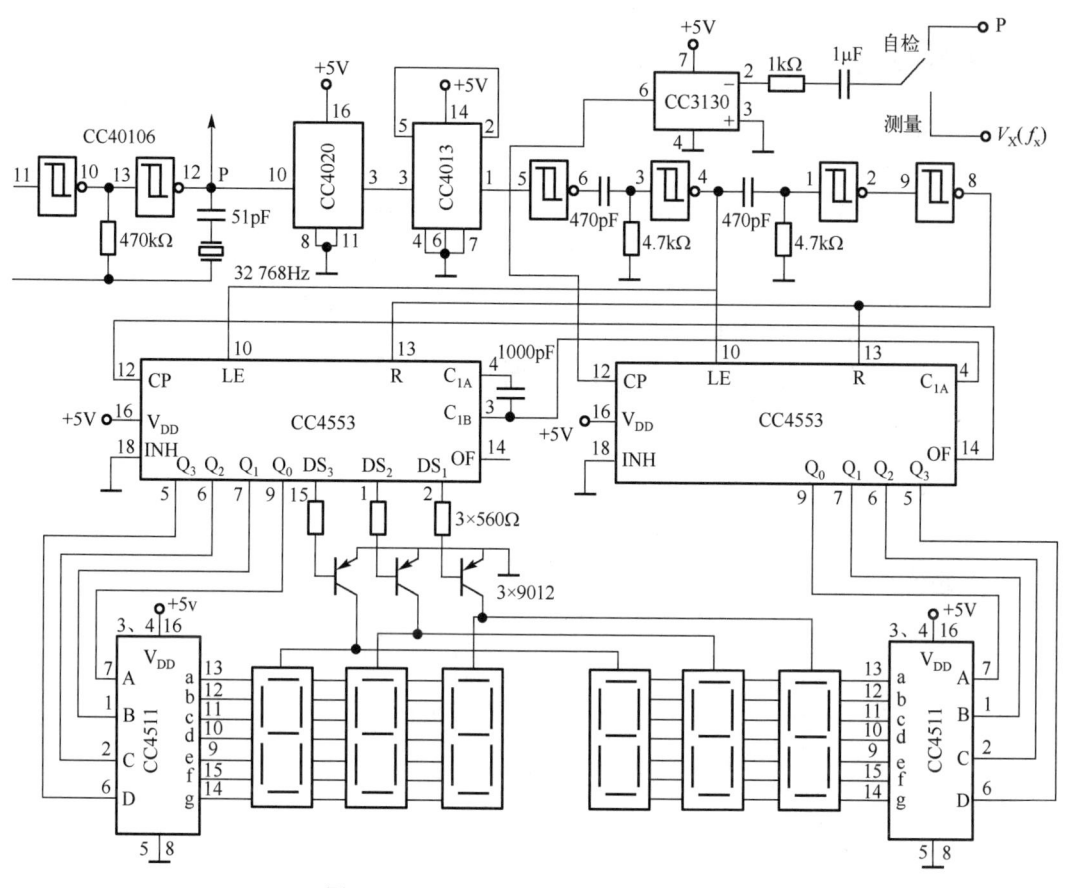

图 3-75　0～999 999Hz 数字频率计电路

实验十六　拔河游戏机的设计与实现

【实验预习】

1. 自行查阅 4 线-16 线译码电路 CC4514 的引脚排列及逻辑功能。
2. 自行查阅十进制计数电路 CC4518 的引脚排列及逻辑功能。

一、设计任务

根据所学的电子技术基础知识，选择合适的实验设备和电路元器件，设计一个拔河游戏机。其具体要求如下：

1. 拔河功能：将 9 只（或 15 只）发光二极管排列成一行，开机后只有中间一只发光二极管被点亮，以此作为拔河的中心线，游戏双方各持一个按键，迅速地、不断地按动按键以产生脉冲，谁按得快，亮点就向谁的方向移动，每按一次，亮点移动一次。若一方终端发光二极管被点亮，则这一方就得胜，此时双方按键均无作用，输出保持；只有复位后才能使亮点恢复到中心位置。
2. 设置显示电路部分，显示胜者的盘数。

二、参考电路

拔河游戏机的组成如图 3-76 所示。

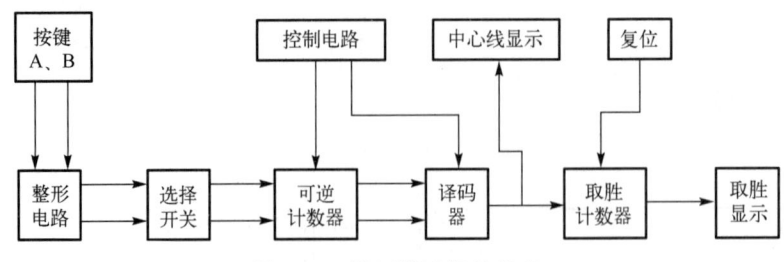

图 3-76 拔河游戏机的组成

拔河游戏机电路如图 3-77 所示。

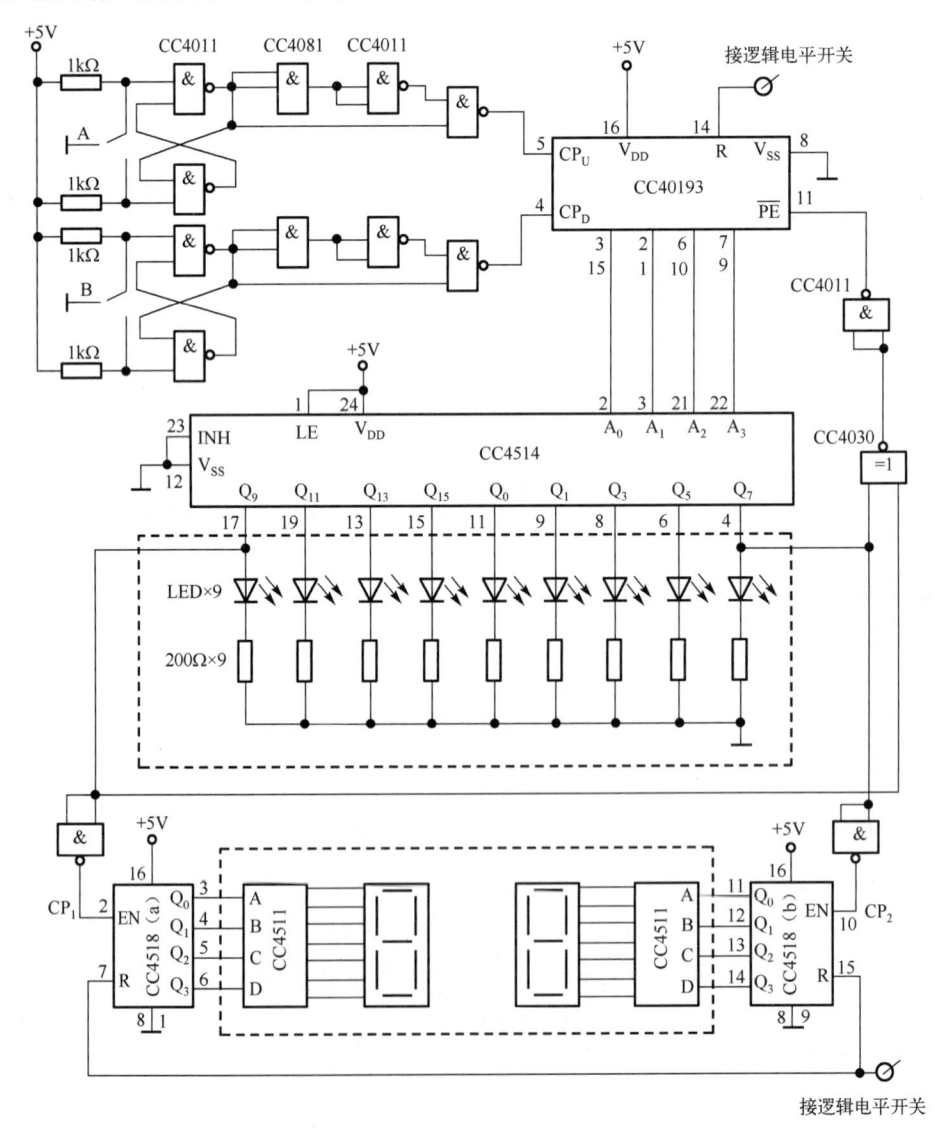

图 3-77 拔河游戏机电路

三、实验设备及元器件

（1）+5V 直流电源。　　　（2）译码显示电路。
（3）逻辑电平开关。　　　（4）逻辑电平显示电路。
（5）4 线-16 线译码电路 CC4514×1、同步加/减二进制计数电路 CC40193×1、十进制计数电路 CC4518×2、显示译码驱动电路 CC4511×1、与门 CC4081×1、与非门 CC4011×3、异或门 CC4030×1、1kΩ电阻×4、200Ω电阻×9、LED×9。

四、设计步骤提示

设计分析提示：同步加/减二进制计数电路 CC40193 原始状态输出四位二进制数 0000，经译码电路输出后，中间的一只发光二极管被点亮。按下 A、B 两个按键，分别产生两个脉冲信号，经整形后将其分别加到 CC40193 上，CC40193 输出的代码经译码电路译码后驱动发光二极管点亮并产生位移，当亮点移到一方终端后，由于控制电路的作用，这一状态被锁定，输入脉冲不起作用。按下复位键，亮点又回到中心位置，比赛重新开始。

因此，将双方终端发光二极管的正极分别经与非门接至两个十进制计数电路 CC4518 的允许控制端 EN，当其中一方取胜时，该方终端发光二极管被点亮，产生一个下降沿使其对应的十进制计数电路计数。这样，十进制计数电路的输出就显示了胜者取胜的盘数。

1. 编码电路

编码电路有两个输入端、四个输出端，要进行加/减法计数，选用同步加/减二进制计数电路 CC40193 来完成。

2. 整形电路

CC40193 是可逆计数电路，将控制加、减的 CP 脉冲分别加至 5 引脚和 4 引脚，当电路要求进行加法计数时，减法输入端 CP_D 必须接高电平；当电路要求进行减法计数时，加法输入端 CP_U 必须接高电平。如果直接将 A、B 按键产生的脉冲分别加到 5 引脚和 4 引脚，那么就有很多种可能。若在进行计数输入时另一个计数输入端为低电平，则会使计数电路不能计数，双方的按键均失去作用，拔河比赛不能正常进行。加一个整形电路，使按下 A、B 按键产生的脉冲经整形后变为一个占空比很大的脉冲，这样就减少了进行某一计数时另一个计数输入端为低电平的可能性，从而使每次按下按键都有可能进行有效的计数。整形电路由与门 CC4081 和与非门 CC4011 实现。

3. 译码电路

选用 4 线-16 线译码电路 CC4514。使 CC4514 的输出端 $Q_0 \sim Q_{14}$ 分别接 9 只（或 15 只）发光二极管，将发光二极管的负极接地，正极接 CC4514，这样，当输出为高电平时发光二极管被点亮。

比赛准备，CC4514 输入为 0000，输出 Q_0 为 "1"，中心处发光二极管首先被点亮。当编码电路进行加法计数时，亮点向右移；当编码电路进行减法计数时，亮点向左移。

4. 控制电路

为指示谁胜谁负，需用一个控制电路。当亮点移到一方的终端时，判该方获胜，此时双方的按键均宣告无效。此电路可由异或门 CC4030 和与非门 CC4011 实现。将双方终端发光二极管的正极接至异或门的两个输入端，当获胜一方为"1"时，另一方为"0"，异或门输出"1"，经与非门产生低电平"0"，再送到 CC40193 的置数端 $\overline{PE}$，于是计数电路停止计数，处于预置状态，由于 CC40193 数据端 A、B、C、D 和输出端 Q_0、Q_1、Q_2、Q_3 对应相连，输入也就是输出，从而使输入脉冲对计数电路不起作用。

5. 胜负显示

将双方终端发光二极管经与非门后的输出分别接到两个 CC4518 的 EN 端，CC4518 的两组四位 BCD 码分别输入实验装置的两组译码显示电路的 A、B、C、D 端。当一方取胜时，该方终端发光二极管点亮，产生一个上升沿，使相应的计数电路进行加一计数，于是就得到了双方取胜次数的显示，若一位数不够，则可进行二位数的级联。

6. 复位

为了能进行多次比赛，需要进行复位操作，使亮点返回中心位置，可用一个开关控制 CC40193 的清零端 R。要使胜负显示电路复位，也可用一个开关来控制 CC4518 的清零端 R，使其重新计数。

五、实验报告撰写要求

实验报告的格式及内容要求如下：

1．设计方案。根据设计要求，参考拔河游戏机的工作原理，制定设计方案，画出方案框图，并论证。

2．绘制拔河游戏机的电路总图。根据设计方案，分别给出单元电路图并汇总，画出拔河游戏机的电路总图。

3．组装和调试。根据拔河游戏机的电路总图，组装单元电路、总电路。结合设计分析提示，进行分模块调试、系统联调，若各单元电路工作都正常，再将各单元电路连接起来统调。调试成功后，将过程数据记入综合设计实验报告中。

4．设计总结。

第四章　电子技术综合实践

　　工程教育是我国高等教育的重要组成部分，在国家工业化进程中，对门类齐全、独立完整的工业体系的形成与发展，发挥了不可替代的作用。

　　工程教育专业认证是国际通行的工程教育质量保障制度，也是实现工程教育国际互认和工程师资格国际互认的重要基础。工程教育专业认证的核心就是要确认工科专业毕业生是否已达到行业认可的既定质量标准要求，是一种以培养目标和毕业出口要求为导向的合格性评价。工程教育专业认证要求专业课程体系设置、师资队伍配备、办学条件配置等都围绕学生毕业能力达成这一核心任务展开，并强调建立专业持续改进机制和文化以保证专业教育质量和专业教育活力。根据《工程教育认证标准》（2017 年 1 月修订）、《工程教育认证专业类补充标准》（2020 年修订），在工程实践教学方面，要求"工程实践与毕业设计（论文）"的学分总数至少占专业总学分的 20%；设置完善的实践教学体系，培养学生的实践能力和创新能力，工程意识、协作精神，以及综合应用所学知识解决实际问题的能力。这项标准是对实践教学环节提出的要求。

　　在工程教育背景下，统筹研究实验、实习、实训等实践教学环节，将项目式教学和问题探究式教学相结合，将课程实践训练和以企业真实生产任务为载体进行的项目训练相结合，形成"以培养学生为中心，以强化学生基本技能、综合技能、创新能力和工程意识为核心"的新型实践教学理念。

　　对于电子技术综合实践部分，可以以课程设计形式或其他知识相关的实践课程开展教学，以工程实际为背景，知识、技能和设计能力并举，合理设计综合实践内容和教学过程以促使学生将所学知识进行融合、应用、归纳，体现工程教育的综合性。通过综合实践环节，培养学生综合运用电子技术基础理论知识分析和解决实际问题的能力，提高学生解决复杂工程问题的能力。

第一节　电子技术综合实践的基本知识

一、电子技术综合实践的重要性

　　对于电子技术综合实践，应以电子电路系统实际项目或产品为原型，合理设计教学环节，培养学生基于复杂工程问题找到解决方案的能力，使其综合运用专业及多学科知识，利用现代信息技术、仪器仪表技术及虚拟仿真技术等，开展详细深入的应用研究、设计开发，能够构建各个环节或模块的具体实施系统、措施、方法、模型和条件因素，并能够以图纸、报告或实物等形式呈现实践结果。综合实践的重点在于系统设计开发。

　　在《工程教育认证通用标准》的指导下，在电子技术实验与实践的教学过程中，应该重基础、重设计、重创新。为此，在"电子技术基础实验"的基础上，增加"电子电路综合实践"环节是非常有必要的。电子电路综合实践不仅可以使学生得到设计思想、设计技能、调试技能与实验研究技能的训练，还可以提高学生的自学能力及运用基础理论解决复杂工程问题的能力，激发学生的创新精神，提高学生的综合素质，以适应科技强国对人才的需求。

二、电子电路系统设计的一般方法

电子电路系统设计的方法和步骤：首先确定课题；然后针对课题选择总体设计方案，设计单元电路、选择元器件、计算参数值、审图、实验（包括修改电路、测试性能等）；最后画出总体电路图，如图 4-1 所示。

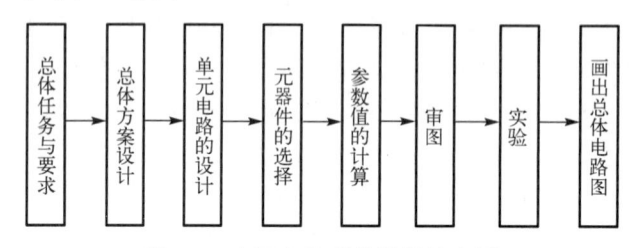

图 4-1　电子电路系统的设计步骤

但由于电路的种类很多，元器件选择的灵活性很大，因而设计方法和步骤也会因情况不同而有所区别。因此，设计者应根据具体情况灵活处理。下面对设计步骤的一些环节作简要说明。

一）选择总体设计方案的一般过程

总体设计是指针对课题所提出的任务、要求和条件，用具有一定功能的若干单元电路构成一个整体，实现系统的各项性能，从而满足课题中的性能要求和各项技术指标要求。由于符合要求的总体设计方案往往不止一个，所以应该针对设计的具体任务和要求，充分查阅有关资料，以广开思路，利用掌握的知识提出几个不同的可行性方案，然后逐一分析每个方案的优劣，加以比较，从中选出最佳的方案。

在方案的选择过程中，常用框图表示各种方案的基本原理。框图一般不必画得过于详细，只要能正确反映各组成部分的功能和系统的基本原理就可以了。

选择方案时应注意的问题：①应针对电路全局的问题，多提些不同的方案，反复深入分析比较，对一些关键部分，可以画出各种具体的电路，根据设计要求进行分析比较，从而选出最佳方案；②选择时既要考虑方案的可行性，又要考虑性能的可靠性，以及成本、体积、功耗等实际问题；③选择一个满意的方案并不是一件容易的事，往往需要在分析论证中不断改进和完善，但一旦选定方案后，尽量不要反复修改，以免浪费过多的时间和精力。

二）单元电路的设计

在确定了总体设计方案、画出框图后，便可以进行单元电路的设计。

设计单元电路的一般方法和步骤：①根据总体设计方案原理图和具体要求，确定各单元电路的设计要求，详细拟定主要单元电路的性能指标，并应特别注意各单元电路之间的相互耦合，尽量减少或不用电平转换之类的接口电路，以最大限度地简化电路的结构，从而降低成本；②拟定出各单元电路的设计要求后，应全面检查一遍，确认无误后，再按一定顺序分别设计各单元电路；③在选择单元电路的结构形式时，应查阅大量有关资料，以拓宽知识面，从而找到最合适的电路。若找不到性能指标完全满足要求的电路，可找一个与设计要求接近的电路，然后根据设计要求适当调整各参数值。

三）总体电路图的画法

设计好各单元电路后，就可画出总体电路图。总体电路图是进行实验的主要依据，也是制作、调试及维修电路的主要依据，所以总体电路图一定要规范、符合标准（元器件符号规范、各参数值要齐全等）。

如何才能画好总体电路图呢？一般要注意以下几点：

（1）注意信号的流向，通常从输入端或信号源画起，由左至右或由上至下按信号流向依次画出各单元电路。

（2）尽量把总体电路图画在一张图纸上，布局要合理，排列要均匀。如果电路复杂，需要绘制多张图，应把主电路画在同一张图纸上，把独立的或次要的电路画在另外的图纸上，同时要标明连线的标号。

（3）连线要清楚，通常将连线画成水平线或垂直线，避免画斜线。按新的画图规则，对于四端连接的交叉线，应在连接处用黑圆点表示，否则表示相互跨过，不连接；三端相连处可不画出黑圆点。还应当注意元器件的合理布局，各连线应尽量短、少拐弯。有的连线可用符号表示，如地线常用 L 表示。单电源供电一般只标出正电压的数值，如果用双电源供电，则必须标出正、负电压的数值。

（4）电路图中的集成电路芯片，通常用方框表示。在方框中标出它的型号，在方框的边线两侧标出每根连线的功能名称和引脚号。

四）元器件的选择

电子电路的设计，从某种意义上来讲，就是选择最合适的元器件，并把它们恰当地组合起来。不仅在设计单元电路、计算参数值时要考虑选择什么样的元器件合适，而且在提出方案，分析、比较方案的优缺点进行方案论证时，也要考虑选用哪些元器件，以及它们的性价比如何。因此，在设计过程中，选择好元器件是很重要的一步。如何选择元器件呢？简单来说，有两方面需要注意：①设计的单元电路中需要什么样的元器件，也就是选用的元器件应有什么样的性能指标？②有哪些可供选用的元器件？如实验室里有哪些元器件？哪些型号的元器件可以替换？它们的性能各是什么？价格如何？体积多大？

随着电子技术的飞速发展，集成化、多功能的元器件不断出现，要更多地了解元器件（了解性能、特点与使用要点等），必须多查阅资料。这不仅对电路的合理选择、设计有利，而且对后续阶段实验调试的正常进行有很大的帮助。

电子电路的元器件主要有晶体管（三极管、二极管）、电阻、电容等分立元件和集成芯片。下面简单介绍选择元器件时的注意要点。

1. 元器件的选用原则

由于集成电路具有体积小、功耗低、工作性能好、安装调试方便等一系列的优点，因此得到了广泛的应用。在电子电路设计中，优先选用集成电路。但对于一些功能非常简单的电路，只用一只三极管或二极管就能解决问题，不必选用集成电路。例如，数字电路中的缓冲、倒相、驱动等应用场合就是如此。

2. 模拟集成电路的选择及使用时的注意事项

常用的模拟集成电路主要有运算放大器、电压比较器、模拟乘法器、集成稳压块、锁相环、函数发生器等。在设计中选择模拟集成电路的方法一般是先粗后细：首先根据总体设计方案考虑选用什么类型的模拟集成电路，如运算放大器有通用型、低漂移型、高阻型、高速型等；然后进一步考虑它们的性能指标与主要参数，如运算放大器的差模和共模输入电压范围等；最后综合考虑它们的性价比，决定选用什么型号的模拟集成电路。

3. 数字集成电路的选择及使用时的注意事项

数字集成电路的优点是：在满足课题要求的前提下，选择的器件最少，成本最低。因此，当模拟集成电路和数字集成电路同时满足电路性能要求时，要优先选择数字集成电路。最好采用同一类型的集成电路，这样可以不用考虑不同类型器件之间的连接匹配问题。当要求一定的输出电流时，TTL 集成电路要优于 CMOS 集成电路；当要求高速时，多选用 TTL 集成电路；当要求低功耗时，多选用 CMOS 集成电路。

使用 TTL 集成电路的注意事项：①TTL 集成电路的标准电源电压为 5V，使用时电源电压不能高于 5.5V。不能将电源与地错接，否则将会因为电流过大而烧毁器件。②TTL 集成电路的各输入端不能直接与高于 5.5V 和低于 –0.5V 的低内阻电源相连，因为低内阻电源能提供较大的内阻电流，会导致器件过热而损坏。③除三态门和集电极开路的电路外，输出端不允许并联使用。④输出端不允许与电源和地短接，但可以通过电阻与电源相连，以提高输出电平。⑤在接通电源时，不要移动或插入集成电路。因为电流的冲击可能造成集成电路损坏。⑥多余的输入端最好不要悬空，因为悬空容易受干扰，有时会造成误操作，所以多余的输入端要根据需要进行处理。

使用 CMOS 集成电路的注意事项：①存放 CMOS 集成电路时要采取屏蔽措施。②CMOS 集成电路的电源电压范围是 3～18V，使用时电源的上限电压不得超过电路极限值 U_{max}，电源的下限电压不得低于系统速度所必需的电源电压最低值 U_{min}，更不能低于 U_{SS}。③焊接 CMOS 集成电路时，一般用 20W 内热式电烙铁，而且电烙铁应该有很好的接地线。禁止在电路通电时焊接。④为了防止输入端保护二极管因正向偏置而损坏，输入电压必须处在 U_{DD} 与 U_{SS} 之间。⑤在调试 CMOS 集成电路时，应该先接通电源，然后输入信号，即在 CMOS 集成电路本身没有接通电源的情况下，不允许有信号输入。⑥多余输入端绝对不能悬空。⑦CMOS 集成电路的输出端与电源和地不能短路，否则会造成 CMOS 集成电路的损坏。⑧CMOS 集成电路的工作电流比较小，其输出端一般只能驱动一级晶体管，如果需要驱动比较大的负载，最简单的方法是在输出端并联几个反相器，且反相器必须在同一芯片上。⑨插拔电路板插头时，应注意先切断电源，防止在插拔过程中烧毁 CMOS 集成电路的输入端保护二极管。

三、安装调试

一个性能优良、可靠性高的电子电路系统，除了先进合理的设计，高质量的组装与调试也是非常关键的环节，这里简要介绍电子电路系统的组装与调试方法。

一）电子电路系统的组装

1. 在实验台上插接

在实验台上预留自行组装区域，按照电子电路系统图插接元器件，进行系统组装。

2. 在实验电路板上插接

在进行电子电路设计或课程设计过程中，为了提高元器件的重复利用率，往往在实验电路板上插接电路。常用实验电路板的结构和尺寸如图 4-2 所示。

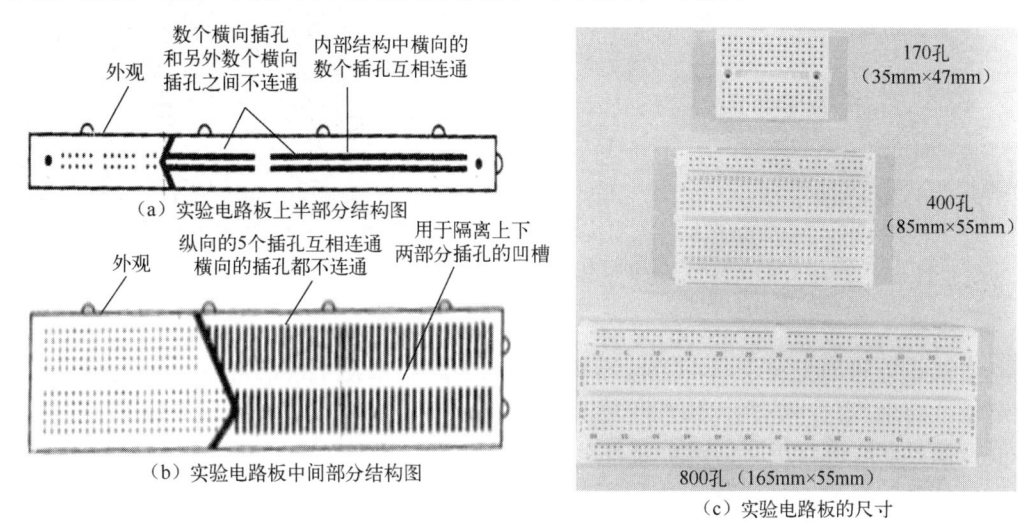

图 4-2 常用实验电路板的结构和尺寸

（1）实验电路板的选用。

实验电路板是可以反复使用的，因此插孔夹簧的弹性是很重要的。为了减少故障，要选用插孔夹簧弹性好、绝缘性能好的实验电路板。

（2）合理布局。

根据总原理图、系统性能要求和各元器件的特殊要求，以及对周围电路的影响，合理地进行总体布局，并画出布局图。

注意事项：①合理安排输入端、输出端、电源及各可调元器件的位置。要确保用电安全，力求调节、使用和测试方便。②输入端与输出端尽可能远离，以避免产生干扰或寄生耦合，影响电路的正常工作。③根据信号流向进行元器件的安装，所有集成电路的插向应尽量一致，以便于连线及查找故障。

（3）合理布线。

布线应简洁、合理、避免交叉。

注意事项：①在布线时，一般先连电源线和地线，再连其他线。为了查线方便，可采用不同颜色的连线加以区分。②连线粗细要合适，插接深浅要适当，连线要紧贴实验电路板，避免导线跨接在集成芯片上，通常按照"一短五分开"的原则来布线。"一短"即导线长度要尽量短；"五分开"即强输入、弱电线分开，大、小号线分开，输入、输出线分开，交、直流线分开及数据、控制线分开。这样既便于查线、更换元器件，又可以减少信号的相互干扰。

3. 电路板焊接

焊接质量取决于焊接工具、焊料、助焊剂和焊接技术四个条件。常用的万用板外形、PCB 焊接示意图如图 4-3 所示。

图 4-3　常用的万用板外形、PCB 焊接示意图

（1）焊接工具。

电烙铁是焊接的主要工具，直接影响焊接质量。要根据不同的焊接对象选用不同功率的电烙铁。若功率过小，则焊锡丝不能充分熔化，焊接不牢；若功率过大，则有可能焊脱电路板铜箔，损坏电路板。焊接普通电阻、电容和集成电路时一般可选用 18～25W 的电烙铁，元器件的引脚较多或焊接面积较大时可选用 45W 或功率更大的电烙铁，焊接 CMOS 集成电路时一般选用 20W 内热式电烙铁，其外壳要良好接地。若用外热式电烙铁，最好将电烙铁断电，用余热焊接。

（2）焊料。

常用的焊料是焊锡丝。市场上出售的焊锡丝有两种：一种是无松香的焊锡丝，在焊接时需加助焊剂；另一种是松香焊锡丝，这种焊锡丝无须另加助焊剂即可使用。焊锡丝的粗细要选择合适，焊接电路板时一般选择直径为 0.2～1.2mm 的焊锡丝。

（3）助焊剂。

目前市场上出售的电子元器件，其引脚大都经过镀银处理，加上电路板焊盘涂有助焊剂，在这种情况下可不用助焊剂，但有的元器件引脚未经过镀银处理，长久放置后引脚被氧化，焊接时必须使用助焊剂。助焊剂通常使用松香、松香酒精溶液及焊锡膏，后两种助焊剂比第一种助焊剂焊接效果好，但腐蚀性较大，时间久了甚至会造成断路。

（4）焊接技术。

首先要求焊接牢固、无虚焊，其次是焊点的大小、形状和表面粗糙度等要符合要求。焊接前，要确认是否需要净化焊件的表面，并做出相应的处理，如用酒精擦洗或用刀片刮等。焊接过程如下：把烙铁头放在焊接处，待焊件温度达到焊锡丝的熔化温度时，使焊锡丝接触焊件，当适量的焊锡丝熔化后，立即移开焊锡丝，再移开烙铁头，整个过程时间不宜过长（一般为 2～3s），以免焊脱电路板铜箔。

组装电子电路系统要求高度认真和细心，任何失误都会给后续的调试工作留下隐患，严重的甚至会影响系统的指标。

二）电子电路系统的调试

电子电路系统的调试方法通常有以下两种：一种是边安装边调试，也就是把电子电路系统按原理框图上的功能分块进行安装调试，在完成功能模块调试的基础上逐步扩大安装和调试范围，最后完成整个系统的调试；另一种是待整个电路安装完毕，实行一次性调试，这种方法适用于定型产品或需要配合才能运行的产品。如果电子电路系统包括模拟电路、数字电路和单片机系统，一般不允许直接连接，因为它们的输出电压和波形不同，对输入信号的要求也各不相同，如果盲目连接在一起，可能会使电路出现不应有的故障，甚至造成元器件大量损坏。因此，一般情况下，先把这三部分分开，按设计指标对各部分分别进行调试，再经过信号电平转换电路实现系统联调。调试步骤如下所述。

1. 通电前检查

电路安装完毕后，首先直观检查电路各部分接线是否正确，检查电源、地线、信号线、元器件引脚之间有无短路，元器件有无接错，然后用万用表欧姆挡测量电源到地之间的电阻（一般应大于数百欧姆），确认电源到地无短路后，再插入芯片，务必注意芯片的插接方向。

2. 通电检查

首先确认电源电压是否符合要求，然后关闭电源，将电源接入电子电路系统后再打开电源开关，观察各部分元器件有无异常现象，包括有无冒烟、异味等，如果出现异常现象，则立即关闭电源，待排除故障后方可重新通电。

3. 分模块调试

在调试功能模块时应明确各模块的调试要求，按调试要求测试性能指标并观察波形，按信号流向进行调试，这样可以将前级调试过的输出信号作为后一级的输入信号，为最后的联调做准备。

模块调试包括静态调试和动态调试。静态调试一般指在没有输入信号的条件下测试电路各点的电位，如模拟电路的静态工作点，数字电路各输入端、输出端的高低电平值及逻辑关系等。通过静态调试可及时发现已损坏或处于临界状态的元器件。在进行动态调试时，既可以将前级的输出信号作为本模块的输入信号，也可以利用自身的信号检查功能模块的各项技术指标是否满足设计要求，包括信号幅值、波形、相位关系、频率、频响特性及增益等。对于信号发生电路，一般只看动态指标。将静态、动态调试结果与设计指标进行对比，经深入分析后对电路参数提出合理的修正意见。

4. 系统联调

系统联调时应观察各功能模块连接完成后各级之间的信号关系，系统联调只需观察动态结果，检查系统的性能参数，分析测量的数据和波形是否符合设计要求，对发现的故障和问题，及时采取相应的处理措施。

5. 注意事项

（1）调试前要正确选择仪表，熟悉所选仪表的使用方法，并仔细检查仪表的状态，以免由于仪表选用不当或出现故障而做出错误的判断。

（2）仪表的地线应与被测电路的地线连在一起，只有在仪表和电路之间建立一个公共的参考点，测量结果才可能是正确的。

（3）在调试过程中，发现元器件或接线有问题需要更换或修改时，务必先关闭电源，待更换或修改完毕并确认无误后，方可重新通电。

（4）调试过程中，在认真观察和测量的同时，要做好调试记录，包括记录观察到的现象、测得的数据及实测结果与设计不符的现象等。设计者可依据记录的数据对实际观察到的现象和理论预计结果加以定量比较，从中发现设计和安装上的问题，以进一步完善设计方案。

电子电路系统的调试是一项关键性的工作，要做好这项工作，调试人员要做到以下几点：一是要熟悉使用仪器；二是要采用正确的测试方法；三是要有科学严谨的工作作风；四是要不断地总结调试经验，提高调试水平。

三）系统故障排除

排除系统故障的方法很多，常用的排除系统故障的方法有以下几种。

1. 信号跟踪法

在寻找电路故障时，可按信号的流向逐级进行。在电路的输入端加入适当的信号，用电压表或示波器等仪器逐级检查信号在电路中的传输情况，根据电路的工作原理分析电路功能是否正常，若发现问题，要及时处理。

2. 对分法

为了加快查找故障的速度，减少调试时间，常采用对分法。这种方法是把有故障的电子电路系统对分成两部分，先找出故障出在哪个部分，再对有故障的部分进行对分检测，如此重复下去，直到找出故障点为止。

3. 电容器旁路法

当电路发生自激振荡或寄生干扰等故障时，可将一只容量较大的电容并联到故障电路的输入端或输出端，观察电容对故障现象的影响，据此分析故障点。在放大电路中，旁路电容失效或开路将使负反馈增强，增益降低，此时将适当的电容并联在旁路电容两端，如果输出幅度恢复正常，则可断定是该旁路电容的问题。这种方法常用来检查电源滤波和去耦电路的故障。

4. 开环测试法

对于一些有反馈的环形电路，如振荡器、稳压器等电路，它们各级的工作情况相互有牵连，这时可采用开环测试法，先将反馈环断开，再逐级进行检查，可快速查出故障点。对不需要的自激振荡现象，也可以采用这种方法。

5. 对比法

将有问题的电路状态、参数与相同的正常电路进行逐项对比。采用这种方法可以较快地从异常参数中分析出故障。

6. 替代法

用已调试好的单元电路替代有故障或有疑问的相同单元电路，这样可以很快地判断出故障部位，再用相同规格的优质元器件逐一替代故障部位的元器件，就可以很快地判断出故障点。采用这种方法可以加快故障的查找速度，提高调试效率。

7. 静态、动态测试法

要查找故障点，最常用的方法就是静态、动态测试法。静态测试法是指在电路不加信号的情况下，用万用表测试阻值、电容是否漏电、电路是否有断路或短路现象、晶体管或集成电路各引脚电压是否正常等。通常通过静态测试，可发现元器件的故障。当静态测试不能奏效时，可采用动态测试法。动态测试法是指在电路输入端加上适当信号再测试元器件的情况，通过观察电路的工作状态，分析、判断故障原因。

系统安装、测试方案设计和调试技术在电子工程技术中占有重要的地位，对理论设计做出检验、修改，使之更加完善。安装调试工作能否顺利进行，除了与设计者掌握的调试和测量技术、对测试仪器的熟练使用程度及对所设计电路的理论掌握水平等有关，还与设计者的工作态度和工程素养有关。

第二节 综合实践课题

课题一 多用电表

在电子电路系统的参数测量中，电表有着重要的作用。在理想情况下，将电表接入被测电路，应不改变被测电路的原工作状态，因此，电压表应有无穷大的输入电阻，电流表应有接近零的内阻。在实际情况下，电压表的内阻常用每伏的阻值表示。例如，对直流电压：20kΩ/V；对交流电压：5kΩ/V。又如，100μA 满刻度的微安表，其内阻约为1kΩ，即满偏转时，微安表两端的直流压降为100mV。如果用这个微安表测量图 4-4 所示电路中的电流，将产生约 10% 的测量误差。下面将会看到，采用集成运算放大器组成的电表，将大大减小电流表的内阻或大大增加电压表的输入电阻。

此外，对于交流电表，则常常采用二极管组成的桥式整流电路先进行整流，然后用磁电式微安表来测量。然而，二极管的压降和非线性特性给测量带来了误差，当被测电压较小时，误差特别大。采用集成运算放大器组成的电表，能大大减小此类误差。

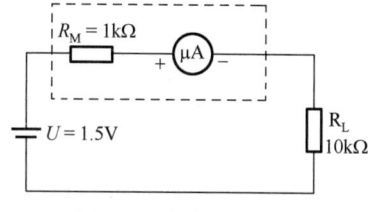

图 4-4 微安表测量图

一、设计要求

1. 直流电压表：满量程为+5V。
2. 直流电流表：满量程为 10mA。
3. 交流电压表：满量程为 5V，频率为 50Hz～1kHz。
4. 交流电流表：满量程为 10mA。
5. 欧姆表：满量程分别为 1kΩ，10kΩ，100kΩ。

二、设计提示

1. 直流电压表

图 4-5 所示为直流电压表的原理图，图中 R_F 为表头内阻 R_M 与外接串联电阻 R 的阻值之和。

在理想条件下，图4-5所示电路中表头电流I与被测电压U_i的关系为

$$I = \frac{1}{R_f}U_i \qquad (4\text{-}1)$$

由此可见，表头中电流与表头参数及串联电阻R无关，只要改变电阻R_f的阻值，就可以进行量程切换。

设组件本身的差模输入电阻为r_d，开环增益为A_o，则电压表的输入电阻R_i为

$$R_i \approx R_P + A_o F \qquad (4\text{-}2)$$

式中，反馈系数$F = R_f / (R_f + R_F)$，$R_P = R_F // R_f$。显然，采用集成运算放大器后，可以大大增加电压表的输入电阻。

应当指出，图4-5所示电压表适用于测量电路与集成运算放大器共地的有关电压。而当被测电压较高时，在集成运算放大器的输入端应设置衰减器。

2. 直流电流表

图4-6所示为直流电流表的原理图。因组件的开环增益A_o很大，所以

$$U_- \approx U_+ = 0 \qquad (4\text{-}3)$$

又因集成运算放大器本身的输入电阻很高，流入反相端的信号电流可以忽略，故有

$$-R_1 I_i = R_2 (I_i - I) \qquad (4\text{-}4)$$

所以

$$I = \left(1 + \frac{R_1}{R_2}\right) I_i \qquad (4\text{-}5)$$

可见，改变电阻比R_1/R_2，可调节流过电流表的电流，以提高灵敏度。

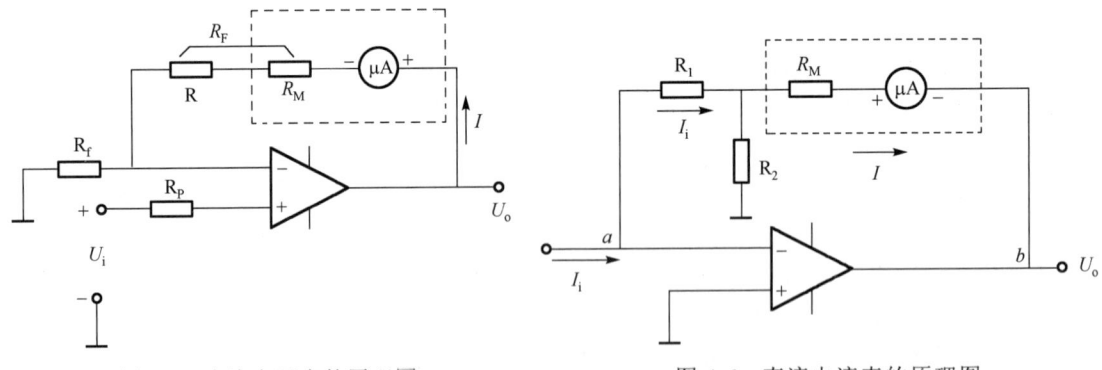

图4-5　直流电压表的原理图　　　　图4-6　直流电流表的原理图

设图4-6所示电路中a、b两点间的等效电阻为R_F，则

$$I_i R_F = I_i R_1 + R_M I \qquad (4\text{-}6)$$

将$I = \left(1 + \dfrac{R_1}{R_2}\right) I_i$代入上式，得

$$I_iR_F = I_iR_1 + R_M\left(1+\frac{R_1}{R_2}\right)I_i \tag{4-7}$$

所以

$$R_F = R_1 + R_M\left(1+\frac{R_1}{R_2}\right) \tag{4-8}$$

应用密勒定理,将 R_F 折算到 a 点对地的电阻 r_i 为

$$r_i = \frac{R_F}{1+A_o} \tag{4-9}$$

r_i 即采用集成运算放大器后的直流电流表的内阻。

由此可见,采用集成运算放大器后,直流电流表的内阻减小到原来的 $\frac{1}{1+A_o}$。

若被测电流回路无接地点,即被测电流为浮地电流,则应使集成运算放大器的电源也浮地,如图 4-7 所示。当被测电流较大时,应给电流表表头并联分流电阻或更换表头。

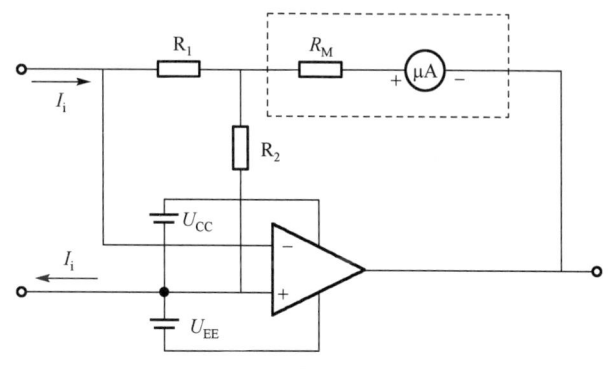

图 4-7 测浮地电流原理图

3. 交流电压表

交流电压表的原理图如图 4-8 所示。电路中因被测交流电压 U_i 加到集成运算放大器的同相端,故有很高的输入电阻;又因为负反馈能减小反馈回路中的非线性影响,故把二极管桥路和表头置于集成运算放大器的反馈回路中,以减小二极管本身的非线性影响。当组件近似理想特性时,$A_o \to \infty$,组件的输入电流近似为零,故

$$U_+ = U_- = U_i \tag{4-10}$$

$$I = \frac{U_i}{R_f} \tag{4-11}$$

电流 I 全部流过桥路,其值仅与 U_i、R_f 有关,与桥路和表头参数(如二极管的死区等非线性参数)无关。表头中电流与被测电压 U_i 的全波整流平均值成正比。若 U_i 为正弦波,则表头可按有效值来刻度。被测电压的上限频率取决于集成运算放大器的频带和上升速率。假设组件的差模输入电阻为 r_d,开环增益为 A_o,则交流电压表的输入电阻为

$$R_i \approx A_o F \tag{4-12}$$

输入电阻比表头内阻大得多。

4. 交流电流表

在交流电压表结构的基础上，将表头和二极管桥路置于反馈回路中，集成运算放大器的两个输入端的电位差又近似为零，应用密勒定理，将反馈支路的电阻折算到输入端，可减小至原来的 $1/(1+A_o)$，即交流电流表的内阻 r_i 极低，和交流电压表相同，流经表头的电流与二极管和表头的参数无关。对图 4-8 所示的电路结构进行修改，修改后的电路如图 4-9 所示。

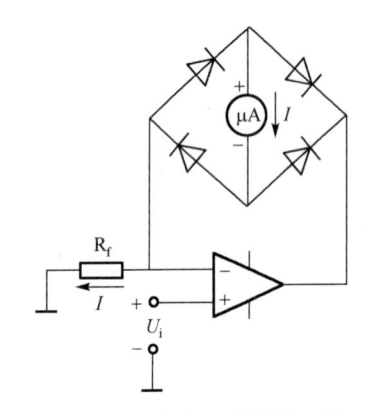

图 4-8　交流电压表的原理图　　　图 4-9　修改后的电路

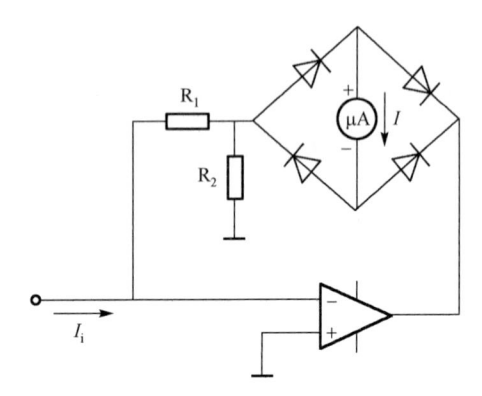

显然，表头读数由被测交流电流的全波整流的平均值 I_{IAU} 决定。仿照直流电流表的分析方法，有

$$I = \left(1 + \frac{R_1}{R_2}\right) I_{IAU} \qquad (4-13)$$

同样，为了测量电位浮动的交流电流，可采用图 4-10 所示的电路。做实验时，如果没有供测量用的交流电流，可以通过如下办法得到。

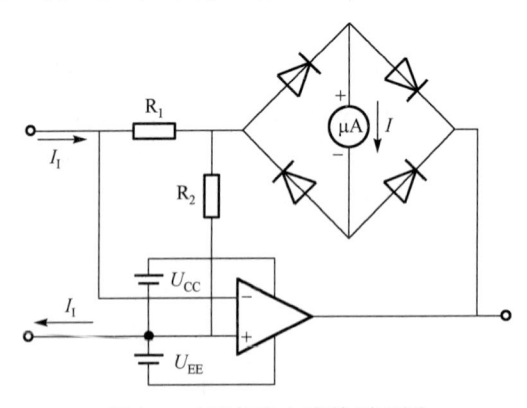

图 4-10　测交流电流的原理图

将交流电流表与一电阻 R 串联后接到 50Hz 的交流电源上。当 $R>r_i$ 时，即可获得 50Hz 的稳定交流电流。当调节 50Hz 的交流电源电压时，即可得到不同的恒定交流电流。

5. 欧姆表电路

欧姆表电路如图 4-11 所示，被测电阻 R_X 跨接在集成运算放大器的反馈回路中，在同相端加基准电压 U_{REF}。

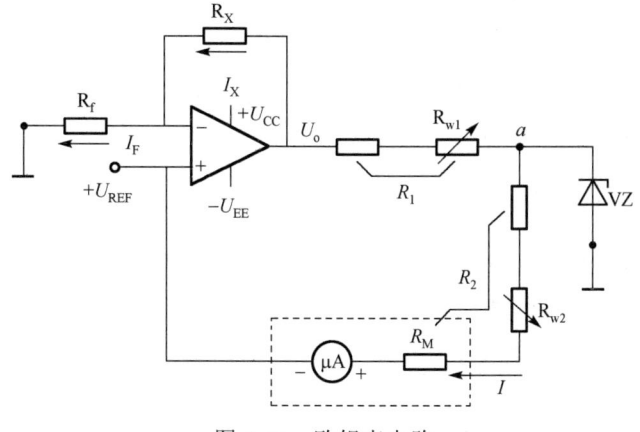

图 4-11 欧姆表电路

因为

$$U_- = U_+ = U_{REF} \tag{4-14}$$

$$I_F = I_X \tag{4-15}$$

故得

$$\frac{U_o - U_{REF}}{R_X} = \frac{U_{REF}}{R_f} \tag{4-16}$$

即

$$R_X = \frac{R_f}{U_{REF}}(U_o - U_{REF}) \tag{4-17}$$

流经表头的电流为

$$I = \frac{U_o - U_{REF}}{R_1 + R_2} \tag{4-18}$$

根据式（4-17）与式（4-18）消去（$U_o - U_{REF}$），得

$$I = \frac{U_{REF} R_X}{R_f(R_1 + R_2)} \tag{4-19}$$

可见，电流 I 与被测电阻成正比，并且表头具有线性刻度，改变电阻 R_f 的阻值，即可改变欧姆表的量程。这种欧姆表能自动调零。当 $R_X = 0$ 时，电路变成电压跟随器，$U_o = U_{REF}$，表头电流必为零，从而实现了自动调零。稳压管 VZ 起保护作用。例如，当 $R_X = \infty$，即测量端开路时，集成运算放大器的输出电压将接近于电源电压，若无 VZ，则表头过载。有了 VZ 就可将 a 点钳位，表头就不会过载。当 R_X 为正常量程内的阻值时，因 a 点电位还不能使稳压管 VZ 反向击穿，故 VZ 不影响电表读数。调节 R_{w2} 的阻值使 R_X 超量程时的表头电流略高于满偏转电流，但又不损坏表头，R_{w1} 用于满量程调节。

三、电路设计要求及注意事项

1. 万用电表的电路是多种多样的，建议用参考电路设计一只较完整的万用电表。
2. 用万用电表测量电压、电流或阻值时，量程可用开关切换，但测试时可用引接线切换。
3. 在连接电源时，正、负电源连接点上分别接入大容量的滤波电容和 0.01～0.1μF 的小电容，以消除通过电源产生的干扰。

四、选择元器件及安装调试

1. 表头：电压表、欧姆表的表头灵敏度小于100μA，内阻为 1kΩ左右，应根据测试电流的大小来选择电流表表头的量程。
2. 电阻：电路中的电阻均采用 $\frac{1}{4}$ W 的金属膜电阻，需用电桥校准。
3. 集成运算放大器：输入电阻在 500kΩ以上，输出电阻小。在其他参数中，A_o 要达到 10^4 以上，U_{io}、I_{io}、I_B 的值要尽量小。
4. 二极管：可选用整流二极管或检波二极管。
5. 安装及调试：选好元器件之后进行安装调试。在测量电压、电流或阻值时，可用开关切换，量程也可用开关切换。

五、课题设计报告撰写要求

1. 按照设计步骤撰写报告内容，画出完整的万用电表设计电路原理图。
2. 图表资料详细，系统安装、调试过程数据齐全。

课题二　微弱信号放大器

一、任务与要求

设计一个微弱信号放大器，被放大的信号来源于光电检测器的光电流信号，光电检测器在整个测量范围内输出的电流为 10^{-9}～10^{-11}A，内阻约为 10^9Ω。要求设计一个放大器对该信号进行放大，并转换为电压信号输出，以便与 A/D 转换器输入连接，A/D 转换器满刻度输出时对应的输入模拟电压为 2.5V。请根据实际应用要求，制定放大器的性能指标。

1. 增益

当输入电流为 10^{-9}A 时，输出电压为 2.5V，为充分发挥 A/D 转换器的分辨能力，相应的增益为 $2.5V/10^{-9}A = 2.5 \times 10^9 \Omega$。

2. 信噪比

根据需要，选用 12 位 A/D 转换器。为保证放大过程中不产生误码，放大器产生的噪声不应超过 $\pm\frac{1}{2}$LSB。

3. 响应时间

要求每秒取样 10^4 个点，即每 100μs 取样一个点，要求放大器的响应时间不大于 100μs，可选电路的时间常数小于 33μs。

二、电路设计

放大器框图如图 4-12 所示。在图 4-12 所示框图中，输入级要求有很小的偏置电流，应小于输入信号电流的最小值，且要有很低的噪声。应选用输入级为 MOS 场效晶体管或结型场效应晶体管的集成运算放大器，可选的型号有 OPA111、AD795 等。第二级放大器可选用精密放大器 OP37。放大器电路原理图如图 4-13 所示。

图 4-12　放大器框图

图 4-13　放大器电路原理图

运算放大器 AD795 和 OP37 的主要特性如表 4-1 所示。

表 4-1　运算放大器 AD795 和 OP37 的主要特性

参数	AD795K	OP37A	单位
输入偏置电流	1	10×10^3	pA
开环增益	120	120	dB
输入电压噪声 0.1～10Hz	1	0.08	μV
输入电流噪声 f = 0.1～10Hz	13×10^{-9}	1.7×10^{-6}	μA
频率响应	1.6	36	MHz
输入电阻	10^{12}	4×10^6	Ω
输入失调电压	250	10	μV
输入失调电压温漂	3	0.2	μV/°C
输入失调电流		7	nA

三、单元电路

该放大器最关键的部分是第一级放大器,它实现了电流到电压的转换与放大,其等效电路如图 4-14 所示。其中,i_D、R_D、C_D 分别为光敏二极管的信号电流、反向等效电阻及等效电容。

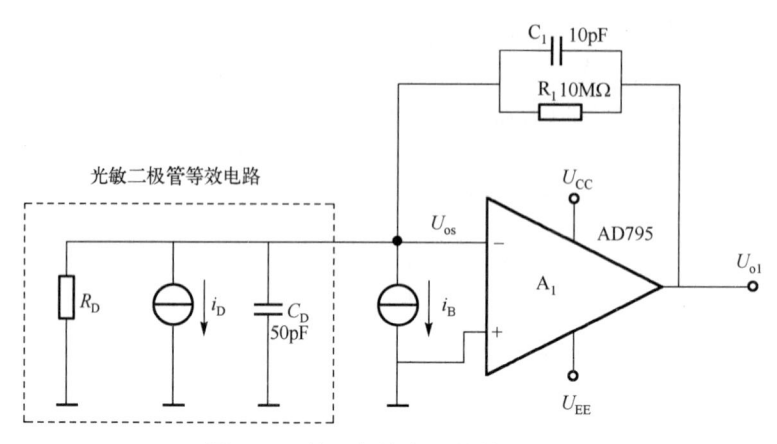

图 4-14 第一级放大器的等效电路

设有效信号作用下产生的输出为 U_{OUT},则

$$U_{OUT} = i_D R_1 \tag{4-20}$$

设失调产生的输出为 U_E,则

$$U_E = (1+R_1/R_D)U_{os} + R_1 i_B \tag{4-21}$$

选择 $R_1 < R_D$、$i_B \ll i_D$,则 U_E 的影响可忽略。噪声影响的等效电路如图 4-15 所示。

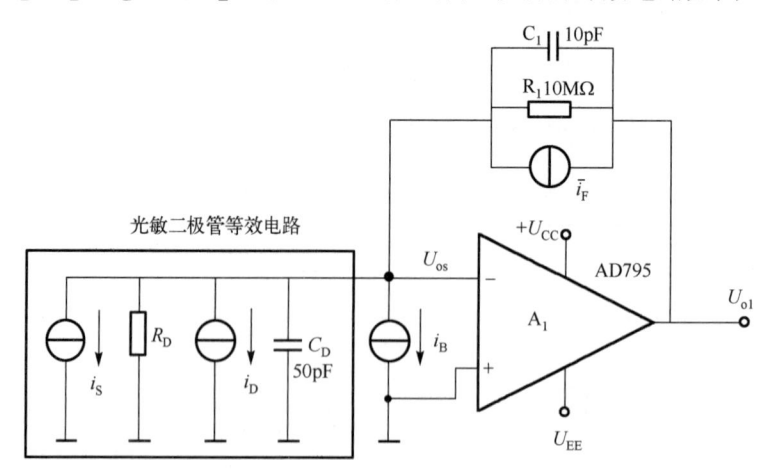

图 4-15 噪声影响的等效电路

设总的噪声输出等效电压为 $\overline{U}_{OUT}$,则

$$\overline{U}_{OUT} = \sqrt{(\overline{i_S}^2 + \overline{i_F}^2 + \cdots)} \tag{4-22}$$

所以,总输出电压 $U_{o1} = U_{OUT} + U_E + \overline{U}_{OUT}$,第一项为有效输出,第二、三项为误差,

在实际应用中应增大第一项的值，尽可能减小第二、三项的值，即尽量减小放大器的带宽。实践证明，应尽量增大 R_1、C_1，这样可以减小噪声的影响。因此，选择电路参数时，在保证相应速度的前提下，应尽量压缩通频带的宽度。

四、选择元器件及安装调试

1. 根据设计分析，选择合适的放大器（AD795 和 OP37），连接元器件并调整参数。
2. 安装及调试：选好元器件之后进行安装，采用测试仪器调试放大器参数指标。

五、课题设计报告撰写要求

1. 按照设计步骤撰写课题设计报告。
2. 图表资料详细，系统安装、调试过程数据齐全。

课题三　双路防盗报警器

一、设计任务与要求

1. 设计一个双路防盗报警器，当发生盗情时，常闭开关 S_1（实际中是安装在窗与窗框、门与门框的紧贴面上的导电铜片）打开，要求延时 1～35s 发生报警。当常开开关 S_2 因发生盗情而闭合时，应立即报警。
2. 发生报警时，有两个警灯交替闪亮，周期为 1～2s，并有警车的警报声发出，频率为 1.5～1.8kHz。
3. 选择电路元器件。
4. 安装调试，并写出设计总结报告。

二、设计方案论证及方框图

目前，市场上出售的防盗报警器有的结构复杂、体积大、价格贵，而一些简易便宜的报警器的性能又不十分理想，可靠性差。综合各种报警器的优缺点，并根据设计要求及性能指标，兼顾可行性、可靠性和经济性等各种因素，确定双路防盗报警器的主要组成部分，双路防盗报警器的方框图如图 4-16 所示。该报警器由延时触发器、警报声发生单元和警灯驱动单元三部分组成。

图 4-16　双路防盗报警器的方框图

三、电路组成及工作原理

双路防盗报警器的总电路原理图如图 4-17 所示。

一）延时触发器

延时触发器的主要功能为延时触发和即时触发。该电路主要由常闭开关 S_1（延时触发开关）、常开开关 S₂（即时触发开关）、与非门 G₁~G₃、二极管 VD₁ 与 VD₂、电容 C₁ 与 C₂、电阻 R₁~R₄ 及电位器 R_w 组成。延时触发器的工作原理如下。

1. 电源刚接通时

因为电容 C₂ 的下极板接地为 0V，而电源刚接通的瞬间电容电压不能突变，故 C₂ 的上极板也为 0V。低电平 "0" 信号脉冲输入与非门 G₃，使 G₃ 输出高电平；又因 S₂ 断开，+5V 电源使 G₂ 输入信号为高电平（此时 S₁ 闭合，G₁ 输入低电平，输出高电平，二极管 VD₁ 截止，对基本 RS 触发器无影响），G₂ 输出（基本 RS 触发器 Q 端）低电平 "0"，从而使 555 电路 IC₂ 和 IC₃ 的 4 引脚（异步复位端）为低电平，IC₂ 和 IC₃ 不工作，报警器不发声、不闪亮。此时的延时触发门为关闭状态。

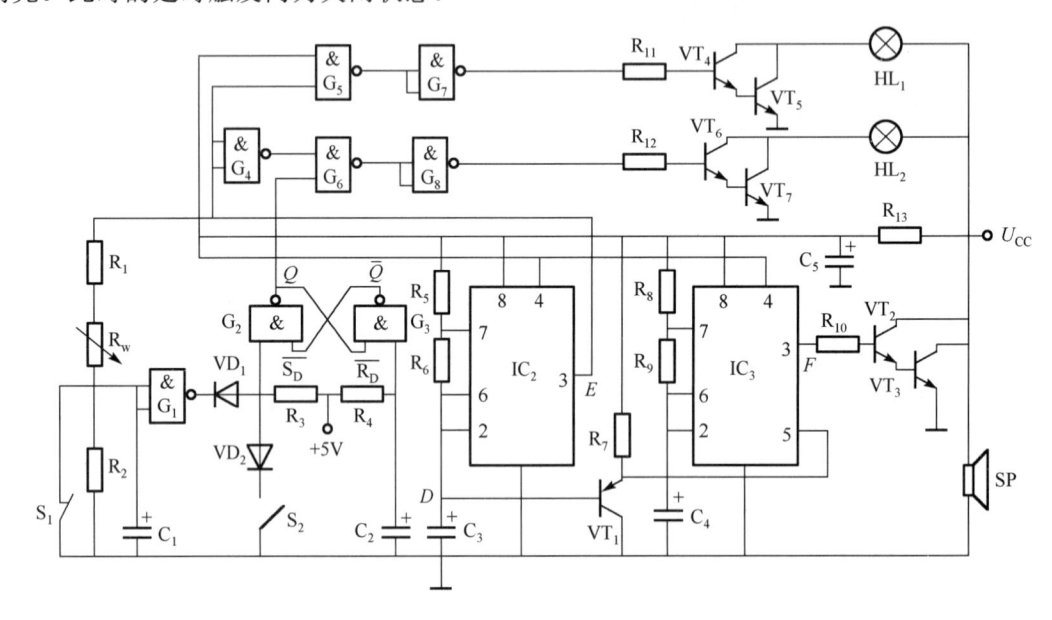

图 4-17 双路防盗报警器的总电路原理图

2. S₁ 打开（延时报警）时

电源通过电阻 R₁ 和电位器 R_w 对电容 C₁ 充电，同时 C₁ 会通过电阻 R₂ 放电。如果选择适当的 R₁、R₂ 和 R_w 的阻值，满足 $R_1+R_w<R_2$，可使 C₁ 的充电电流大于放电电流，使 C₁ 上的电压缓慢上升。当 C₁ 上的电压达到 G₁ 的上门限电平 U_{TH} 时，G₁ 输出由 "1" 变 "0"，二极管 VD₁ 导通，使基本 RS 触发器 $\overline{S_D}$ 端为 "0"；而此时 C₂ 已由+5V 电源通过电阻 R₄ 被充电，从而使基本 RS 触发器 $\overline{R_D}$ 端为 "1"，基本 RS 触发器被置 "1"（G₂ 输出 "1"），IC₂ 和 IC₃ 开始工作，警报声发生单元和警灯驱动单元工作，即延时触发门打开。

3. S₂ 闭合（即时报警）时

当 S₂ 闭合时，VD₂ 导通，使基本 RS 触发器的 $\overline{S_D}$ 端为 "0"，$\overline{R_D}$ 端仍然为 "1"，基本 RS 触发器立即被置 "1"。延时触发门即刻打开，防盗报警器立即发出警报。

二）警报声发生单元

警报声发生单元的主要功能是发生报警时，发出频率为 1.5~1.8kHz 的声音，类似于警车的警报声。该部分电路主要由 555 电路 IC$_2$ 和 IC$_3$、三极管 VT$_1$～VT$_3$、定时电容 C$_3$ 和 C$_4$、电阻 R$_5$～R$_{10}$ 及扬声器组成。警报声发生单元的工作原理如下。

（1）IC$_2$ 和 R$_5$、R$_6$、C$_3$ 组成周期为 1～2s 的低频振荡器。当有报警信号，即延时触发门的基本 RS 触发器的 Q 端为"1"时，IC$_2$ 开始工作。由于电源刚接通时，C$_3$ 上的电压不能突变，使 IC$_2$ 的高触发端 6 引脚和低触发端 2 引脚的电压为 0V，其输出端 3 引脚为高电平，IC$_2$ 内部的放电管截止。电源经 R$_5$ 和 R$_6$ 对 C$_3$ 充电，C$_3$ 上的电压上升；当 $U_{C3}>2U_{CC}/3$ 时，输出端 3 引脚变为低电平，IC$_2$ 内部的放电管导通，C$_3$ 通过电阻 R$_6$ 和 IC$_2$ 的放电端 7 引脚放电，C$_3$ 上的电压（D 点）逐渐下降；当 $U_{C3}<U_{CC}/3$ 时，3 引脚（E 点）又返回高电平。如此周而复始，形成振荡，产生周期为 1～2s 的矩形波，占空比约为 50%。

（2）IC$_3$ 和 R$_8$、R$_9$、C$_4$ 组成另一个低频振荡器。这里需特别指出的是：IC$_3$ 的电压控制端 5 引脚控制电压是 C$_3$ 的电压（D 点）通过 VT$_1$ 的发射极耦合得到的。D 点电压变化使 IC$_3$ 的 5 引脚电压 U_{CV} 值随之而变化。当 U_D（U_{C3}）较高时，U_{CV} 也较高，正向阈值电压 U_{T+}（等于 U_{CV}）和负向阈值电压 U_{T-}（等于 $U_{CV}/2$）也较高，电容 C$_4$ 充放电时间长，因而 IC$_3$ 的输出端 3 引脚（F 点）输出脉冲的频率较低；反之，当 U_D 较低时，U_{CV} 也较低，U_{T+} 和 U_{T-} 较低，C$_4$ 的充放电时间短，F 点输出脉冲的频率较高。由此可见，IC$_3$ 的输出端 F 点得到的脉冲不是单一频率的，其振荡频率可在一定范围内周期变化。选择合适的参数，可使其输出频率在 1.5～1.8kHz 之间。D 点、E 点和 F 点的波形图如图 4-18 所示。F 点输出的脉冲经 VT$_2$ 和 VT$_3$ 放大后，使扬声器发出频率不同的声音，类似于警车的警报声。

三）警灯驱动单元

警灯驱动单元的主要功能是发生报警时，使两个警灯交替闪亮，周期为 1～2s，以增加报警时的紧迫感。该部分电路由与非门 G$_4$～G$_8$、三极管 VT$_4$～VT$_7$、电阻 R$_{11}$ 与 R$_{12}$ 和两个警灯 HL$_1$ 与 HL$_2$ 组成。警灯驱动单元的工作原理如下。

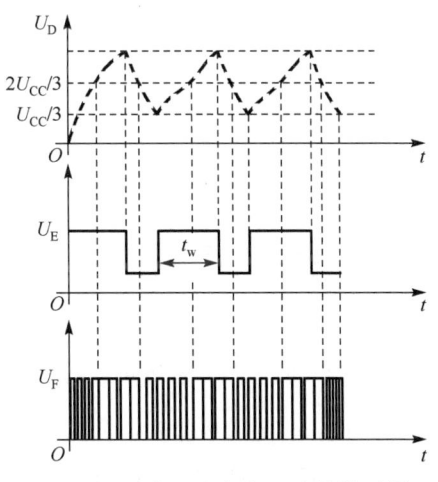

图 4-18 D 点、E 点和 F 点的波形图

1. 当不报警（S$_1$ 闭合和 S$_2$ 断开）时

延时触发器 Q=0，封锁 G$_6$ 和 G$_5$，使 G$_7$ 与 G$_8$ 的输出总为 0，三极管 VT$_4$～VT$_7$ 截止，警灯 HL$_1$ 与 HL$_2$ 不亮。

2. 当报警（S$_1$ 断开和 S$_2$ 闭合）时

延时触发器 Q=1，G$_5$ 和 G$_6$ 解除封锁，IC$_2$ 产生的振荡信号经 G$_4$ 反相，送入 G$_6$ 的输入信号和直接送入 G$_5$ 的输入信号极性相反，使 G$_7$ 和 G$_8$ 的输出信号极性也相反，且它们在 IC$_2$ 的 3 引脚输出脉冲的控制下交替出现高电平"1"，因而三极管 VT$_4$、VT$_5$ 和 VT$_6$、VT$_7$ 轮流导通和截止，警灯 HL$_1$ 和 HL$_2$ 便交替闪亮。选择合适的参数，可使警灯闪亮周期为 1～2s。

在图 4-17 所示原理图中，将 $G_1\sim G_8$ 用两个 2 输入四与非门代替，画出整机电路图，如图 4-19 所示。图中 $G_1\sim G_3$ 用 IC_1 表示，$G_4\sim G_8$ 用 IC_4 表示。

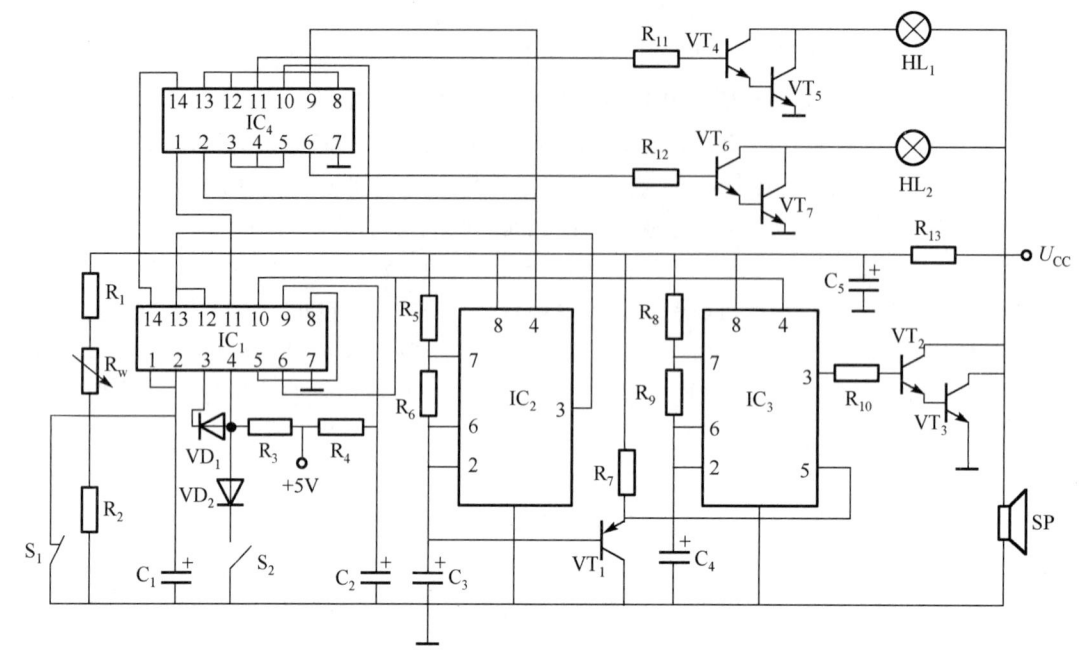

图 4-19 双路防盗报警器的整机电路图

四、电路元器件的选择与参数计算

由于电路已基本定形，所以大部分元器件可以查使用手册直接选用，不必考虑参数计算，只有少数元器件要考虑参数计算。

1. IC_2 与 IC_3 的选择

IC_2 与 IC_3 选择 CB555，其引脚外形参考有关手册。

2. $G_1\sim G_8$ 的选择

$G_1\sim G_3$ 和 $G_4\sim G_8$ 可选择 2 输入四与非门，其型号选择 CC4011。

3. 三极管的选择

（1）VT_1：选择 PNP 型硅管，型号为 3CG110A（3CG21A）。

（2）VT_2：选择 NPN 型高频小功率硅管 3DG100B（3DG6B）。

（3）VT_3：选择 NPN 型高频大功率硅管 3DA87A（3DAH1A）。

（4）VT_4 和 VT_6：选择 NPN 型高频中功率硅管 3DG130B（3DG12B）。

（5）VT_5 和 VT_7：选择 NPN 型低频大功率硅管 3DD203（DD01A）。

4. 警灯和扬声器的选择

警灯 HL_1 和 HL_2 选用 6.3V/0.15～0.3A 的小灯泡。扬声器选用口径为 6.35～10.16cm、阻抗为 8～16Ω 的普通恒磁扬声器。

5. 电容的选择

电容的选择为：$C_1 = 100\mu F/10V$，$C_2 = 22\mu F/10V$，$C_3 = 47\mu F/10V$，$C_4 = 0.1\mu F$，$C_5 = 220\mu F/10V$。（C_1、C_2、C_3、C 均为铝电解电容。）

6. 电阻的选择与参数计算

（1）R_1 和电位器 R_w 的参数计算：因为选 C_1=100μF，要求 S_1 打开（报警）时延时 1～35s，按 35s 考虑，忽略 C_1 通过 R_2 的放电，则$(R_1+R_w)\times C_1$=35s，R_1+R_w=350kΩ，选固定电阻 R_1=10kΩ，电位器 R_w=340kΩ。

（2）因要求 $R_1+R_w<<R_2$，可选 R_2=1MΩ。

（3）R_3 和 R_4 可选 100kΩ。

（4）R_5 和 R_6 的计算：要求 R_5、R_6 与 C_3 及 IC_2 组成的低频振荡器的振荡周期为 1～2s，由 T=0.69×$(R_5+2R_6)\times C_3$，且知 C_3=47μF，又考虑 IC_2 输出脉冲的占空比为 50%，可计算出 R_5+2R_6=30～60kΩ，可选 R_6=18kΩ，R_5 = 1kΩ。

（5）R_8 和 R_9 的选择：由 IC_3 和 R_8、R_9、C_4 组成的另一个低频振荡器的输出频率范围为 1.5～1.8kHz（由 D 点电压控制）。当 $U_{CV}=U_D=2U_{CC}/3$ 时，频率最低，f_L=1.5kHz，可计算出电阻 R_8+2R_9=9.6kΩ（选 C_4=0.1μF），可取 R_9=4.7kΩ，R_8=0.2kΩ。

（6）选 R_{10}=1kΩ，R_{11}=R_{12}=10kΩ，R_{13}=100Ω，R_7=1kΩ。

C_5 和 R_{13} 组成电源低频去耦滤波电路，防止因电源内阻增大（电池用久了）而引起低频自激。以上所有电阻均选用 0.125W 的金属膜电阻。

7. 电源的选择

直流电源可采用四节电池，电压 U_{CC}=6V。

六、安装与调试

一）安装

（1）在实验台上选择合适的区域，选择元器件，并进行组装。

（2）认真连接、安装或焊接。

二）调试

1. 调试警报声发生单元

（1）先暂不装集成块 IC_1～IC_4，将 IC_2 和 IC_3 的 4 引脚接高电平。

（2）装上 IC_3，通电后 IC_3 起振，扬声器应发出轻微的音频声，可用示波器观察 F 点的低频矩形波。改变 R_9 或 C_4 的值，使其振荡频率在 1.5～1.8kHz 之间。

（3）断开电源后，再装上 IC_2，通电后，可听到扬声器的音调为低—高—低，呈周期性变化，用示波器观察 F 点的波形，发现其频率亦呈周期性变化。改变 R_6 或 C_3 的值，可使 IC_2 的振荡周期为 1～2s（频率为 1～0.5Hz）。若扬声器发出的声音无高低变化，则多是因为三极管 VT_1 未工作或损坏。

（4）将 VT_2、VT_3 的集电极接通电源，F 点的信号经过放大后就会变成声音很大的警报声（此时整机的电流约为 100mA）。

2．调试延时触发器

（1）将 IC_2、IC_3 的 4 引脚接到 G_2 的输出端。装上 IC_1 集成块，通电后，基本 RS 触发器呈初态，即与非门 G_2 输出"0"，G_3 输出"1"。若将开关 S_2 合上，则基本 RS 触发器应翻转，G_2 输出"1"，G_3 输出"0"，警报声发生单元开始工作（发声）。若将电容 C_2 用导线短接一下，则基本 RS 触发器立即返回初态，警报声停止。

（2）若把开关 S_1 断开，则延迟若干秒后，与非门 G_1 输出"0"，基本 RS 触发器也翻转，使 G_2 输出"1"，G_3 输出"0"，警报声发生单元应开始工作（发声）；调节电位器 R_w 可得到所需要的延迟时间。根据设计要求，延迟时间可在 1～35s 内任意调节。若将电容 C_2 用导线短接一下，则基本 RS 触发器立即返回初态，警报声停止。到此说明延时触发器工作正常。

3．调试警灯驱动单元

装入 IC_4 集成块，当警报声发生单元工作时，可测得与非门 G_4～G_8 随着 IC_2 的振荡轮流输出"1"，装上警灯 HL_1、HL_2 后，它们就会轮流闪亮，到此调试基本完成。

七、课题设计报告撰写要求

1．按照设计步骤撰写课题设计报告。
2．图表资料详细，系统安装、调试过程数据齐全。

课题四　声控开关电路

一、设计任务与要求

1．设计任务

设计并安装、调试一个楼道用的声控开关。

2．设计要求

（1）白天灯不亮；夜间若有各种声音，则灯亮。
（2）灯亮 30s 后可自动熄灭。
（3）电路简单、成本低、性能安全可靠。

二、系统设计原理（参考）

声控开关是一个完整的收发系统，发声端的频率为几十赫兹到几十千赫兹不等，该系统具有简单、低廉、实用等特点。声控开关系统原理框图如图 4-20 所示。

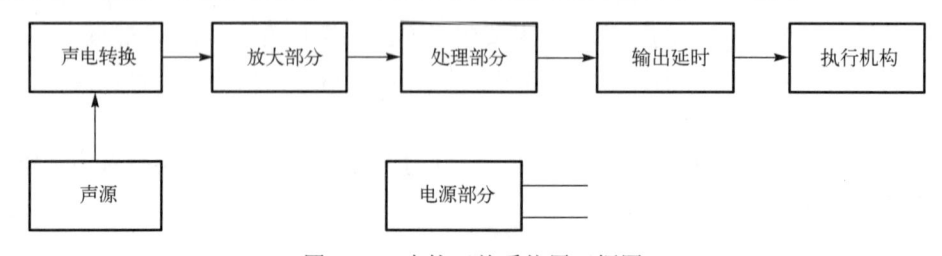

图 4-20　声控开关系统原理框图

各部分功能简述如下。

（1）声源。传递给声电转换器件的声音由声源产生，声源用来产生声音信号。

（2）声电转换。该部分的功能是接收声音信号并将声音信号转换成电信号。常用的声电转换器件有驻极体话筒、压电陶瓷或扬声器等。

（3）放大部分。经过声电转换器件的电信号比较微弱，需进行放大。可以采用单管放大、多管放大或者集成电路放大等方式。

（4）输出延时。根据实际需要，需要将处理后的信号延时，如楼道的灯亮后需延时一段时间后自动熄灭。

（5）执行机构。执行机构是指灯和灯开关，一般在灯开关前加一级跟随器，使灯与前面的输出信号隔离，可以用继电器或者双向可控硅。

（6）电源部分。该部分是系统的能源部分，可以由电容（变压器）降压后，再经整流、滤波、稳压等电路，给系统提供所需的电压。

三、主要性能参数的设计（参考）

声控开关参考电路图如图 4-21 所示。

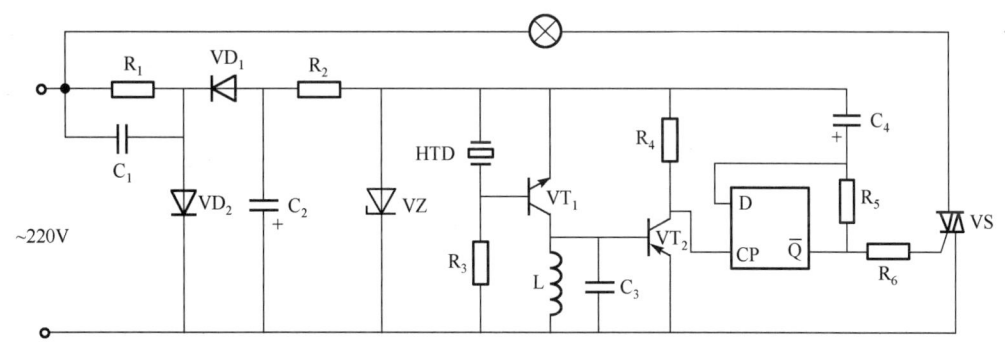

图 4-21　声控开关参考电路图

该电路分为电源、信号放大、信号处理、延时电路、执行机构五部分。现分述如下。

1. 电源

220V 交流电经变压器降压，VD_1、VD_2 为整流二极管，C_1 是滤波电容，电阻 R_2 和稳压管组成稳压电路。电源方框图及对应的电路图如图 4-22 所示。

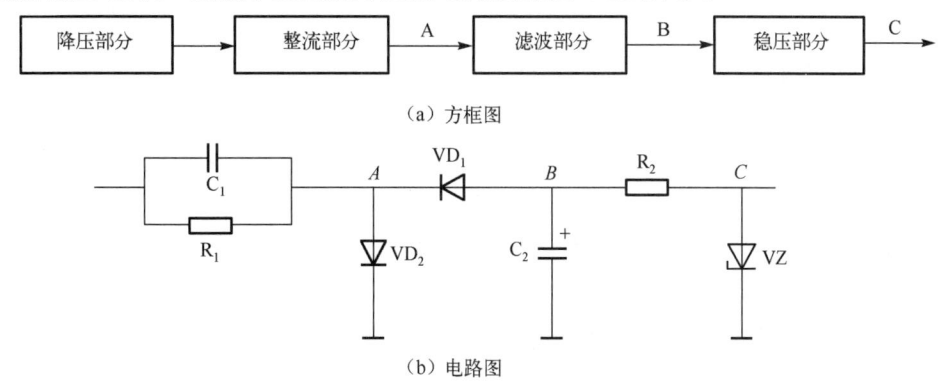

（a）方框图

（b）电路图

图 4-22　电源方框图及对应的电路图

电源种类很多，具体采用什么电路，应根据主体电路、执行机构的不同和经济可靠的原则选择。

（1）负载电压和电流的估算：负载由二级晶体管放大器、MOS 型 D 触发器和双向晶闸管组成，估计需要的最大电流为 30mA，电压为 12V。

（2）稳压管和 R_2 的选择：稳压管的作用是减少因负载和电源电压的变化而引起输出电压的变化。选择时以稳定电压和工作电流为依据。这里稳定电压为 12V，电流变化范围为 5～40mA。R_2 决定了向稳压管输送电流的总量，一般其压降为 4～8V。稳压管的主要参数是耐压值和允许通过的最大电流，原则上这两个参数是实际工作电压和电流的 2 倍。C_2 是滤波电容。

2. 信号放大部分

放大器采用什么电路，要根据实际情况进行设计和选用。本系统选用压电陶瓷取样放大器，如图 4-23 所示。

3. 延时电路

延时就是在时间上滞后一段时间，常利用电容的电压不能突变这一特点组成延时电路。延时电路如图 4-24 所示，延时电路的具体工作过程如下：

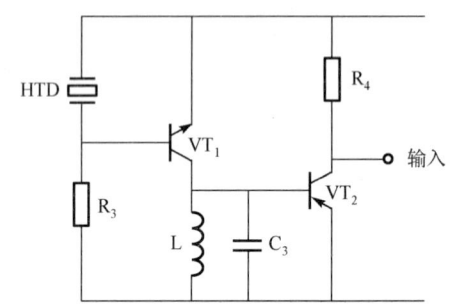

图 4-23　压电陶瓷取样放大器

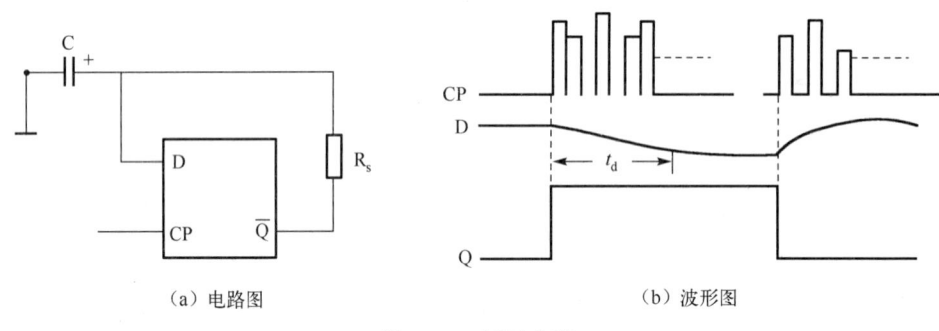

（a）电路图　　　　　（b）波形图

图 4-24　延时电路

初态 Q 端为"0"，当 CP 信号到达时，Q 端翻转为"1"，电容 C 被充电，当触发器被复位（图中复位端 R 略）时，Q 端为"0"。电容上的电压逐渐放电到 0，等待下次 CP 信号到来。这种电路多用于楼道路灯开关，当人走进楼道发出声音时，灯亮，经过一段时间延时后，灯自动熄灭。

利用电容充、放电原理延时的电路，其延时时间 t_d 的计算如下：

当使用 MOS 场效晶体管时，阈值电压为供电电源电压的 $\frac{1}{2}$，即电容充、放电到 U_C 为供电电源电压的 $\frac{1}{2}$，所需时间 $t_d=0.693RC$，所以选 $C=200\mu F$。要求 $t_d=15s$ 时，

$$R_s = \frac{t_d}{0.693C} = \frac{15}{0.693 \times 200 \times 10^{-6}} \approx 108 \text{（k}\Omega\text{）}$$

4. 执行机构

一般作为开关的器件有晶体管、晶闸管、继电器、集成电路等，负载为电灯、电机等，若控制信号太小，则需要进行放大后再控制。

图 4-25 所示为 D 触发器和晶闸管组成的执行机构。晶闸管的触发信号为负脉冲。R_6 可以用电位器代替，其阻值变化可以控制晶闸管的导通角。控制极电流 I_G 的大小将直接影响灯的亮度，I_G 越大，导通角越大，灯越亮。当 I_G 大于 10mA 时，晶闸管全部导通。

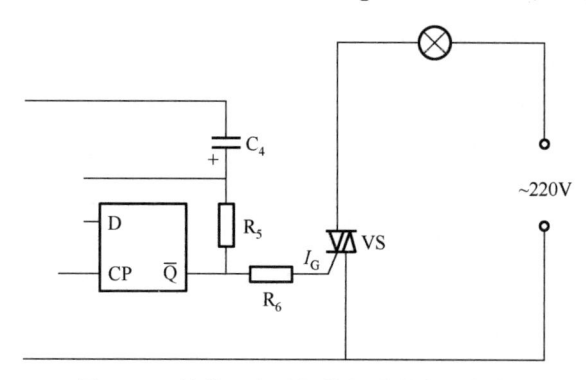

图 4-25 触发器和晶闸管组成的执行机构

四、安装与调试

一）安装

1. 在实验台上选择合适的区域，选择元器件，进行组装，或将电路原理图画成印制电路板的黑白图并制作电路。
2. 认真连接、安装或焊接。

二）调试

1. 先分模块进行单元调试，再整体调试。
2. 记录调试过程，保留相关图片、数据资料。

五、课题设计报告撰写要求

1. 按照设计步骤撰写课题设计报告。
2. 图表资料详细，系统安装、调试过程数据齐全。

课题五　多路智力竞赛抢答器

一、设计任务与要求

1. 设计任务

设计一个多路智力竞赛抢答器。

2. 设计要求

（1）智力竞赛抢答器可同时供 8 名选手或 8 个代表队比赛使用，其编号分别是 0、1、

2、3、4、5、6、7，各用一个抢答按钮，按钮的编号与选手的编号相对应，分别是 S_0、S_1、S_2、S_3、S_4、S_5、S_6、S_7。

（2）给主持人设置一个控制开关，用来控制系统的清零和抢答的开始。

（3）抢答器具有数据锁存和显示功能，抢答开始后，若有选手按下抢答按钮，则编号立即被锁存，并在编号显示器上显示选手的编号，同时扬声器给出音响提示。此外，要封锁输入电路，禁止其他选手抢答，最先抢答的选手编号一直保持到主持人将系统清零为止。

（4）抢答器具有定时抢答的功能，且一次抢答的时间可由主持人设定，当主持人启动"开始"键后，要求定时器立即减计时，并用定时显示器上显示，同时扬声器发出短暂的声响，声响持续时间为 0.5s 左右。

（5）参赛选手在设定的时间内抢答有效，定时器停止工作，编号显示器和定时显示器上分别显示选手的编号和抢答剩余的时间，并保持到主持人将系统清零为止。

（6）如果设定的抢答时间已到，却没有选手抢答，则本次抢答无效，系统短暂报警，并封锁输入电路，禁止选手超时后抢答，时间显示器上显示"00"。

二、设计分析

1. 设计要点

多路智力竞赛抢答器的总体框图如图 4-26 所示，其工作过程是：当接通电源时，主持人将开关置于"清零"位置，抢答器处于禁止工作状态，编号显示器灯灭，定时显示器显示设定的时间；当主持人宣布抢答题目后，说一声"抢答开始"，同时将控制开关拨到"开始"位置，扬声器给出声响提示，抢答器处于工作状态，定时器倒计时。当定时时间到，却没有选手抢答时，系统报警，并封锁输入电路，禁止选手超时后抢答。当选手在定时时间内按下抢答按钮时，抢答器要完成以下四项工作。

（1）优先编码电路立即分辨出抢答者的编号，并由锁存器进行锁存，然后由显示电路显示编码。

（2）扬声器发出短暂的声响，提醒主持人注意。

（3）控制电路要对输入编码电路进行封锁，避免其他选手再次进行抢答。

（4）控制电路要使定时器停止工作，时间显示器上显示剩余的抢答时间，并保持到主持人将系统清零为止。当选手将问题回答完毕时，主持人操作控制开关，使系统恢复到禁止工作状态，以便进行下一轮抢答。

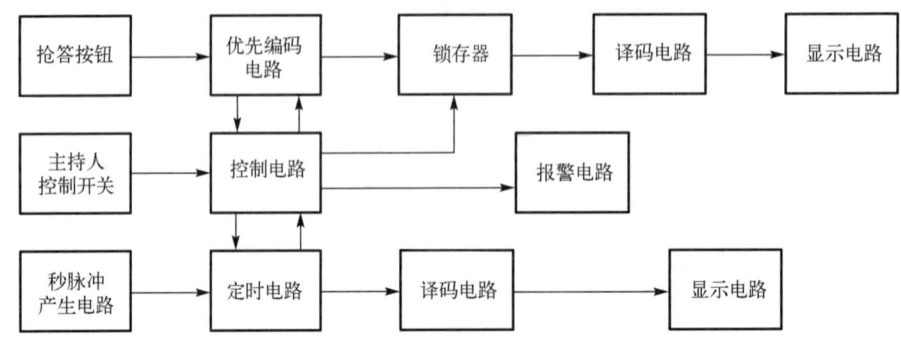

图 4-26 多路智力竞赛抢答器的总体框图

2. 抢答电路设计

抢答电路的功能有两个：一是能分辨出选手按键的先后，并锁存最先抢答者的编号，供译码显示电路工作用；二是要使其他选手的按键操作无效。选用优先编码器 74LS148 和 RS 锁存器 74LS279 可以完成上述功能，抢答电路原理图如图 4-27 所示。其工作原理是：当主持人将控制开关拨到"清零"位置时，RS 触发器的 R 端为低电平，输出端（$Q_4 \sim Q_1$）全部为低电平。于是 74LS48 的 $\overline{RBI}$=0，显示器灯灭；74LS148 的选通输入端 $\overline{ST}$=0，74LS148 处于工作状态，此时锁存电路不工作。当主持人把开关拨到"开始"位置时，优先编码电路和锁存器同时处于工作状态，即抢答器处于等待状态，等待输入端 $\overline{I_7} \sim \overline{I_0}$ 输入信号，当有选手按下按钮时（如按下 S_5），74LS148 的输出端 $\overline{Y_2}\overline{Y_1}\overline{Y_0}$=010，$\overline{Y_{EX}}$=0，经 RS 锁存器后，CRT=1，$\overline{RBI}$=1，74LS279 处于工作状态，$Q_4Q_3Q_2$=101，经 74LS48 译码后，编码显示器显示"5"，此外 CRT=1，使 74LS148 的 $\overline{ST}$ 端为高电平，74LS148 处于禁止工作状态，封锁其他按钮的输入。当按下的按钮松开后，74LS148 的 $\overline{Y_{EX}}$ 端为高电平，但由于 CRT 维持高电平不变，所以 74LS148 仍处于禁止工作状态，其他按钮的输入信号不会被接收，这就保证了抢答者的优先性及抢答电路的准确性。当最先抢答者回答完问题后，主持人操作控制开关，使抢答电路复位，以便进行下一轮抢答。

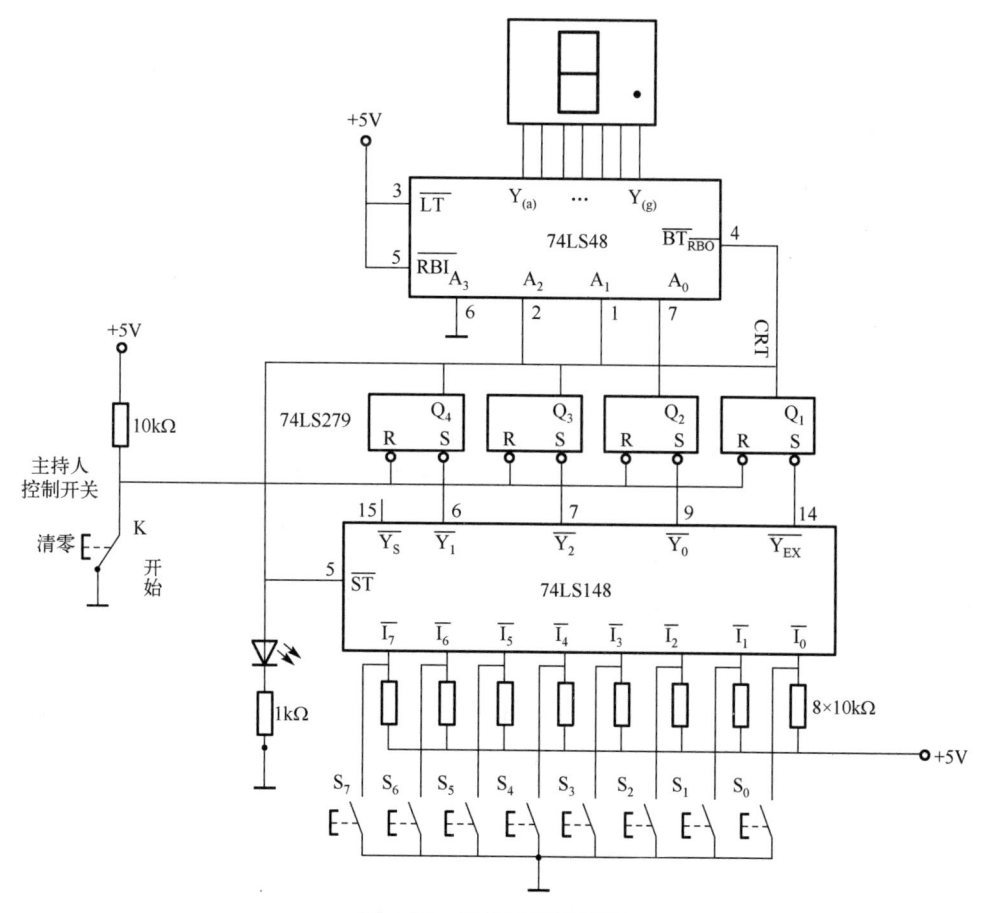

图 4-27 抢答电路原理图

3. 定时电路设计

主持人根据抢答题的难易程度，设定一次抢答时间，通过预置时间电路对计数器进行预置，选用十进制同步加/减法计数器 74LS192 进行设计，计数器的时钟脉冲由秒脉冲产生电路提供，如图 4-28 所示。

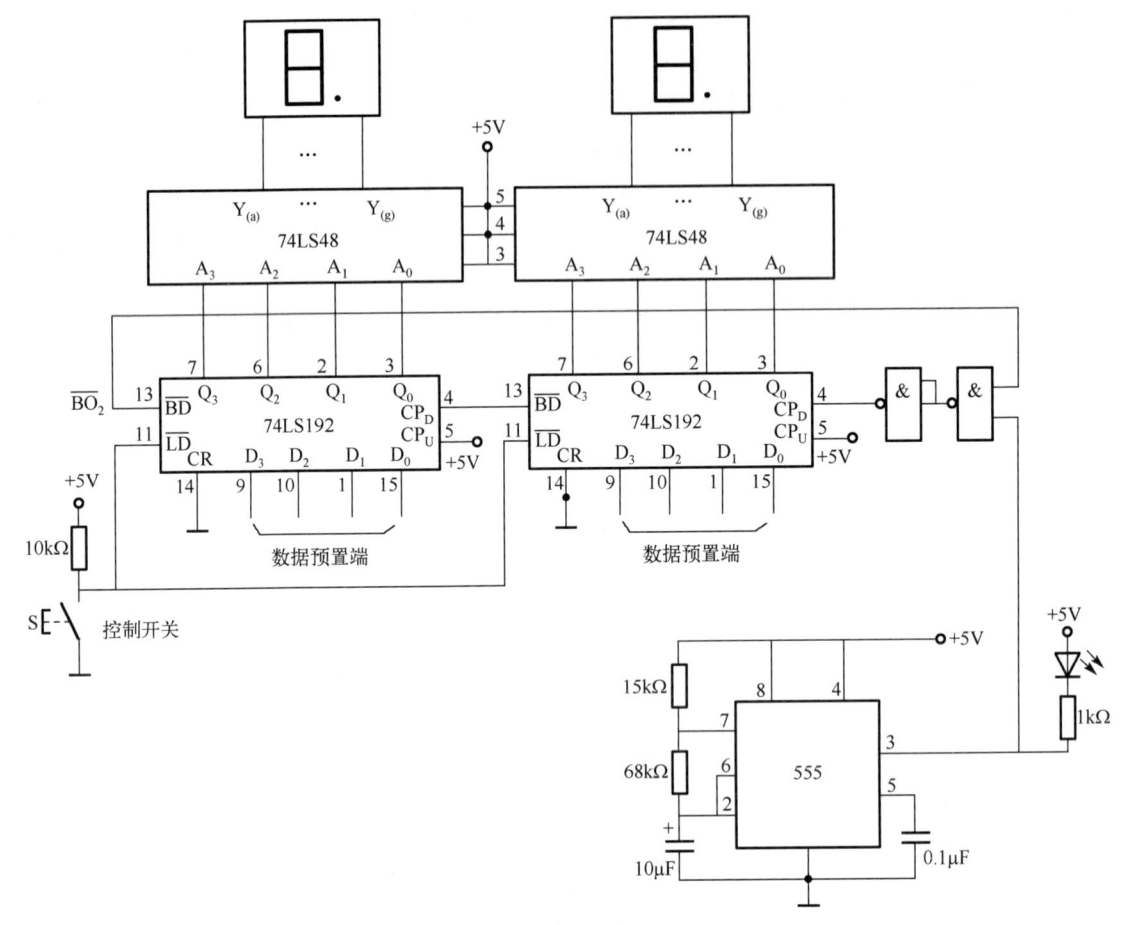

图 4-28 可预置时间的定时电路原理图

4. 报警电路设计

利用 555 电路和三极管构成报警电路，如图 4-29 所示，其中 555 电路构成多谐振荡器，振荡频率为

$$f_o = \frac{1}{(R_1 + 2R_2)C_1 \ln 2} \approx \frac{1.43}{(R_1 + 2R_2)C_1} \tag{4-23}$$

其输出信号经三极管驱动扬声器。PR 为控制信号，当 PR 为高电平时多谐振荡器工作，反之电路停振。

5. 时序控制电路设计

时序控制电路是抢答器设计的关键，它要完成以下三项功能：

（1）当主持人将控制开关拨到"开始"位置时，扬声器发声，抢答电路和定时电路进入正常工作状态。

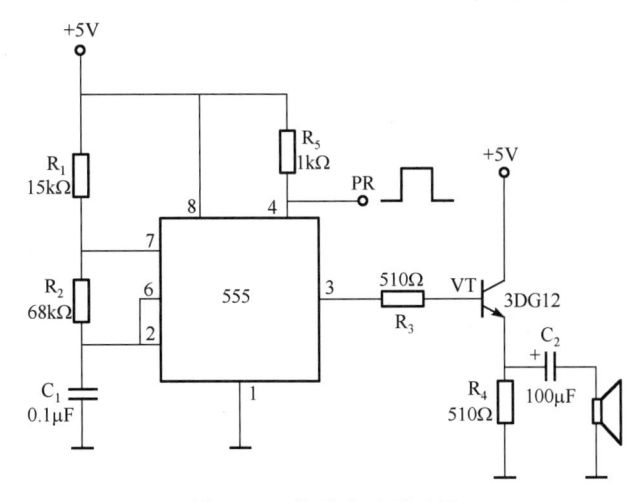

图 4-29 报警电路原理图

(2) 当参赛选手按下按钮时扬声器发声，抢答电路和定时电路停止工作。

(3) 当设定的抢答时间到、无人抢答时，扬声器发声，同时抢答电路和定时电路停止工作。

根据上面的功能要求及图 4-27 和图 4-28，设计时序控制电路，如图 4-30 所示。图中 G_1 的作用是控制时钟信号 CP 的放行与禁止，G_2 的作用是控制 74LS148 的输入使能端 $\overline{ST}$。该电路的工作原理是：当主持人将控制开关从"清零"位置拨到"开始"位置时，来自图 4-27 所示电路中的 74LS279 的输出 CRT=0，经 G_3 反相，A=1，则从 555 电路输出端来的时钟信号 CP 能够被加到 74LS192 的时钟输入端 CP_D，定时电路进行递减计时，在定时时间未到时，来自图 4-28 所示电路中的 74LS192 的借位输出端 $\overline{BO_2}$=1，G_2 的输出 $\overline{ST}$=0，使 74LS148 处于正常工作状态，从而实现功能（1）的要求；当选手在定时时间内按下按钮时，CRT=1，经 G_3 反相，A=0，封锁 CP 信号，定时器处于保持状态，G_2 的输出 $\overline{ST}$=1，74LS148 处于禁止工作状态，从而实现功能（2）的要求；当定时时间到时，来自 74LS192 的 $\overline{BO_2}$=0，$\overline{ST}$=1，74LS148 处于禁止工作状态，禁止选手进行抢答，G_1 同时处于关门状态，封锁 CP 信号，使定时电路为"00"状态，从而实现功能（3）的要求，74LS121 用于控制报警电路及发声的时间。

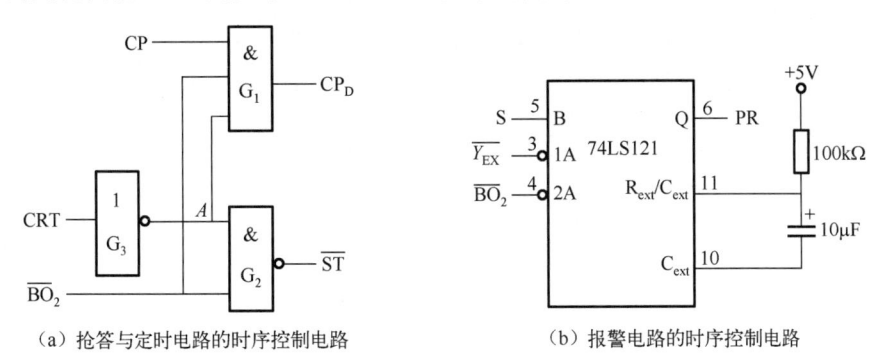

(a) 抢答与定时电路的时序控制电路　　(b) 报警电路的时序控制电路

图 4-30　时序控制电路原理图

6. 整机电路设计

经过以上各单元电路的设计，可以得到定时抢答器的整机电路，如图 4-31 所示。

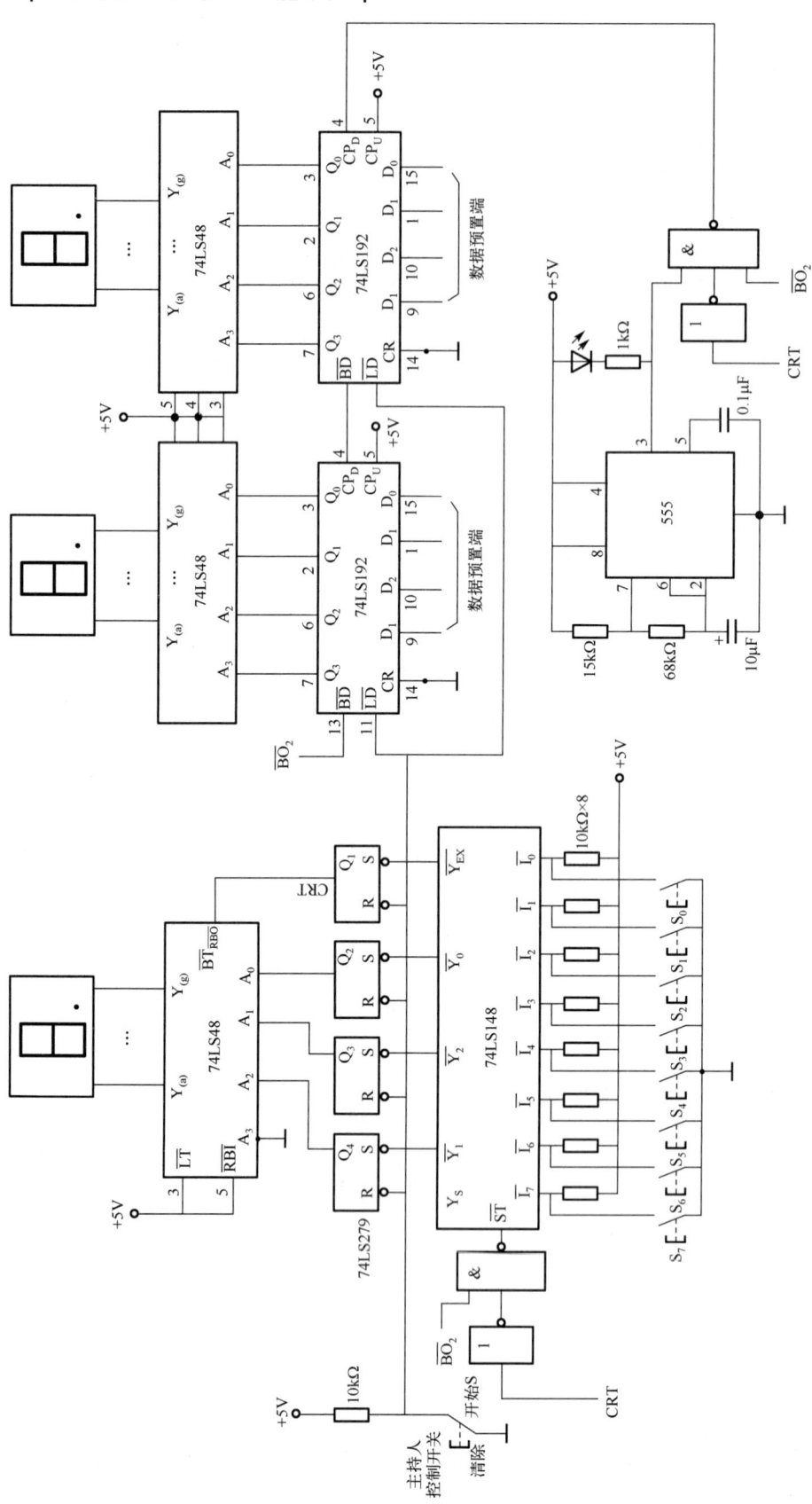

图 4-31 多路智力竞赛抢答器的整机电路图

三、安装与调试

1. 根据图 4-26 所示的多路智力竞赛抢答器的总体框图，按信号的流向分级安装，逐级连接电路。
2. 调试抢答电路，检查控制开关是否正常工作，按下按钮时，应显示对应的数码，再按下其他按钮时，显示器显示的数值不变。
3. 用示波器观察定时时间是否准确，检查预置电路的预置、显示是否正确。
4. 检查报警电路是否正常工作。

四、课题设计报告撰写要求

1. 按照设计步骤撰写课题设计报告。
2. 图表资料详细，系统安装、调试过程数据齐全。

课题六　十字路口交通信号灯控制电路

一、设计任务与要求

1. 设计任务

设计制作一个十字路口交通信号灯控制电路。

2. 设计要求

一条主干道和一条支干道汇合形成十字交叉路口，为确保车辆安全、迅速通行，在交叉路口的每个入口处设置了红、绿、黄三色交通信号灯，红灯亮禁止通行，绿灯亮允许通行，黄灯亮则使行驶中的车辆有时间停靠到禁行线之外，设计要求如下。

（1）用红、绿、黄三色发光二极管作为交通信号灯，用传感器或逻辑电平开关提供车辆到来的信号，设计并制作一个交通信号灯控制器。

（2）由于主干道车辆较多而支干道车辆较少，因此主干道处于常允许通行的状态，而支干道有车来才允许通行。当主干道允许通行亮绿灯时，支干道亮红灯。当支干道允许通行亮绿灯时，主干道亮红灯。

（3）当主、支干道均有车时，二条干道交替允许通行，主干道每次通行 24s，支干道每次通行 20s，设计 24s 和 20s 计时显示电路。

（4）在每次由绿灯转变成红灯的转换过程中，要亮 4s 的黄灯作为过渡，以使行驶中的车辆有时间停到禁止线以外，设计 4s 计时显示电路。

二、设计分析

1. 设计要点

（1）在主干道和支干道的入口处设置传感器检测电路以检测车辆的进出情况并及时向主控电路提供信号，调试时可用数字开关代替。

（2）系统中要求有 24s、20s 和 4s 三种定时信号，需要设计三种相应的定时显示电路，计时方法可以用顺计时,也可以用倒计时,定时的起始信号由主控电路给出,定时时间结束的信号也输入到主控电路,并通过主控电路启、闭三色交通信号灯或启动另一种计时电路。

(3) 主控电路是本课题的核心,它的输入信号来自车辆检测信号和 24s、20s、4s 三个定时信号。

主控电路的输出一方面经译码后分别控制主干道和支干道的三个交通信号灯,另一方面控制定时电路的启动,主控电路属于时序逻辑电路,应该按照时序逻辑电路的设计方法进行设计,也可以采用储存器电路实现,即将传感信号和定时信号经过编码所得的代码作为储存器的地址信号,由储存器数据信号控制交通信号灯。

(4) 分析交通信号灯的点亮规则,可以归结为四种态序,如表 4-2 所示。

表 4-2 交通信号灯的四种态序

态序	主干道	支干道	时间
1	绿灯亮允许通行	红灯亮不允许通行	24s
2	黄灯亮停车	红灯亮不允许通行	4s
3	红灯亮不允许通行	绿灯亮允许通行	20s
4	红灯亮不允许通行	黄灯亮停车	4s

根据设计任务与要求,设东西方向为主干道,南北方向为支干道,交通信号灯控制电路的逻辑框图如图 4-32 所示。

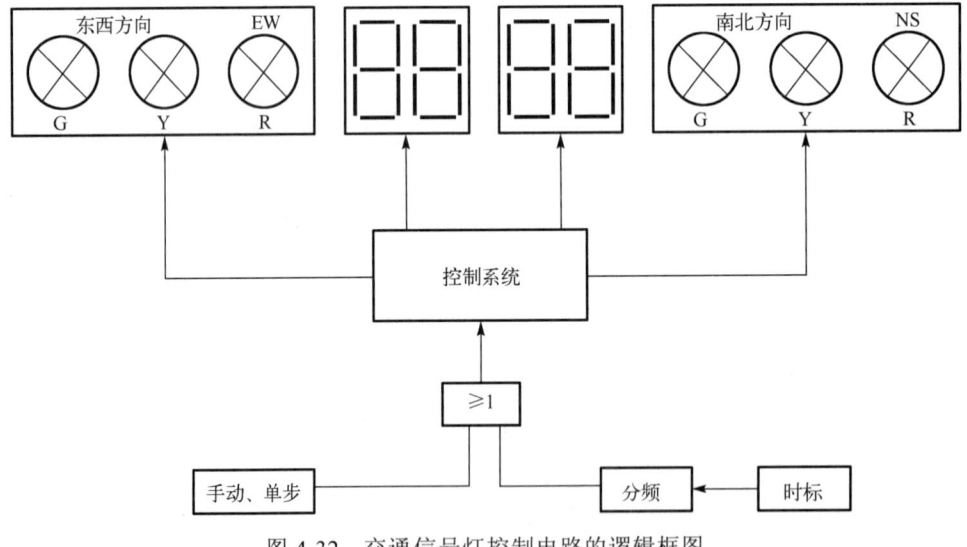

图 4-32 交通信号灯控制电路的逻辑框图

(5) 十字路口每个方向绿、黄、红灯亮的时间比例为 5:1:6。若选 4s 为一个时间单位,则计数器每 4s 输出一个脉冲。

(6) 计数器每次工作循环周期为 12,所以可以选用十二进制计数器。计数器可以由单触发器组成,也可以由中规模集成计数器组成,这里选用 8 位移位寄存器 74LS164 组成扭环形十二进制计数器。根据图 4-32 所示的交通信号灯控制电路的逻辑框图、图 4-33 中交通灯控制信号端与 74LS164 计数器输出 Q 端的具体连接,可列出东西方向和南北方向绿、黄、红灯的逻辑表达式。

东西方向三个交通信号灯的逻辑表达式为

$$绿：EWG=\overline{Q_4}\,\overline{Q_5}$$

$$黄：EWY=\overline{Q_4}\,Q_5 \quad (EWY=EWYCP_1)$$

$$红：EWR=\overline{Q_5}$$

南北方向三个交通信号灯的逻辑表达式为

$$绿：NSG=\overline{Q_4}\,\overline{Q_5}$$

$$黄：NSY=\overline{Q_4\,Q_5} \quad (NSY=NSYCP_1)$$

$$红：NSR=Q_5$$

由于要求黄灯闪烁几次，所以将时标 1s 和 EWY 或 NSY 黄灯信号相与即可。

（7）显示控制部分实际上是一个定时控制电路。当绿灯亮时，减法计数器开始工作，每来一个秒脉冲使计数器减 1，直到计数器为 0。译码显示可用 BCD 码七段译码器 74LS248，显示器用共阴极 LED 显示器 LC5011-11，计数器采用可预置加/减法计数器，如 74LS168、74LS193 等。

（8）手动/自动控制可用一个选择开关进行。将开关置于手动位置，输入单次脉冲，可使交通信号灯处在某一位置上；将开关置于自动位置，则交通信号灯以自动循环工作方式运行。

2．设计说明

根据设计任务和要求，设计交通信号灯控制电路，如图 4-33 所示。

（1）单次脉冲及秒脉冲电路。

单次脉冲是由两个与非门组成的 RS 触发器产生的，当拨动 S₂ 至左侧"手动"触点时，有一个输出脉冲使 74LS164 移位计数，实现手动控制。当 S₂ 处于右侧触点位置时，单次脉冲由秒脉冲电路经分频器（4 分频）输出给 74LS164，这样，74LS164 每 4s 向前移一位（计数 1 次）。秒脉冲电路可由晶振或 RC 振荡电路构成。

（2）控制器部分。

控制器部分由 74LS164 组成扭环形计数器，经译码后输出十字路口南北、东西方向的控制信号。

（3）数字显示部分。

当南北方向绿灯亮，而东西方向红灯亮时，南北方向的 74LS168 以减法计数方式工作，从数字 24 开始往下减，当减到 0 时，南北方向绿灯灭、红灯亮，而东西方向红灯灭、绿灯亮。由于东西方向红灯灭信号使与门关闭，所以减法计数器停止工作，而南北方向红灯亮使东西方向的减法计数器开始工作。

在减法计数开始前，黄灯信号使减法计数器先置入数据，图 4-33 中输入 74LS168 U/$\overline{D}$ 和 $\overline{LD}$ 端的信号在黄灯亮（为高电平）时置入数据，黄灯灭时红灯开始减法计数。

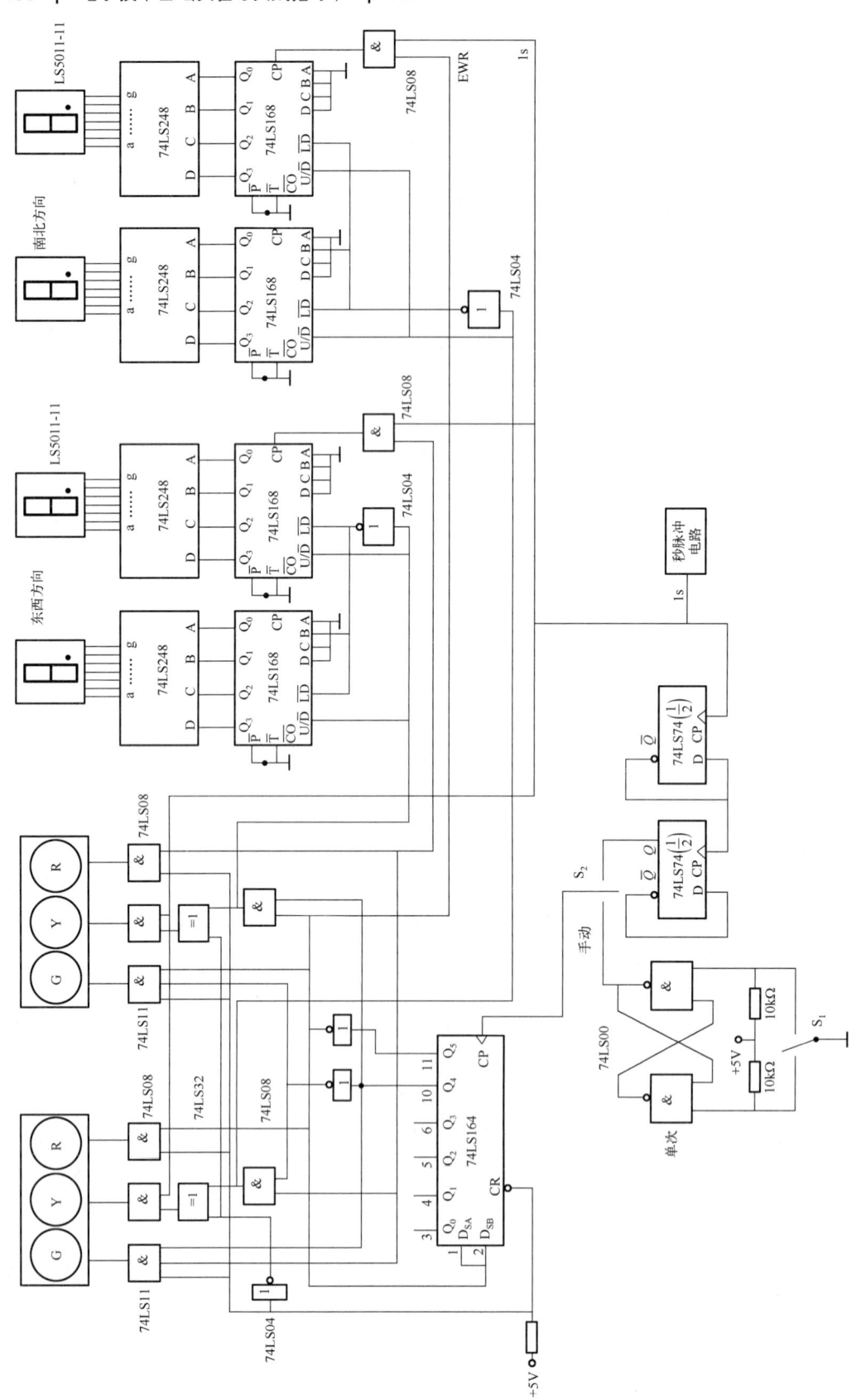

图 4-33 交通信号灯控制电路

三、安装与调试

1. 参考图 4-33 所示交通信号灯控制电路，按信号的流向分级安装，逐级连接电路。
2. 调试交通信号灯控制电路，设置手动/自动模式，观察交通信号灯的工作方式，检查交通信号灯电路是否正常工作。

四、课题设计报告撰写要求

1. 按照设计步骤撰写课题设计报告。
2. 图表资料详细，系统安装、调试过程数据齐全。

课题七　水位控制电路

水位控制电路在人们的生产生活中应用较为广泛，可用于工业液体容器灌装、堤坝水位观察报警、水箱液面控制、渔场水位高低控制并报警等。

一、设计任务

设计一个水位控制电路，该电路可以模拟水箱预设水位高度，当实际水位达到/低于预设水位时，可以控制电控阀（电机）关闭/打开。

二、参考电路工作原理分析

通常人们需要把某处的水位控制在一定的高度，为了测出临界水位值供电路处理，需要把"水位"这一物理量转变成能被数字电路处理的弱电信号。在实际应用中，通常用两个（或三个）电极组成一个简单的传感器来实现这一转换。水位控制电路如图 4-34 所示。

其工作原理是：水箱上方的两个电极向下的端点处是水位高度的临界控制点。当无水侵入时，两个电极断开，由于非门输入端接有一个上拉电阻，因此当输入信号为高电平时，其输出信号为低电平，表明可以向水箱内加水，则打开电控阀（或水泵）向水箱内加水。加水期间会声光报时并显示加水的时间。一旦水面碰到电极，两个电极就会通过水接通，由于一个电极始终接地，另一个电极接非门的输入端，因此非门的输入端变为低电平，而输出端为高电平，预示水位的高度已达到临界值，应立即停止加水，电控阀（电机）关闭，停止声光报时并将注水时间清零，直到水位再次下降到两个电极以下时，电控阀（或电机）再重新打开。

在具体安装调试该电路时，可将任一电极接地或接高电平，用此方法模拟水位的变化情况。电路的报警声音输出可以借助一只发光二极管进行调试。电路中集成芯片（CMOS）的具体使用方法，请参阅有关的集成电路手册。

电路中由晶振、4060 构成的高精度秒信号发生器电路可以直接取自脉冲信号源或由 LM555 振荡电路代替。

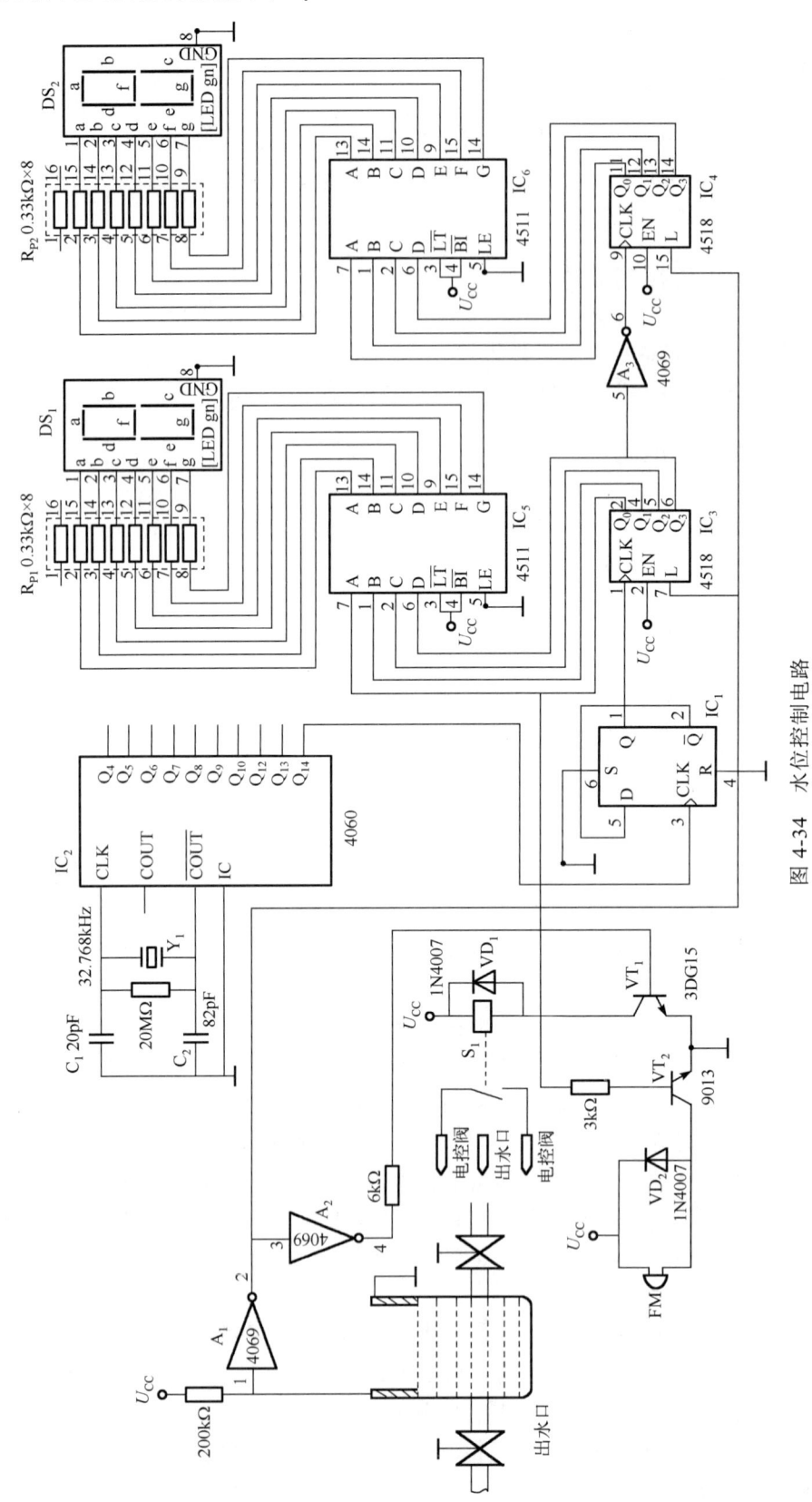

图 4-34 水位控制电路

三、设计要求

1. 根据设计要求，自行查阅相关文献资料，制定设计方案。
2. 画出设计方案框图。
3. 根据设计方案框图，绘制单元电路图、总体电路图（也可参考图 4-35 所示电路）。
4. 采用 EDA 工具进行功能模拟仿真测试。

四、安装与调试

1. 选择合适的元器件，组装电路。
2. 自拟电路的调试方案与步骤，完成电路整体调试。

五、课题设计报告撰写要求

1. 按照设计步骤撰写课题设计报告。
2. 图表资料详细，系统安装、调试过程数据齐全。

课题八 数控直流稳压电源

一、设计任务

设计制作一个有一定电压输出范围的数控直流稳压电源，其具体指标参数要求如下。

1. 输出电压范围为 0~9.9V，能步进调节输出电压，步长为 0.1V；输出电压的纹波系数不大于 10mV。
2. 输出电流为 500mA。
3. 输出电压用数码显示器显示。
4. 设置两个电压调节键，一个用于调高电压，一个用于调低电压。
5. 输出电压预置为 0~9.9V 之间的任意值。
6. 自制电路所需的直流稳压电源，输出电压为±15V、±5V。

二、设计要求

1. 制定系统框图，说明各方框的作用和要求。
2. 根据性能指标，设计单元电路，确定元器件参数。
3. 画出总体逻辑框图。
4. 撰写设计报告，包括系统框图、电路图、仪器仪表种类和要求、制作和调整顺序等。
5. 进行电路组装、焊接和调试。
6. 撰写实验报告，内容包括实验目的、任务，系统框图和电路设计，调试中遇到的问题和解决问题的办法，各框图的波形图，对本实验的意见、建议和体会。

三、设计分析

根据系统的功能及技术要求，电源电路系统由按键、数控部分、输出电路、过流保护、显示和稳压电源等部分组成。数控直流稳压电源的原理框图如图 4-35 所示。

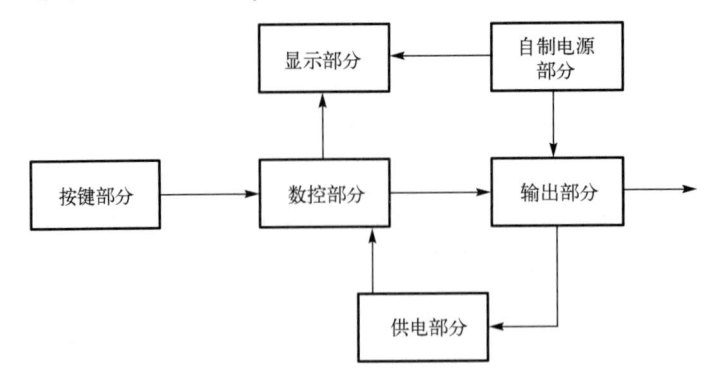

图 4-35　数控直流稳压电源的原理框图

下面对电源电路系统的主要模块进行论证，请自行设计具体电路及总体电路。

1. 按键输入/模拟电压量输出

用户操作"步进加""步进减"按键实现对输出电压大小的控制。按键输入到模拟电压量输出的转换功能是由数控部分完成的，实现方案可参考以下内容。

利用"可逆二进制计数器 + D/A 转换器"实现按键输入到模拟电压量输出的转换，如图 4-36 所示。

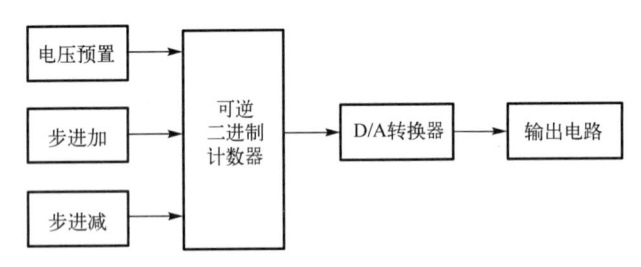

图 4-36　用二进制计数器实现步进输入的原理框图

"步进加""步进减"按键分别接到可逆二进制计数器的加法计数、减法计数脉冲输入端，从而改变可逆二进制计数器输出码，并通过 D/A 转换器将数字信号转变为模拟电压量，送到输出电路做进一步处理。本部分功能也可以采用单片机实现。

2. 电压信号放大

电源要求输出的最大电流为 500mA，而 D/A 转换输出的模拟信号只有几个毫安的驱动能力，因此需要在输出电路中接入功率放大部分对 D/A 转换的输出电流进行放大。常用方案如下：

（1）采用分立元件构成功率放大器。

（2）采用集成运算放大器和功率器件构成功率放大电路，功率放大级采用分立元件进行功率扩展，如图 4-37 所示。通过 R_1、R_2 进行负反馈，可以方便地调整输出电压的调整范围，通过改变功率放大器级分立元件的输出功率，可方便地改变电源输出端的电流驱动能力。

（3）采用集成功率放大器。

（4）采用三端集成稳压器件。

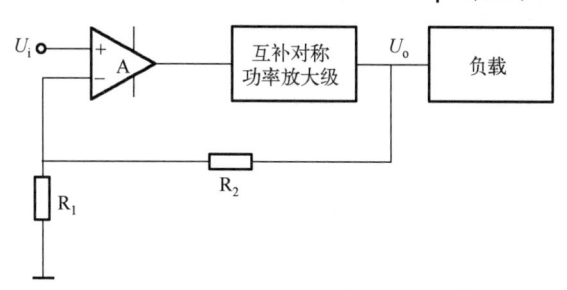

图 4-37　集成运算放大器功率扩展原理图

3. 过流保护

过流保护电路可以在输出电流因负载变化而超过 500mA 时起到保护作用。方案可参考以下几种。

（1）利用三极管的导通特性。

三极管导通时基极-发射极电压 U_{BE} 为 0.7V 左右，当因负载电流增加而使采样电阻的压降大于 0.7V 时，三极管导通，产生过流保护信号。过流保护信号可以直接接输出驱动管，限制输出电流继续增加，也可送到数控部分，经处理后切断电压信号。用三极管构成的过流保护电路的原理图如图 4-38 所示。

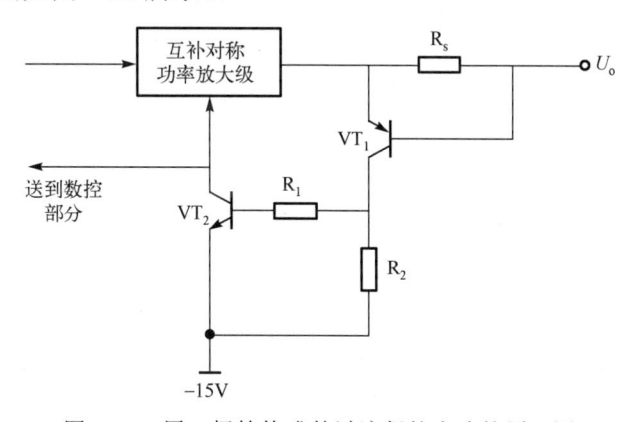

图 4-38　用三极管构成的过流保护电路的原理图

（2）采用电压比较器。

（3）采用 A/D 转换器。

4. 输出电压显示

对于输出电压的显示，可以显示电压的设定值，也可显示实测的输出电压值，或者同时显示两个电压值。只显示电压的设定值或实测值可用 2 位或 3 位 LED 数码管，显示范围为 0.0～9.9V 或 0.00～9.99V。输出电压的显示可采用以下电路实现。

（1）采用计数器作数控的显示电路。

（2）当采用计数器作数控部分的控制芯片时，由于其计数值是以二进制形式出现的，不能直接用于译码显示电路，而必须将按键输入的信号同时送入十进制计数器，再由十进制计数器的输出结果经译码后送入 LED 数码管显示。用计数器作数控的输出电压显示电路原理框图如图 4-39 所示。

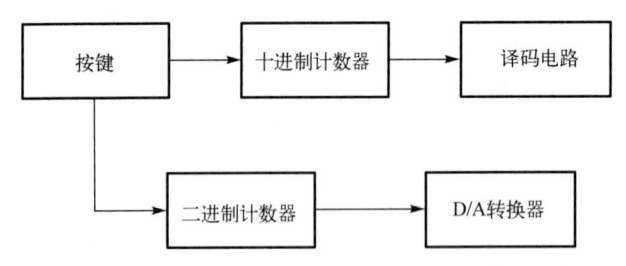

图 4-39　用计数器作数控的输出电压显示电路原理框图

5．输出电压预置

输出电压预置使系统具有开机自动输出预置电压的功能。要实现输出电压预置的功能，可以采用以下几种方案。

（1）由拨码盘或微型开关设定预置值。

在单片机系统中，可以使用拨码盘或微型开关来设定预置值。在系统中拨码盘或微型开关输出的都是开关量，不同的是拨码盘的输出数据以 BCD 码形式出现，而微型开关的输出数据只能以二进制码的形式出现。当系统上电工作时，单片机通过软件将预置值读入系统内部，并根据该预置值对输出电压进行初始化，实现输出电压预置输出的功能。

对于数控部分来说，拨码盘或微型开关的预置值要想在系统上电时装入计数器，就必须利用上电复位信号产生一个装载信号脉冲，将预置值装入计数器。另外，将拨码盘输出的 BCD 码数据装入十进制计数器后，必须先将其转换成二进制数，再用于控制输出电路。

（2）由键盘输入预置值并存入电可擦编程只读存储器。

在采用单片机的系统中可以使用键盘输入预置值，并将该预置值保存于电可擦编程只读存储器等具有掉电保护功能的存储芯片内。在下一次上电开机后，单片机系统先从掉电保护存储芯片中读出预置值，再对输出电压进行初始化操作。

6．主要元器件（供参考）

四 2 输入或非门 CD4001、四 2 输入与非门 CD4011、三 3 输入与非门 CD4023、六反相器 CD4069、四 2 输入或门 CD4071、四 2 输入与门 CD4081、六施密特触发器 CD40106、七段译码/驱动器 CD4511、预置可逆十进制计数器 CD4192、预置可逆二进制计数器 CD4193、八位 A/D 转换器 ACD0832、八位 D/A 转换器 DAC0832、通用集成运算放大器 LM741、四电压比较器 LM339、NPN 型达林顿三极管 TIP112、PNP 型达林顿三极管 TIP127、+5V 输出集成稳压器 ST7805、LTS-547R 型 8 段共阴极 LED 数码管等。

四、安装与调试

1．参考图 4-35 所示的数控直流稳压电源的原理框图，结合对主要单元电路的分析，设计出电源电路总图。

2．选择合适的元器件，组装电源电路，分单元调试，系统联调。

五、课题设计报告撰写要求

1．按照设计步骤撰写课题设计报告。

2．图表资料详细，系统安装、调试过程数据齐全。

课题九　三极管 β 值数字显示测试电路

一、设计任务

利用所学的电子技术基础知识，采用模拟、数字集成电路器件或专用集成电路芯片，根据三极管的共射电路特征设计电路，并提取参数，经 A/D 转换电路和计算电路计算出 β 值，再经译码显示电路显示该数值。

二、设计要求及技术指标

1. 可测量 NPN 型硅材料三极管的直流电流放大系数 β（设 $\beta<200$），测试条件如下：
（1）I_B = 10μA，允许误差为±5%。
（2）12V $<U_{CE}<$18V，且对于不同 β 值的三极管，U_{CE} 的值基本不变。
2. 在测量过程中不需要进行手动调节，便可自动满足上述测试条件。
3. 用两只 LED 数码管和一只发光二极管构成数字显示器。发光二极管用来表示最高位，它的亮状态和灭状态分别代表 1 和 0，而两只 LED 数码管分别用来显示个位和十位数字，即数字显示器可显示不超过 199 的正整数和零。
4. 测量电路设有被测三极管的三个插孔，分别标注为 e、b、c，将三极管的发射极、基极和集电极分别插入 e、b、c 插孔，开启电源后，数字显示器自动显示出被测三极管的 β 值，响应时间不超过 5s。
5. 在室温下，测量电路的误差绝对值不超过 10%，数字显示器显示的读数应清晰。
6. 具有 β 值自动分选功能（把 β 值的范围 0～200 每 50 分为 1 挡，共分 4 挡）。

三、设计分析（供参考）

1. 测量原理

三极管 β 值数字显示测试电路的原理框图如图 4-40 所示。被测三极管首先通过 $\beta-U$ 转换电路把三极管的 β 值转换成对应的电压，然后通过压控振荡器把电压转换为频率，若计数时间及电路参数选择合适，则在计数时间内通过的脉冲个数为被测三极管的 β 值。

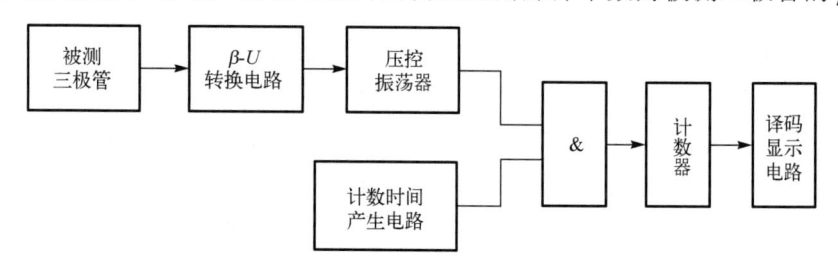

图 4-40　三极管 β 值数字显示测试电路的原理框图

2. 主要电路元器件

LM324、LM351、LM311、NE555、74LS74、74LS90、74LS47、74LS14、CC4011、电阻及电容若干。

四、安装与调试

1. 参考图 4-44 所示的三极管 β 值数字显示测试电路的原理框图，设计出完整的电路图。
2. 选择合适的元器件，组装电路，分单元调试，系统联调。

五、课题设计报告撰写要求

1. 按照设计要求撰写课题设计报告。
2. 图表资料详细，系统安装、调试过程数据齐全。
3. 若将 NPN 型三极管换为 PNP 型三极管，设计方案如何修改？将修改后的方案写入报告总结部分。

课题十　光电计数器

一、设计任务

在啤酒、汽水和罐头等灌装生产线上，常常需要对随传送带传送到包装处的成品瓶进行自动计数，以便统计产量或为计算机管理系统提供数据。

利用所学的电子技术基础知识，采用模拟、数字集成电路器件或专用集成电路芯片，设计光电计数器，当瓶子从发光器件和光接收器件之间通过时，利用瓶子的挡光作用使接收到的光强发生变化，并通过光电转换电路将其转换成输出电压的变化。当把输出电压的变化转换成计数脉冲时，就可实现自动计数。

二、设计要求及技术指标

1. 发光器件和光接收器件之间的距离大于 1m。
2. 有抗干扰技术，防止背景光或瓶子抖动产生误计数。
3. 每当计数值达到 100 时，灯闪烁 2s，同时扬声器发出提示声。
4. LED 数码管显示计数值。

三、设计分析（供参考）

根据设计任务，设计光电计数器电路框图，如图 4-41 所示。

在光电转换电路中，发光器件（如 LED）的输出光强与通过它的工作电流成正比，发光侧与接收侧的距离越大，要求的输出光强也越强，即要求工作电流越大。一般 LED 的工作电流为 10～50mA，因此为了提高传送距离，必须提高 LED 的工作电流。当使 LED 处于脉冲导电状态时（脉冲调制），允许的工作电流可增大 T_0/t_w 倍（T_0 为脉冲周期，t_w 为脉冲宽度），即光强增大了 T_0/t_w 倍，大大增加了传送距离。

在计数过程中，当无瓶子挡光时，整形后输出和调制光同频率的脉冲信号；当有瓶子挡光时，输出一个高电平，如图 4-42 所示，即在有瓶子挡光和无瓶子挡光两种情况下，整形输出信号的脉冲宽度是不一样的。把不同的脉宽变换为不同的电平，形成触发沿，作为计数脉冲，可实现对瓶子的自动计数。脉宽变电平电路如图 4-43 所示，把脉宽变为电容两端的电压，并以此作为控制信号。当瓶子不挡光时，信号脉冲窄，电容两端的电压小，脉宽变电平电路输出 1，挡光后脉冲变宽，加到电容上的电压能达到某阈值电压，从而使脉宽变电平电路输出 0，因此瓶子挡一次光，就形成一个计数脉冲沿。

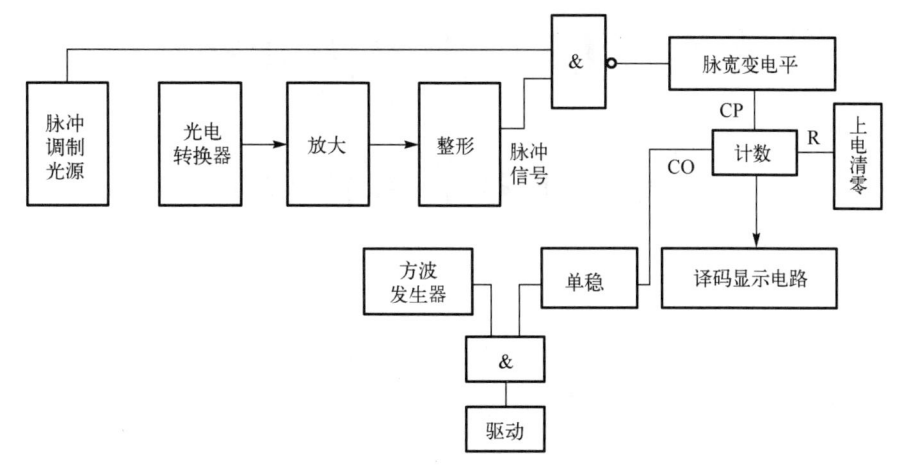

图 4-41　光电计数器电路框图

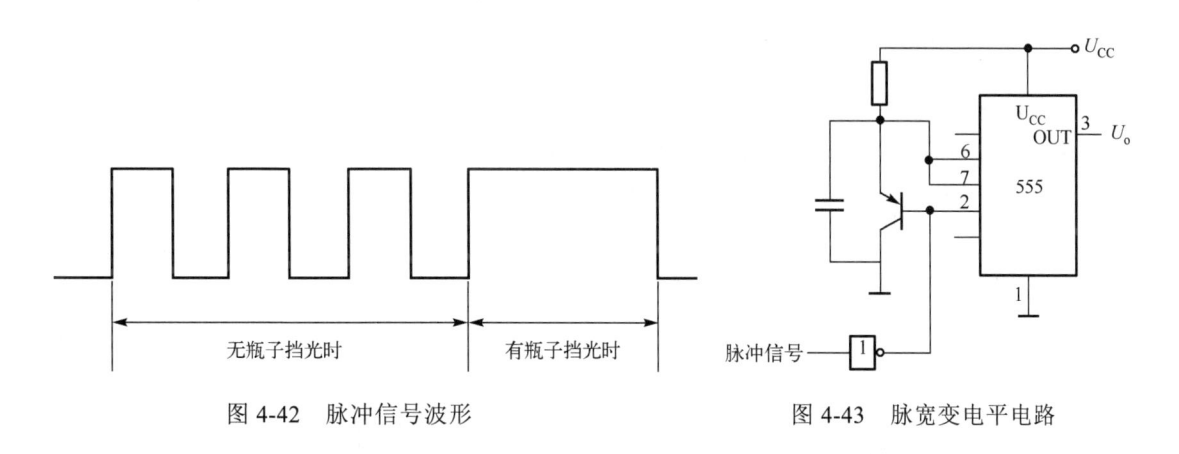

图 4-42　脉冲信号波形

图 4-43　脉宽变电平电路

四、电路元器件（供参考）

NE555 光耦合器、74LS14、LA741、CD4518、电阻及电容若干。

五、安装与调试

1．参考图 4-41 所示光电计数器电路框图，设计出完整的电路图。
2．选择合适的元器件，组装电路，分单元调试，系统联调。

六、课题设计报告撰写要求

1．按照设计要求撰写课题设计报告。
2．图表资料详细，系统安装、调试过程数据齐全。
3．若利用光电传感器实现量计数，电路设计方案如何修改？将修改后的方案写入报告总结部分。

附录 A　TTL 集电极开路门与三态输出门的应用

在数字系统中有时需要把两个或两个以上集成逻辑门的输出端直接并接在一起完成一定的逻辑功能。对于普通的 TTL 集成门电路，由于输出级采用了推拉式输出电路，所以无论输出是高电平还是低电平，输出阻抗都很低。因此，通常不允许将它们的输出端并接在一起使用。

TTL 集电极开路门和三态输出门是两种特殊的 TTL 集成门电路，它们允许把输出端直接并接在一起使用。

1. TTL 集电极开路门（OC 门）

实验所用的 OC 门型号为四 2 输入与非门 74LS03，其内部结构及引脚排列如附图 A-1 所示。OC 门的输出管 VT_3 是悬空的，工作时，输出端必须通过一只外接负载电阻 R_L 和电源相连接，以保证输出电平符合电路要求。

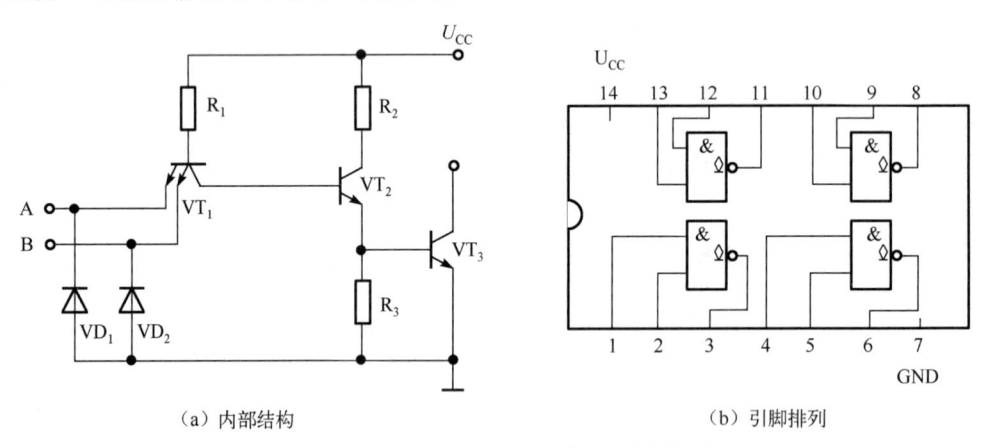

（a）内部结构　　　　　　　　　（b）引脚排列

附图 A-1　74LS03 的内部结构及引脚排列

OC 门的应用主要有如下三个方面。

（1）利用电路的"线与"特性方便地完成某些特定的逻辑功能。

如附图 A-2 所示，将两个 OC 门的输出端直接并接在一起，它们的输出为

$$F = F_A \cdot F_B = \overline{A_1 A_2} \cdot \overline{B_1 B_2} = \overline{A_1 A_2 + B_1 B_2}$$

即把两个（或两个以上）OC 门"线与"可完成"与或非"的逻辑功能。

（2）实现多路信息采集，使两路以上的信息共用一个传输通道（总线）。

（3）实现逻辑电平的转换，以推动荧光数码管、继电电路、MOS 电路等多种数字集成电路。

OC 门的输出端并联运用时负载电阻 R_L 阻值的选择如下。

如附图 A-3 所示，电路由 n 个 OC 门"线与"驱动，有 N 个 TTL 与非门，有 m 个输入端，为保证 OC 与非门的输出电平符合逻辑要求，负载电阻 R_L 阻值的选择范围为

$$R_{Lmax} = \frac{E_C - V_{oH}}{nI_{oH} + mI_{iH}}$$

$$R_{Lmin} = \frac{E_C - V_{oL}}{I_{LM} + NI_{iL}}$$

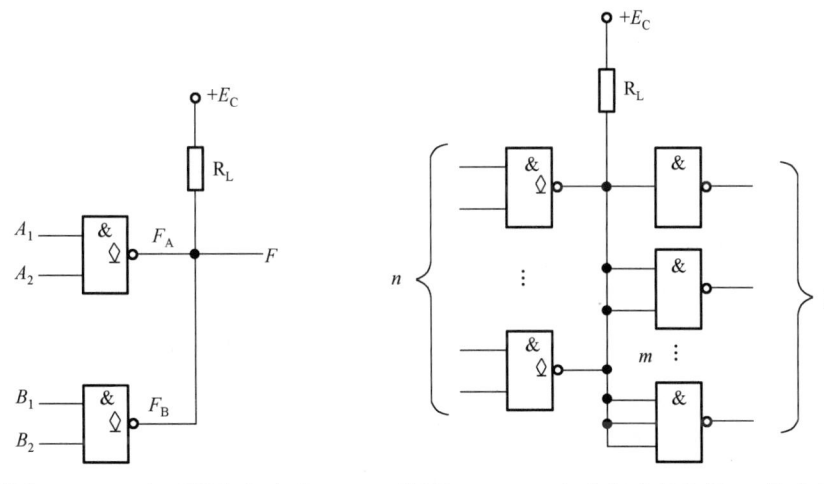

附图 A-2　OC 门"线与"电路　　附图 A-3　OC 与非门负载电阻 R_L 的确定

式中　I_{oH}——OC 门输出管截止（输出高电平 V_{oH}）时的漏电流（约为 50μA）；
　　　I_{LM}——OC 门输出低电平 V_{oL} 时允许的最大灌入负载电流（约为 20mA）；
　　　I_{iH}——负载门高电平输入电流（＜50μA）；
　　　I_{iL}——负载门低电平输入电流（＜1.6mA）；
　　　E_C——R_L 外接电源电压；
　　　n——OC 门的个数；
　　　N——负载门的个数；
　　　m——接入电路的负载门输入端总个数。

R_L 的阻值必须小于 R_{Lmax}，否则 V_{oH} 将下降；R_L 的阻值必须大于 R_{Lmin}，否则 V_{oL} 将上升，又因为 R_L 阻值的大小会影响输出波形的边沿时间，因此在工作速度较高时，R_L 的阻值应尽量接近 R_{Lmin}。

除了 OC 门，对于其他类型的 OC 电路，R_L 阻值的选取方法与此类似。

2. TTL 三态输出门（3S 门）

TTL 三态输出门是一种特殊的门电路，它与普通 TTL 集成门电路的结构不同，它的输出端除了有高电平、低电平两种状态（这两种状态均为低阻状态），还有第三种输出状态——高阻状态，当输出端处于高阻状态时，电路与负载之间相当于开路。三态输出门按逻

辑功能及控制方式划分有各种不同的类型，实验所用三态输出门的型号是三态输出四总线缓冲电路 74LS125。

附图 A-4（a）所示为三态输出四总线缓冲电路 74LS125 的逻辑符号，它有一个控制端（又称禁止端或使能端）$\overline{E}$，$\overline{E}=0$ 为正常工作状态，实现 $Y=A$ 的逻辑功能；$\overline{E}=1$ 为禁止状态，输出端 Y 呈现高阻状态。这种只有在控制端加低电平电路才能正常工作的工作方式称为低电平使能。

附图 A-4（b）所示为 74LS125 的引脚排列。附表 A-1 所示为 74LS125 的功能表。

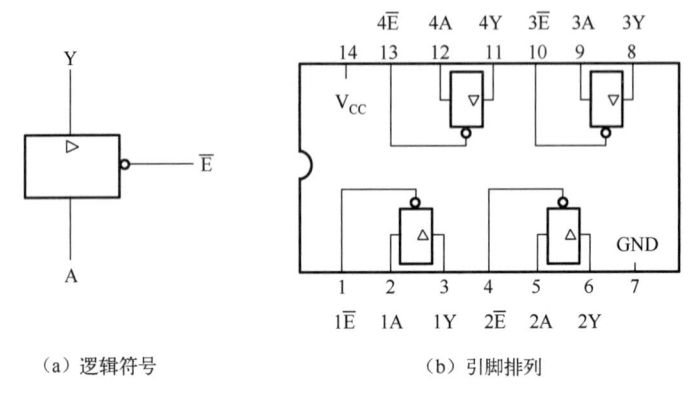

（a）逻辑符号　　　　　　　　　　（b）引脚排列

附图 A-4　三态输出四总线缓冲电路 74LS125 的逻辑符号及引脚排列

三态输出门的主要用途之一是实现总线传输，即用一个传输通道（总线）以选通方式传送多路信息。如附图 A-5 所示，在电路中把若干个三态输出门的输出端直接连接在一起构成三态输出门总线。使用时，要求只有需要传输信息的三态控制端处于使能态（$\overline{E}=0$），其余各门皆处于禁止状态（$\overline{E}=1$）。由于三态输出门输出电路的结构与普通 TTL 集成门电路相同，显然，若同时有两个或两个以上三态输出门的控制端处于使能态，将出现与普通 TTL 集成门电路"线与"时同样的问题，因而上述情况是绝对不允许的。

附表 A-1　74LS125 的功能表

输入		输出
$\overline{E}$	A	Y
0	0	0
0	1	1
1	0	高阻态
1	1	高阻态

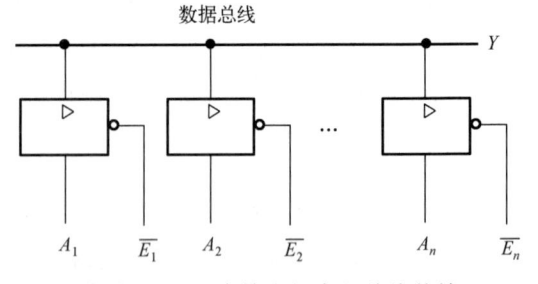

附图 A-5　三态输出门实现总线传输

附录 B A/D 转换电路 CD7107 组成的 $3\frac{1}{2}$ 位万用表

A/D 转换电路 CD7107 是把模拟电路与数字电路集成在一块芯片上的大规模 CMOS 集成电路，它具有功耗低、输入阻抗高、噪声低，能直接驱动共阳极 LED 显示电路，不需要另加驱动电路，简化转换电路等特点。附图 B-1 所示为其引脚排列，各引出端功能如附表 B-1 所示。

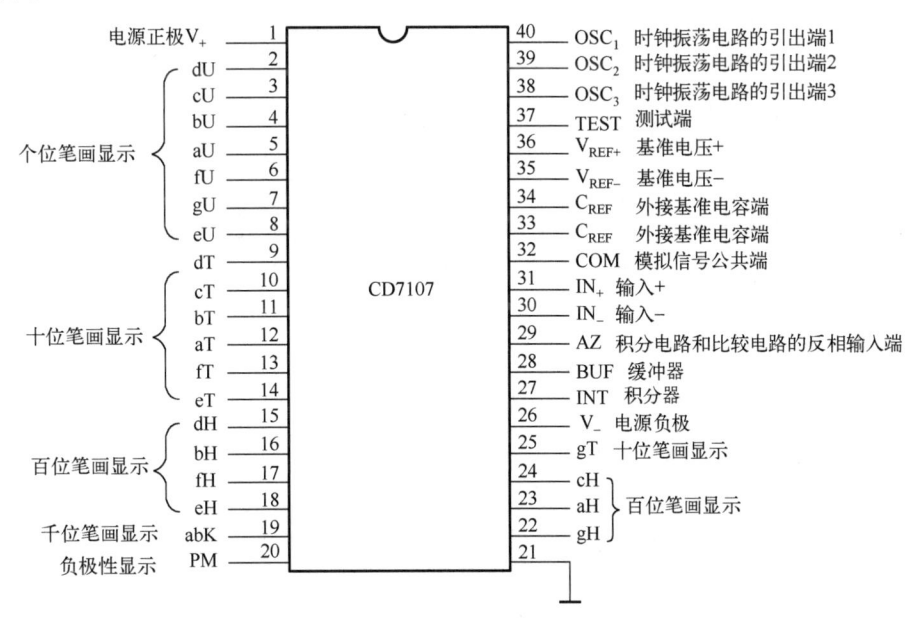

附图 B-1 CD7107 的引脚排列

附表 B-1 各引出端功能

端名	功能
V_+ 和 V_-	电源的正极和负极
aU~gU aT~gT aH~gH	个位、十位、百位笔画的驱动信号，依次控制个位、十位、百位数码管相应笔画
abK	千位笔段驱动信号，接千位数码管的 a、b 两个笔段电极
PM	负极性指示的输出端，接千位数码管的 g 段。PM 为低电平时显示负号
INT	积分电路输出端，接积分电容
BUF	缓冲放大电路的输出端，接积分电阻
AZ	积分电路和比较电路的反相输入端，接自动调零电容

续表

端名	功能
IN+、IN-	模拟量输入端，分别接输入信号的正端与负端
COM	模拟信号公共端，即模拟地
C_REF	外接基准电容端
V_REF+、V_REF-	基准电压的正端和基准电压的负端
TEST	测试端。该端经 500Ω 电阻接至逻辑线路的公共地。当作"测试指示"时，把它与 V+端短接后，数码管全部笔段被点亮，显示数字 1888
OSC$_1$～OSC$_3$	时钟振荡电路的引出端，外接阻容元件组成多谐振荡电路

由 CD7107 组成的 $3\frac{1}{2}$ 位万用表接线图如附图 B-2 所示。

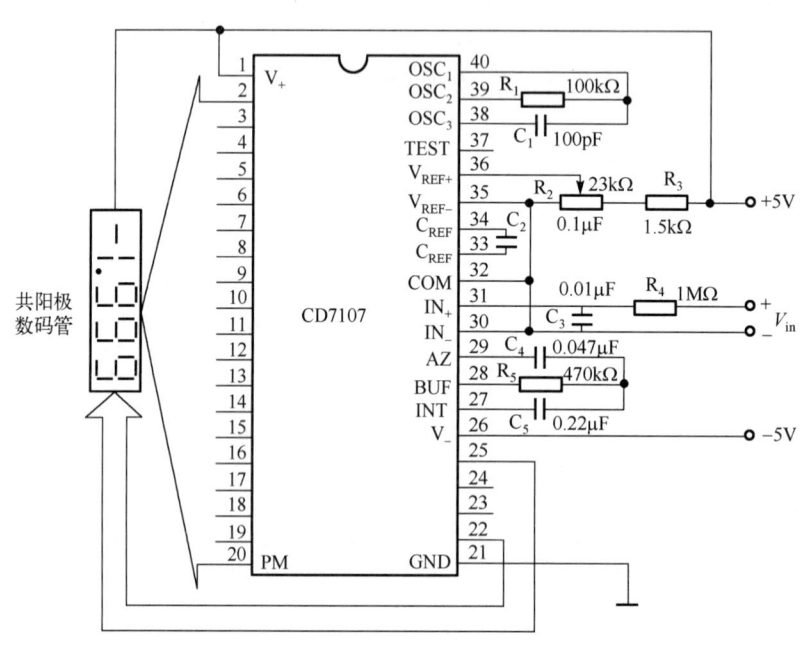

附图 B-2　由 CD7107 组成的 $3\frac{1}{2}$ 位万用表接线图

外接元件的作用如下：

R$_1$、C$_1$ 组成时钟振荡电路的 RC 网络。

R$_2$、R$_3$ 组成基准电压的分压电路。R$_2$ 使基准电压 $V_{REF}=1V$。

R$_4$、C$_3$ 组成输入端阻容滤波电路，以提高电压表的抗干扰能力，并增强它的过载能力。

C$_2$、C$_4$ 分别是基准电容和自动调零电容。

R$_5$、C$_5$ 分别是积分电阻和积分电容。

CD7107 的 21 引脚（GND）为逻辑地，37 引脚（TEST）经过芯片内部的 500Ω 电阻与 GND 接通。

芯片本身功耗小于 15mW（不包括数码管），能直接驱动共阳极数码管显示电路，不需要另加驱动电路。在正常亮度下，数码管全亮时的笔段电流为 40～50mA。

CD7107 没有专门的小数点驱动信号，使用时可将共阳极数码管的公共阳极接 V+，公共阳极接 GND 时小数点点亮，公共阳极接 V+时小数点熄灭。

附录 C 常用数字集成电路

附表 C-1 TTL（74 系列）常用数字集成电路

芯片型号	电路类型
74LS00、7400、74HC00	四 2 输入与门
74LS02、7402、74HC02	四 2 输入或非门
74LS04、74LS05、7404、7405	六反相器
74LS08、74LS09、7408、7409	四 2 输入与门
74LS10、74LS12、7410、7412	三 3 输入与非门
74LS13、74LS18、7413、7418	双 4 输入与非门（施密特触发器）
74LS32、7432	四 2 输入或门
74LS168、74LS169	4 位同步计数器（168 为十进制、169 为二进制）
74LS47、74LS48	七段译码驱动器（47 输出高电平、48 输出低电平）
74LS138	3 线-8 线译码器
74LS154	4 线-16 线译码器
74LS73、7473	双 JK 触发器（带清零）
74LS74、7474	双 D 触发器（带消零和置位端）
74LS160、74LS162	可预置十进制同步计数器
74LS161、74LS163	可预置 4 位二进制计数器
74LS190、74LS191、74LS192	同步可逆计数器（BCD，二进制）

附表 C-2 CMOS（C000 系列）常用数字集成电路

芯片型号	电路类型
C001、C031、C061	双 4 输入与门
C002、C032、C062	双 4 输入或门
C003、C033、C063	六反相器
C004、C034、C064	双 4 输入与非门
C005、C035、C065	三 3 输入与非门
C006、C036、C066	四 2 输入与非门
C007、C037、C067	双 4 输入或非门
C008、C038、C068	三 3 输入或非门
C009、C039、C069	四 2 输入或非门
C013、C043、C073	双 D 触发器

附表 C-3 CMOS（4000 系列）常用数字集成电路

芯片型号	电路类型
CC4001、CD4001、TC4001	四 2 输入或非门
CC4011、CD4011、TC4011	四 2 输入与非门

续表

芯片型号	电路类型
CC4013、CD4013、TC4013	双 D 触发器
CC4069、CD4069、TC4069	六反相器
CC4081、CD4081、TC4081	四 2 输入与门
CC40175、CD40175、TC40175	四 D 触发器
CC4511、CD4511、TC4511	译码驱动器
CC4553、CD4553、TC4553	十进制计数器

参 考 文 献

[1] 康华光. 电子技术基础（模拟部分）[M]. 5 版. 北京：高等教育出版社，2006.
[2] 康华光. 电子技术基础（数字部分）[M]. 5 版. 北京：高等教育出版社，2006.
[3] 劳五一，劳佳. 模拟电子电路分析、设计与仿真[M]. 北京：清华大学出版社，2007.
[4] 罗杰，陈大钦. 电子技术基础实验：电子电路实验、设计及现代 EDA 技术[M]. 4 版. 北京：高等教育出版社，2017.
[5] 王连英，姜三勇，詹华群，等. Multisim 12 电子线路设计与实验[M]. 北京：高等教育出版社，2015.
[6] 侯建军，佟毅，刘颖，等. 电子技术基础实验、综合设计实验与课程设计[M]. 北京：高等教育出版社，2007.
[7] 臧春华，邵杰，魏小龙. 综合电子系统设计与实践[M]. 北京：北京航空航天大学出版社，2009.
[8] 黄虎，奚大顺，曾国强，等. 电子系统设计——专题篇[M]. 北京：北京航空航天大学出版社，2009.
[9] 张金. 电子系统设计基础[M]. 北京：电子工业出版社，2011.
[10] 刘斌. 电子电路课程设计基础实训[M]. 北京：机械工业出版社，2013.
[11] 何建新，高胜东. 数字逻辑技术基础[M]. 北京：高等教育出版社，2012.
[12] 李忠波，等. 电子设计与仿真技术[M]. 北京：机械工业出版社，2004.
[13] 陆应华. 电子系统设计教程[M]. 2 版. 北京：国防工业出版社，2009.
[14] 谢自美. 电子线路设计·实验·测试（第二版）[M]. 武汉：华中科技大学出版社，2000.
[15] 杨志忠，卫桦林. 数字电子技术基础[M]. 2 版. 北京：高等教育出版社，2009.
[16] 章俊华，苏明. 电子基础元器件检测[M]. 成都：西南交通大学出版社，2014.
[17] 张宪，张大鹏. 电子元器件检测与应用手册[M]. 北京：化学工业出版社，2012.
[18] 刘建成，严婕. 电子技术实验与设计教程[M]. 北京：电子工业出版社，2007.
[19] 陈光明，施金鸿，桂金莲. 电子技术课程设计与综合实训[M]. 北京：北京航空航天大学出版社，2007.